低浓度煤层气的水合物法提纯理论

钟栋梁 著

科学出版社

北京

内容简介

本书系统地论述了气体水合物法提纯低浓度煤层气的实验与理论研究结果，以及水合物法提纯低浓度煤层气的最新研究进展。全书共分6章，分别为绪论、气体水合物及其应用基础、低浓度煤层气的水合物法提纯理论、溶液搅拌体系的提纯实验研究、多孔介质体系的提纯实验研究、水合物法提纯低浓度煤层气的㶲经济分析，内容囊括了著者所在的教育部创新研究团队和气体水合物课题组近10年的研究成果。

本书适合从事非常规能源（煤层气、天然气水合物、页岩气）开发利用以及气体水合物科学研究的科研人员、工程技术人员、高等院校教师、研究生、高年级本科生参考和阅读。

图书在版编目(CIP)数据

低浓度煤层气的水合物法提纯理论 / 钟栋梁著. —北京：科学出版社，2018.5

ISBN 978-7-03-052815-5

Ⅰ.①低… Ⅱ.①钟… Ⅲ.①煤层–地下气化煤气–提纯 Ⅳ.①P618.11

中国版本图书馆CIP数据核字（2017）第107592号

责任编辑：李小锐 / 责任校对：韩雨舟

责任印制：罗 科 / 封面设计：墨创文化

科学出版社出版

北京东黄城根北街16号

邮政编码：100717

http://www.sciencep.com

成都锦瑞印刷有限责任公司印刷

科学出版社发行 各地新华书店经销

*

2018年5月第 一 版 开本：B5（720×1000）

2018年5月第一次印刷 印张：12 1/4

字数：245千字

定价：79.00元

（如有印装质量问题，我社负责调换）

前　言

20 世纪 80 年代全球出现了大规模研究、探测天然气水合物资源的热潮，天然气水合物作为一种储量巨大的非常规能源，引起了各国政府和科研人员的广泛关注，从而推动了气体水合物基础研究的快速发展。随着研究的深入，发现气体水合物技术在煤层气提纯、CO_2 捕集、天然气固态储运、储氢、海水淡化、空调蓄冷等领域具有广阔的应用前景。因此，气体水合物成为能源、资源、环境等领域的一个研究热点。

煤层气是一种清洁优质的非常规能源，我国煤层气资源丰富。我国每年开采的煤层气以低浓度煤层气为主，但是现阶段对低浓度煤层气利用技术的研究还处于探索阶段，方法各有利弊。本书主要介绍了作者所在的课题组和教育部创新研究团队近 10 年来在气体水合物法提纯低浓度煤层气方面的理论与实验研究成果，希望对低浓度煤层气利用技术的发展起到一定的推动作用。全书内容包括绪论、气体水合物及其应用基础、低浓度煤层气的水合物法提纯理论、溶液搅拌体系的提纯实验研究、多孔介质体系的提纯实验研究、水合物法提纯低浓度煤层气的㶲经济分析，侧重介绍在相平衡热力学、反应动力学方面的基础研究工作，可作为从事非常规能源开发利用以及气体水合物科学研究的科技人员的参考书。

本书是集体智慧的结晶和共同努力的成果。钟栋梁教授负责全书的撰写工作，研究生王文春参与撰写第 1、6 章，李政、易达通、易洁、葛彬彬参与撰写第 2 章，丁坤、严瑾参与撰写第 3、4 章，王宇睿、邹镇林参与撰写第 5 章，吴思彦参与撰写第 6 章。鲜学福院士、卢义玉教授对本书的撰写提供了许多宝贵的意见，姜德义教授、姜永东教授、葛兆龙副教授、汤积仁副教授、夏彬伟副教授、周军平副教授、严瑾老师、卿胜兰老师为研究工作的开展提供了重要帮助，在此对他们表示感谢。研究生叶洋、孙栋军、何双毅、王家乐等在课题组期间为本书提供了许多很好的素材，在此也向他们表示感谢。感谢煤矿灾害动力学与控制国家重点实验室(重庆大学)、教育部创新团队(IRT_17R112、IRT13043)、国家自然科学基金(51676021、51006129)对本书出版的大力支持。

由于时间有限、作者知识和水平有限，书中疏漏在所难免，恳请读者批评指正并提出宝贵意见。

钟栋梁

2018 年 5 月

前言

目　录

第1章 绪　论

1.1 煤层气资源概况

1.1.1 煤层气资源

煤层气(coal-bed methane，CBM)，又称煤矿瓦斯，是以吸附状态吸附于煤孔隙中或以溶解和游离状态存在于煤裂隙中的烃类气体，主要成分为甲烷(CH_4)，是一种蕴藏量丰富的非常规天然气[1-3]。根据国际能源署(IEA)统计数据显示，全球煤层气资源储量约为260万亿m^3，是已探明的常规天然气储量的两倍多，其中俄罗斯、加拿大、中国、美国等国的资源量均超过10万亿m^3，如图1.1所示[4]。我国煤层气资源丰富，埋深2000 m以浅的煤层气资源储量约为36.81万亿m^3，仅次于俄罗斯、加拿大，居世界第三位，相当于450亿t标煤、350亿t标油，与陆上常规天然气资源量相当[5,6]。

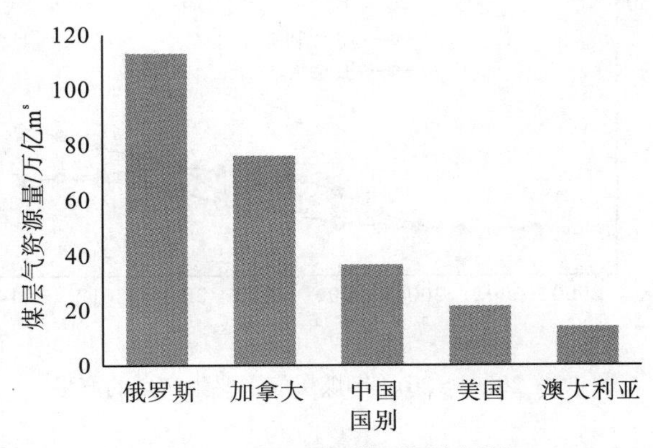

图1.1　世界各国煤层气资源量

煤层气是近一二十年在国际上迅速崛起的洁净、优质能源和化工原料，用途广泛。作为一种清洁优质燃料，煤层气已在工业应用和民用方面展现出广阔的应用前景。1 m^3煤层气的热值相当于1.13 kg汽油、1.21 kg标准煤，其热值与天然气相当。当CH_4含量为98%时，煤层气与常规天然气组分较为相似，在0℃、101.325 kPa下的热值为36～40 MJ/Nm^3，其燃烧排放的CO_2量只有煤炭的60%，排放的灰分仅为煤炭的0.68%，几乎不产生SO_2等酸性污染物，是一种理想的气体燃料。

1.1.2 煤层气开发与利用现状

目前，对煤层气进行商业化开采的国家主要有美国、澳大利亚、加拿大和中国[7]。图1.2给出了2000～2014年煤层气主要生产国的产量变化情况。美国煤层气资源主要分布在东部和西部的含煤大盆地，以黑勇士盆地和圣胡安盆地为代表，其中西部大盆地占美国煤层气资源的70%以上。美国是世界上最大的煤层气生产国，也是煤层气商业开发起步最早的国家，其商业生产起步于20世纪70年代。2008年，美国煤层气产量达到556.7亿m^3，占当年天然气总产量的9.8%，生产的煤层气大部分进入天然气管网，在美国燃气供应中发挥了重要作用。近几年，由于受粉河盆地煤层气产能下降的影响，美国煤层气产量呈下降趋势，但该区域仍在寻求新的增长点。

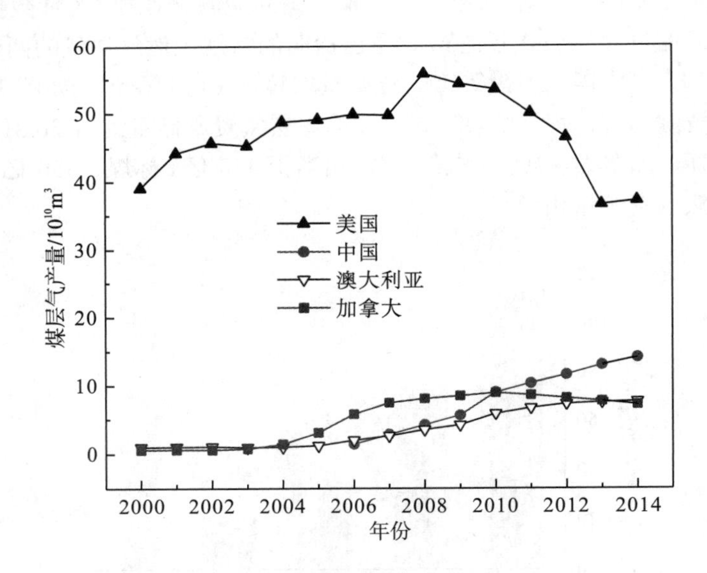

图1.2 2000～2014年煤层气主要生产国的产量

澳大利亚煤层气开采始于20世纪末，煤层气资源主要分布在东部悉尼、鲍恩和苏拉特3个含煤盆地。随着高压水射流改造技术取得重大突破，澳大利亚煤层气产量自2000年以来一直保持平稳增长，现已进入商业开发阶段，2014年产量达到76.4亿m^3。

加拿大煤层气资源主要分布于17个盆地和含煤区，其中阿尔伯塔省是加拿大最主要的煤层气资源区。加拿大的煤层气开发起步较晚，2000 年以后多分支水平井、连续油管压裂等技术取得重大进展，大大降低了煤层气开采成本，同时由于北美常规天然气储量和产能下降，天然气价格不断上涨，加拿大煤层气发展迎来新的机遇，2014 年加拿大的煤层气产量为 71.8 亿 m^3，计划到 2020 年煤层气产量占天然气总产量的 15%，形成与美国规模相近的煤层气产业。

我国煤层气资源主要分布在晋陕内蒙古、新疆、冀豫皖、云贵川渝等 4 个含气区。其中，晋陕内蒙古含气区煤层气资源量最大，约占全国煤层气总资源量的 50%。虽然我国煤层气资源丰富，但是低渗、构造煤、低阶煤和深部等难采资源量占 75%以上，资源禀赋成为制约煤层气产业快速发展的重要客观因素。我国煤层气开发起步较晚，在基础理论与技术上都无法与常规天然气相比。煤层气地面抽采起步于 20 世纪 80 年代末期，最近十年发展较快。表 1.1 给出了我国煤层气的开发利用现状与规划。在“十二五”期间煤层气产业化发展步伐加快，取得了重要进展，如表 1.1 所示，2015 年，煤层气探明地质储量新增 3504 亿 m^3，比 2010 年增加 77.0%；2015 年，钻井抽采煤层气产量 44 亿 m^3，利用量 38 亿 m^3，分别比 2010 年增长 193.3%、216.7%，利用率 86.4%；2015 年煤矿瓦斯抽采量 136 亿 m^3，利用量 48 亿 m^3，分别比 2010 年增长 78.9%、100%，利用率 35.3%；2015 年全国煤矿发生瓦斯事故比 2010 年下降 69.0%，重大瓦斯事故比 2010 年下降 66.7%，煤矿瓦斯防治效果显著。2016 年全国煤层气产量 168 亿 m^3，其中地面煤层气产量 45 亿 m^3，煤矿井下抽采量 123 亿 m^3。

表 1.1　我国煤层气的开发利用现状与规划

发展指标	2010 年	2015 年	2020 年(规划)	“十二五”增速	“十三五”增速
新增探明地质储量/亿 m^3	1980	3504	4200	77.0%	19.86%
煤层气产量/亿 m^3	15	44	100	193.3%	127.27%
煤层气利用量/亿 m^3	12	38	90	216.7%	136.84%
煤层气利用率/%	80	86.4	90	—	—
煤矿瓦斯抽采量/亿 m^3	76	136	140	78.9%	2.94%
煤矿瓦斯利用量/亿 m^3	24	48	70	100.0%	45.83%
煤矿瓦斯利用率/%	31.6	35.3	50	—	—

我国煤层气开发主要以井下抽采煤矿瓦斯为主。根据开发形式不同，煤层气分为 3 类：地面钻井抽采煤层气、煤矿井下抽采瓦斯和矿井通风排出的风排瓦斯。地面钻井抽采煤层气的 CH_4 浓度通常高于 90%，热值与天然气相当，可长距离管道输送、压缩(CNG)或液化(LNG)运输。煤矿井下抽采瓦斯的 CH_4 浓度一般在 5%～55%，CH_4 浓度低且混有空气，利用难度较大，安全性差，当煤层气中 CH_4 浓度达到 5%～16%时，遇明火极易发生爆炸。国家《煤矿安全规程》第 184 条规

定：采用干式抽采瓦斯设备时，抽采浓度不得低于25%；抽采的瓦斯浓度低于30%时，不得作为燃气直接燃烧。矿井通风中的风排瓦斯数量巨大，但 CH_4 浓度极低，一般排放浓度不超过0.5%。由于 CH_4 的温室效应是 CO_2 的21倍，对臭氧层的破坏能力是 CO_2 的7倍，大量煤层气直接排放到大气会造成严重环境污染。

国家《煤矿安全规程》规定，CH_4 含量低于30%的煤层气为低浓度煤层气[8]。统计数据显示，每年约2/3的井下抽采煤层气中 CH_4 含量低于30%，属于低浓度煤层气，直接利用价值不大。2013年，我国年采煤量37亿t，同时伴随着156亿 m^3 的煤层气抽采量，其中未被利用的煤层气量高达90亿 m^3，主要为低浓度煤层气；2015年全国煤矿瓦斯利用率仅为35.3%。由于缺乏低浓度煤层气的安全输送和利用技术，为了确保煤矿安全生产，预防瓦斯突出事故的发生，只能将抽采的低浓度煤层气稀释后排空，这不仅造成巨大的能源浪费，还造成了严重的空气污染。由此可见，CH_4 含量低是制约低浓度煤层气有效利用的根本原因，如何合理高效地利用低浓度煤层气是推动煤层气产业发展需解决的关键问题[9-11]。

1.2 低浓度煤层气的利用方法

目前我国开采的70%以上的煤层气是 CH_4 浓度在25%以下的低浓度煤层气，利用难度大，也不适宜长距离输送。对于低浓度煤层气资源的利用，尚处于试验研究阶段，目前主要利用途径包括：①燃烧发电；②分离与提纯。低浓度煤层气经过提纯之后可用于燃气发电站、汽车燃料、化工生产原料等[12-14]。

1.2.1 燃烧发电

国内外对低浓度煤层气的利用除了用于辅助燃烧或直接作为燃料燃烧外，从技术成熟度、适用性、产品需求以及经济性方面考虑，低浓度煤层气发电是未来的一个发展趋势。

目前煤层气发电设备主要有燃气轮机和内燃机两种。20世纪80年代后期，美国、澳大利亚等国家开始利用燃气轮机进行煤层气发电，但是对 CH_4 体积分数要求较高，一般要求在40%以上。我国首个煤层气发电项目是辽宁抚顺的老虎台电站，其 CH_4 体积分数也高达40.4%。由于燃气轮机煤层气发电技术对于煤层气浓度的要求较为苛刻，且电站建设的一次性投资大、建设周期长，只适合煤层气产量较大且气体成分较为稳定的矿井，热效率一般小于30%。由于要求煤层气压力在1MPa以上，所以燃气轮机必须配套多级压缩机提升煤层气压力，高温高压时极易发生爆炸，如果 CH_4 体积分数低于35%，则不能运行。因此，燃气轮机煤层气发电技术的推广应用受矿井类型的限制十分明显，且对组分变化较大的低浓度煤层气适用性较差。此外，低浓度煤层气发电对压缩机提出了更高的要求，使得功耗增加，投资效益变差。

近年来，我国在煤层气内燃机发电方面取得了重要研究进展，通过应用电控技术、预燃技术以及数字化点火技术等先进技术，可以根据煤层气浓度的变化调节混合气的空燃比例，能较好地解决内燃机的煤层气浓度适应性难题，能使用浓度为6%～30%的低浓度煤层气进行发电。内燃机燃烧过程在封闭的燃烧室内进行，对煤层气的压力及浓度要求较低，由于内燃机发电设备的投资较少，建设周期短，功率范围可根据煤层气产量的大小确定，且内燃机发电设备移动较为方便，所以其适合大、中、小型煤矿。但是内燃机存在进气管回火问题，如果不能消除回火，可能会使处于爆炸范围内的低浓度煤层气发生爆炸，造成严重事故。此外，低浓度煤层气除 CH_4 之外，还含有大量 N_2，将对煤层气燃烧起到较大的副作用，导致瓦斯发电站发电效率变低。因此，解决低浓度煤层气地面输送安全问题、发电设备本身的安全保障措施和经济性问题是低浓度煤层气发电技术发展的关键。

1.2.2　分离与提纯

低浓度煤层气除了含有一定量的 CH_4 外，还含有大量的 N_2 以及少量的 CO_2 和 O_2，其中 CH_4 和 N_2 所占比例互为消长关系。分离与提纯是低浓度煤层气高效利用的一种重要途径，将低浓度煤层气中的 CH_4 分离回收，从而提高低浓度煤层气的利用率，不仅可以缓解能源供需矛盾、改善能源消费结构，还可减少温室气体排放，起到减排、保护环境的作用，获得社会、经济和环境三重效益。CH_4、N_2 和 O_2 都是非极性分子，并且分子直径相近，在超临界条件下的物理性质相似，N_2、O_2 很难与 CH_4 分离。因此，要实现低浓度煤层气提纯和 CH_4 富集，需解决的首要问题是如何实现 CH_4 和 N_2/O_2 的分离。目前，正在研究的低浓度煤层气提纯方法有低温精馏法、变压吸附法、膜分离法和气体水合物法。

1. 低温精馏法

低温精馏是 CH_4/N_2 分离最成熟和最常用的技术，其原理是利用 N_2 与 CH_4 的沸点差实现两者的分离。在 101.3 kPa 下，N_2 的沸点是 77.35 K，CH_4 的沸点是 111.7 K，两者相差 34 K，利用低温精馏技术分离 CH_4 和 N_2 在理论上可行[15]。国外针对煤层气 CH_4 浓度低的特点，设计了一个热循环系统，通过控制进料压力、进料温度和回流量等参数实现 CH_4 和 N_2 的分离。我国西南化工研究设计院设计研发了一种采用低温分离煤层气的工艺流程，在传统的低温精馏工艺上增加一套产品气辅助循环装置，解决了提纯低浓度煤层气时塔釜蒸发量不足的问题，可将 CH_4 浓度在 45%以上的煤层气提高到 95%～99%[16]。肖露等[17]研制出 4800 m^3/d 煤层气含氧液化冷箱，在低温低压下将煤层气中的 CH_4、O_2、N_2 同步液化与分离，可将煤层气中 CH_4 浓度从 30%左右提高到 99%以上。图 1.3 是一种典型的煤层气低温液化与分离流程。

2011 年由中国煤炭科工集团重庆研究院、重庆能源集团松藻煤电公司、中国科学院理化技术研究所三家单位共同建设的国内首套低浓度瓦斯深冷液化工业化试验装置在松藻煤电公司建成，该装置采用混合制冷剂循环(MRC)混合制冷工艺的低温精馏法，在−182 ℃和 0.3 MPa 下同步进行含氧煤层气的分离与液化，处理 CH_4 含量为 29%～31%的低浓度煤层气 4800 m^3/d，生产 LNG1.1 t/d，产物 CH_4 浓度超过 99%，CH_4 回收率达 98.75%，综合能耗为 2.8 kW·h/m^3。2012 年，山西瑞阳煤层气公司含氧煤层气液化 5 万 t/a LNG 项目一期“低浓度瓦斯提纯制 CNG”试运行成功，产品中 CH_4 含量为 98.14%[18]。

低温精馏法具有产品气 CH_4 纯度高、产物回收率高等优点，但该方法需要对煤层气做较多的预处理工作，包括氨吸收去除 CO_2、分子筛去除水蒸气以及去除重烃类物质，操作条件要求高，且需要在低温工况下进行，能耗大，装置复杂，设备投资大。对于含氧煤层气而言，由于 CH_4 的爆炸极限随着温度、压力的升高而升高，高压的低温精馏分离法存在较大的安全隐患。针对低浓度含氧煤层气，进行低温液化回收 CH_4 需要采取有效的安全工艺，例如，预脱氧、掺混阻燃气体和控制产品产量等。因此，高压低温精馏法不适合低浓度煤层气的分离与提纯。

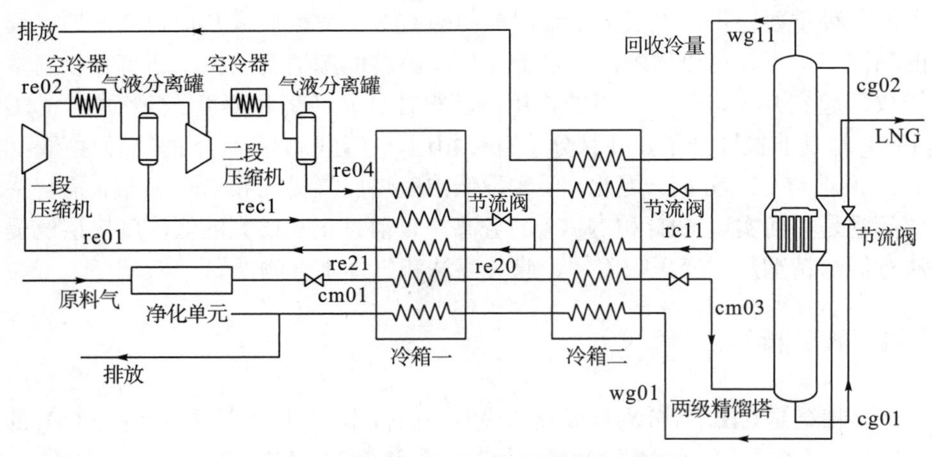

图 1.3 煤层气低温液化分馏工艺流程图

2. 变压吸附法

变压吸附法(PSA)是利用固体吸附剂对煤层气中 CH_4 的选择性可逆吸附作用，以压力的循环变化为分离推动力来分离回收 CH_4。目前针对 CH_4/N_2 吸附分离的吸附剂有活性炭(AC)、碳分子筛(CMS)、沸石分子筛、蒙脱土等。变压吸附主要包括吸附和脱附两个过程，属物理过程。压力升高时实现吸附剂对 CH_4 气体的吸附，排出吸附后的余气；压力降低时实现脱附，得到 CH_4 浓度更高的煤层气，吸附剂可循环使用[19-23]。

根据文献报道，大阪燃气公司采用真空变压吸附技术提纯低浓度煤层气，开发了对 CH_4 具有高选择性的吸附剂，在辽宁抚顺建立了中试装置，该套装置将原料气中 CH_4 浓度从 21%提高到 48%，CH_4 回收率达 93%，处理能力为 1000 m^3/h。杨雄等筛选出适合煤层气提浓的活性炭，在 CH_4/N_2 二元体系的平衡分离系数达 4.6，可在压差 190 kPa 下将煤层气中的 CH_4 浓度从 20%提高到 30%，产率达 80%。我国西南化工研究院在河南焦作矿务局安装了瓦斯变压吸附分离浓缩 CH_4 的装置，以活性炭为吸附剂，采用 Skarstrom 循环步骤，将瓦斯中 CH_4 浓度从 30.4%提高到 63.9%；通过增加置换步骤，可以使瓦斯中的 CH_4 浓度从 20%提高到 95%。2011 年，真空变压吸附(VPSA)技术提纯低浓度煤矿瓦斯装置在淮南矿业集团进行工业性试运行，将 CH_4 浓度为 12%的低浓度煤矿瓦斯提纯到 30%。

变压吸附分离设备简单、操作方便、运营能耗低、成本低，但是对于低浓度含氧煤层气而言，高压吸附存在爆炸的危险，而防爆措施在技术上和经济性上还不成熟，有待进一步完善。此外，由于 CH_4 浓度低，必须增加变压吸附的循环和置换次数，导致传统装置的吸脱附循环能耗增加，CH_4 回收率低。目前，开发吸附性能与选择性俱佳的吸附剂以及设计高效的吸脱附循环是吸附法分离低浓度煤层气需解决的关键问题。

3. 膜分离法

膜分离法根据混合气体中各组分在压力推动下透过膜的传递速率不同来实现气体分离目的。膜的类型有聚合物膜、无机膜(如沸石膜)、纳孔炭膜、陶瓷膜以及各种液膜。膜分离法分离煤层气是在压力差的作用下，根据不同组分气体通过膜时的渗透速度的差异来实现煤层气的分离。膜分离法分离煤层气主要是对 CH_4 与 N_2 的分离。目前用于 CH_4/N_2 体系分离的膜技术研究并不多，国内研究者更少，主要是因为 CH_4 和 N_2 性质上差异很小，难以分离。膜渗透选择性低是制约膜分离技术在 CH_4/N_2 分离领域应用的根本原因。目前，分子筛膜与纳米多孔膜具有较好的研究前景，分子筛膜是根据气体分子的大小来实现气体分离，气体扩散方式为努森扩散。分子筛膜允许小分子气体通过而阻止大分子气体通过，对小分子具有高渗透性和高选择性，但分子筛膜需要对膜孔径进行高精度的控制，难度较大[24]。

膜分离用于煤层气中 CH_4 的分离，具有设备简单、投资小、灵活性好、可连续运行等优点，但煤层气各组分对膜的渗透能力不同，渗透量与组分的渗透系数、渗透膜的面积、膜两侧气体组分的分压差都有关系，而且为保证产品质量需要提高操作压力，使得分离过程中产品气的损失不可避免，也给煤层气提纯带来一定的安全隐患。目前国内外研究表明，研制出新型高选择性膜材料、探索合适的膜工艺条件将是膜分离应用于煤层气 CH_4/N_2 分离的关键。

4. 气体水合物法

气体水合物法分离煤层气是利用煤层气中各气体组分在溶液中生成水合物的相平衡条件差异实现分离。通过控制温度、压力，使易生成水合物的气体组分优先生成水合物，将其从气相中分离，达到煤层气分离提纯的目的。例如，纯 CH_4 在 275.15 K 时生成水合物的相平衡压力为 3.2 MPa，而 N_2 水合物的相平衡压力高达 48.8 MPa。显然，N_2 水合物的相平衡条件比 CH_4 水合物更苛刻，通过控制水合物的生成条件，可使 CH_4 优先进入水合物相，实现 CH_4 的分离与提纯，如图 1.4 所示。

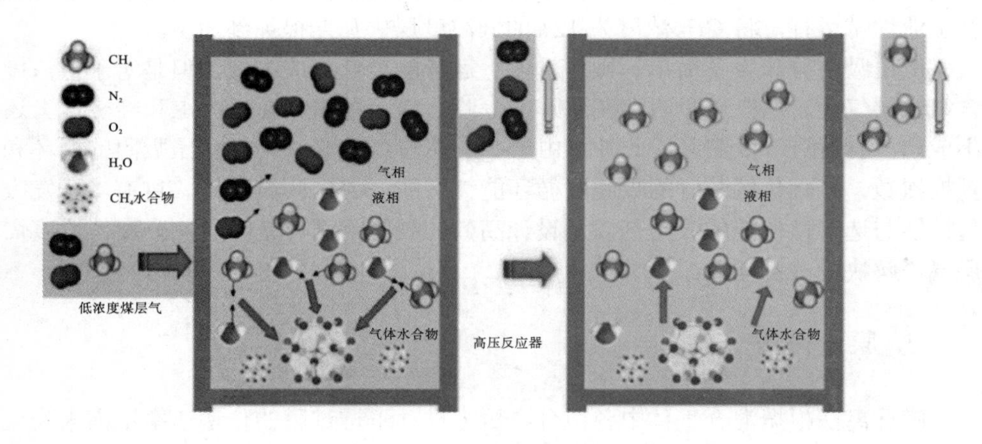

图 1.4　水合物法分离低浓度煤层气原理示意图

水合物法分离低浓度煤层气是近年发展起来的一项前沿技术，与其他提纯方法相比，其优点在于：①原料简单。水是形成气体水合物孔穴的主要原料，同时可添加少量热力学或动力学促进剂。另外，水合物分解后的溶液能循环利用，其“记忆效应(memory effect)”能提高水合物的结晶和生长速率。②储气密度大。1 m^3 CH_4 水合物能储存标准状态下约 160 m^3 CH_4 气体，CH_4 回收率高。③储运安全、稳定。CH_4 从气态转变成固态水合物，能在−10～0 ℃和 0.1～1 MPa 条件下保存，有利于储存和运输。④节约能耗。与低温精馏相比，水合物法提纯的操作温度在 0℃以上，大大节约了低温液化所需能耗。与膜分离法和变压吸附法相比，水合物法的压力损失小、分离效率高。

目前国内外研究者在相平衡热力学和反应动力学方面开展了大量的研究工

作[25-32]。张保勇等[29]测定了低浓度煤层气在四氢呋喃(THF)溶液中的水合相平衡数据，研究了THF浓度对相平衡条件的影响，为确定水合分离的最优热力学条件提供了实验依据。钟栋梁等[30]运用定容压力搜索法测定了低浓度煤层气(各组分的摩尔分数为30% CH_4, 60% N_2, 10% O_2)在四丁基溴化铵(TBAB)溶液生成水合物的相平衡数据，他们还发现在给定温度条件下水合物相平衡压力随着TBAB浓度升高而降低。李小森等[31]发现表面活性剂十二烷基硫酸钠(SDS)浓度和实验压力对水合物生成速率具有重要影响，当SDS浓度为300 mg/kg，压力为2.5 MPa时，溶液表面张力降低，CH_4/N_2混合气体的CH_4分离效果最好，气体消耗量为0.1364 mol，CH_4摩尔浓度从50%提高到69.93%。孙强等[33]为了提升CH_4分离效率，在THF溶液体系研究了煤层气(CH_4/N_2)的提纯特性，研究发现经过二级水合分离后CH_4摩尔浓度由46.3%升高至85%，CH_4回收率为55%。赵建忠等[34]采用喷雾方式强化水合物生成过程的热质传递，开展了低浓度含氧煤层气($CH_4/N_2/O_2$)的水合分离实验，发现使用THF溶液提纯CH_4效果很好，经过二级水合分离后CH_4摩尔浓度由16.5%提高至61.7%，但是SDS溶液提纯CH_4效果不明显。此外，作者与Englezos等[35]在环戊烷(CP)溶液研究了CP浓度和生长驱动力(压力)对低浓度煤层气(各组分的摩尔分数为30% CH_4 + 70% N_2)分离特性的影响，发现经过两级水合分离后CH_4摩尔浓度由30%升高至72%，CH_4回收率为46%。从目前的研究进展来看，尽管水合物法提纯低浓度煤层气已取得重要进展，但仍然存在CH_4回收率不高、分离效率低等问题，而且对影响水合物分离特性的关键因素及其作用机理仍不清楚，对如何提高分离效果的理论方法尚未形成统一的认识。因此，有必要深入开展水合物法分离低浓度煤层气的应用基础研究，从而推动低浓度煤层气水合提浓技术的发展。

1.3 前景与展望

合理利用低浓度煤层气资源对促进煤矿安全生产、减少温室气体排放、保护环境具有重要的现实意义。现阶段我国对低浓度煤层气利用技术的研究还处于初级阶段，各种技术各有利弊。煤层气发电受CH_4浓度的影响较大，效率较低，且设备投资成本高。CH_4浓度低是制约低浓度煤层气提纯技术发展的关键因素，虽然低温精馏和变压吸附两种技术在工业上已有应用，但局限性大，对它们的改进研究一直在进行。膜分离和气体水合物分离技术尚处于实验室研究阶段，有待早日走向工业应用。今后，低温精馏技术的主要优化方向是节能降耗以及加强安全操作；吸附分离技术的发展趋势是进一步加强高分离性能吸附剂的开发和制备；膜分离技术发展的重点在于开发高性能的分离膜材料；气体水合物分离技术需深入开展水合物形成与分解的微观机理研究，获取提高CH_4分离效率的强化方法，并开发能连续操作的工艺流程。需要注意的是，无论何种提纯技术，都可以通过CH_4分离效果、回收率及分离效率等指标来评价其好坏。此外，当各种提纯技术走向工业应用时，还需要解决分离过程的能耗问题。总之，各种提纯技术的快速发展将改变低浓度煤层气资源综合利用率低的现状，也必将产生良好的经济效益和社会效益。

主要参考文献

[1] Karacan C O, Ruiz F A, Cotè M, et al. Coal mine methane: A review of capture and utilization practices with benefits to mining safety and to greenhouse gas reduction[J]. International Journal of Coal Geology, 2011, 86(2):121-156.

[2] Karakurt I, Aydin G, Aydiner K. Mine ventilation air methane as a sustainable energy source[J]. Renewable & Sustainable Energy Reviews, 2011, 15(2):1042-1049.

[3] Moore T A. Coalbed methane: A review[J]. International Journal of Coal Geology, 2012, 101(6):36-81.

[4] 田文广，李五忠，周远刚，等.煤矿区煤层气综合开发利用模式探讨[J]. 天然气工业, 2008, 28(3):87-89.

[5] 白优，黄平良，樊莲莲,等. 国内外煤层气资源开发利用现状[J]. 煤炭技术, 2013, 32(3):5-7.

[6] 国家能源局. 煤层气(煤矿瓦斯)开发利用“十三五”规划[N]. 2016-12-03.

[7] 陈懿，杨昌明. 国外煤层气开发利用的现状及对我国的启示[J]. 中国矿业, 2008, 17(4):11-14.

[8] 国家煤矿安全监察局. 煤矿安全规程[N]. 2016-10-01.

[9] 吕秋楠，李小森，徐纯刚,等. 低浓度煤层气分离提纯的研究进展[J]. 化工进展, 2013, 32(6):1267-1272.

[10] 郭东. 低浓度煤层气资源利用现状及效益分析[J]. 中国煤层气, 2008, 5(3):42-46.

[11] 杨仲卿，杨鹏，张力,等. 低浓度煤层气流态化燃烧技术的研究进展[J]. 天然气工业, 2015, 35(12):98-104.

[12] 聂李红，徐绍平，苏艳敏，等. 低浓度煤层气提纯的研究现状[J]. 化工进展, 2008, 27(10): 1505-1511, 1521.

[13] 于贵生. 基于N_2与CH_4分离的低浓度煤层气两级浓缩技术[J]. 煤矿安全, 2016, 47(5):97-100.

[14] 朱菁. 含氧煤层气直接深冷分离甲烷的安全工艺方法[J]. 天然气化工(C1 化学与化工), 2014, (3): 57-62.

[15] 陶鹏万，王晓东，黄建彬. 低温法浓缩煤层气中的甲烷[J]. 天然气化工(C1 化学与化工), 2005, 30(4):43-46.

[16] 陶鹏万，王晓东，黄建彬. 煤层气低温分离提浓甲烷工艺: CN, CN1718680[P]. 2006.

[17] 肖露，任小坤，张武，等. 低浓度煤层气含氧液化冷箱的研制[J]. 矿业安全与环保, 2011, 38(5):19-21.

[18] 赵娜. 低浓度煤层气提纯技术与应用的研究进展[J]. 广东化工, 2016, 43(20):133-135.

[19] 杨江峰，赵强，于秋红，等. 煤层气回收及CH_4/N_2分离 PSA 材料的研究进展[J]. 化工进展, 2011, 30(4):793-801.

[20] 李相方，蒲云超，孙长宇,等. 煤层气与页岩气吸附/解吸的理论再认识[J]. 石油学报, 2014, 35(6):1113-1129.

[21] 赵国锋，刘欣梅，代晓东,等. 煤矿瓦斯气中低浓度CH_4吸附富集研究[J]. 工业催化, 2007, 15(8):44-49.

[22] 李明，高秋菊，郭璞，等. 基于活性炭从煤层气中分离甲烷[J]. 煤炭学报, 2013, 38(8):1418-1423.

[23] Zhou Y, Fu Q, Shen Y H, et al. Upgrade of low-concentration oxygen-bearing coal bed methane by a vacuum

pressure swing adsorption process: performance study and safety analysis [J]. Energy & Fuels, 2016, 30(2): 1496-1509.

[24] 王瑜. 膜分离技术在低浓度煤层气提纯中的研究进展[J]. 科技经济导刊, 2016, 14: 123.

[25] 赵建忠, 赵阳升, 石定贤. THF溶液水合物技术提纯含氧煤层气的实验[J]. 煤炭学报, 2008, 33(12):1419-1424.

[26] 吴强, 朱玉梅, 张保勇. 低浓度瓦斯气体水合分离过程中十二烷基硫酸钠和高岭土的影响[J]. 化工学报, 2009, 60(5):1193-1198.

[27] 张保勇, 吴强, 朱玉梅. THF对低浓度瓦斯水合化分离热力学条件促进作用[J]. 中国矿业大学学报, 2009, 38(2):203-208.

[28] 徐锋, 吴强, 张保勇. 煤层气水合化的基础研究[J]. 化学工程, 2009, 37(2): 63-66.

[29] Zhang B Y, Wu Q. Thermodynamic promotion of tetrahydrofuran on methane separation from low-concentration coal mine methane based on hydrate[J]. Energy & Fuels, 2010, 24(4):2530-2535.

[30] Zhong D L, Ye Y, Yang C. Equilibrium conditions for semiclathrate hydrates formed in the CH_4 + N_2 + O_2 + tetra-n-butyl ammonium bromide systems [J]. Journal of Chemical and Engineering Data, 2011, 56(6): 2899-2903.

[31] Li X S, Cai J, Chen Z Y, et al. Hydrate-based methane separation from the drainage coal-bed methane with tetrahydrofuran solution in the presence of sodium dodecyl sulfate[J]. Energy & Fuels, 2012, 26(2): 1144-1151.

[32] 钟栋梁, 何双毅, 严瑾, 等.低甲烷浓度煤层气的水合物法提纯实验[J]. 天然气工业, 2014, 8: 123-128.

[33] Sun Q, Guo X Q, Liu A X, et al. Experiment on the separation of air-mixed coal bed methane in THF solution by hydrate formation [J]. Energy & Fuels, 2012, 26(7): 4507-4513.

[34] Zhao J Z, Tian Y, Zhao Y S. Separation of methane from coal bed gas via hydrate formation in the presence of tetrahydrofuran and sodium dodecyl sulfate [J]. Chemistry and Technology of Fuels and Oils, 2013, 49(3): 251-258.

[35] Zhong D L, Daraboina N, Englezos P. Recovery of CH_4 from coal mine model gas mixture (CH_4/N_2) by hydrate crystallization in the presence of cyclopentane[J]. Fuel, 2013, 106(4):425-430.

第2章　气体水合物及其应用基础

2.1　引　　言

气体水合物(clathrate hydrates, gas hydrates)是指在一定温度和压力条件下由小分子气体(如 CH_4、C_2H_6、C_3H_8、CO_2 等)与水形成的结晶状笼形化合物[1]。在气体水合物中水分子通过氢键结合形成晶穴，气体分子填充在晶穴中，每个晶穴通常只能容纳一个气体分子(客体分子)，气体分子与水分子之间通过 van der Waals 力相结合。到目前为止，发现的气体水合物晶体结构主要有 3 种：I 型(sI)、II 型(sII)和 H 型(sH)。气体水合物外观似雪花或冰浆，其分子通式为 $M \cdot nH_2O$，式中 M 代表生成水合物的气体分子，n 代表生成水合物的水分子数。自然界中发现的天然气水合物主要分布于永久冻土带与海底，外观似冰，遇火可燃烧，俗称“可燃冰”。

1778 年，Priestley 在实验室将 SO_2 气泡通入常压下 0℃的水中，首次发现了气体水合物，但当时他没有将这种晶体命名为水合物。33 年后，Humphry Davy 发现了液态氯的络合物，并将其命名为气体水合物[2]。因此，水合物界一致认为 Humphry Davy 是气体水合物的发现者，其实 Priestley 才是第一位在实验室合成气体水合物的科学家。

1778～1934 年是气体水合物的纯学术研究期，1823 年 Faraday 证实了 Davy 的发现并获得了氯水合物的组成分子式 $Cl_2 \cdot 10H_2O$，随即在世界上兴起了一股研究气体水合物的热潮。1884 年 Roozeboom 进行了水合物相平衡研究，1888 年 Villard 在实验室人工合成了 CH_4、C_2H_6、C_2H_4、C_2H_2 等气体水合物。1934年，Hammerschmidt 通过研究发现冬季堵塞油气输送管路的固体是气体水合物，而不是之前认为的水压试验水和冷凝水结的冰，研究气体水合物的形成条件以及寻找有效的抑制管路中水合物形成的方法成为当时的迫切要求。1965 年，当 Makogon 发现自然界的天然气水合物后，气体水合物研究进入快速发展期[2]。全球天然气水合物资源中的 CH_4 量是当前已探明的化石燃料(煤、石油和天然气)碳总量的 2 倍多，约为 $2\times10^{16}\,m^3$，被认为是 21 世纪最具应用前景的一种接替能源[3]。在气体水合物 200 余年的发展历史中，一些重要的研究进展见表 2.1。

目前气体水合物研究基本划分为 4 个领域：

(1) 水合物基础研究，包括水合物的结构、稳定性、理化特性、相平衡热力学、生成与分解动力学研究。

(2) 天然气水合物资源勘探开发研究，包括水合物地质学、矿藏分布、资源量计算、水合物地球化学和地球物理调查以及模拟开采等。

(3) 油气输运管道中水合物抑制研究(流动保障)，包括抑制剂的开发以及抑制方法的研究。

(4) 基于气体水合物的应用技术研究，包括天然气固态储运、混合气体分离、空调蓄冷技术、CO_2 捕集与封存、海水淡化等方面的实用性研究。

表 2.1　气体水合物研究的历史大事记

时间(年份)	事件
1810	英国学者 Humphery Davy 在伦敦皇家研究院实验室首次合成氯气水合物
1811	Davy 著书正式提出气体水合物一词
1888	Villard 在实验室合成了 CH_4、C_2H_6、C_2H_4、C_2H_2 等水合物
1934	美国学者 Hammerschmidt 发表了水合物造成输气管道堵塞的有关数据
1946	苏联学者 N.H.斯特里若夫从理论上做出结论：自然界可能存在气体水合物藏
1951	由 Claussen 提出，von Stackelberg 证实了 II 型水合物结构
1952	Claussen 等确定了 I 型水合物结构
1960～1970	苏联科学家 A.A.特罗费姆克等发现天然气可以以固态形式存在于地壳中并形成气体水合物藏的特性
1968	苏联在西西伯利亚发现包含天然气水合物藏的麦索雅哈气田。以美国为首的深海钻探计划(DSDP，大洋钻探计划前身之一)开始实施
1970	国际 DSDP 在美国东部大陆边缘的布莱克海台实施深海钻探，在海底沉积物取芯过程中，发现冰冷的沉积物岩心冒着水合物分解引起的气泡，并达数小时，在海底取到含有水合物的沉积物岩心
1971	苏联从麦索雅哈气田含气水合物层中开采天然气
1972	美国在阿拉斯加北部利用加压桶首次从永冻层中取出包含气水合物的岩心
1973～1975	特罗费姆克等预测了世界海洋气体水合物的资源量并提出了评价方法
1974	R.Stoll 等许多科学家在分析海底地震反射剖面图时发现了似海底反射层(BSR)
1974	Bily 和 Dick 报道在加拿大的 MacKenzie Delta 发现天然气水合物
1975	国际大洋钻探项目(大洋钻探计划前身之一)开始实施
1976	Holder 开始研究 I 型、II 型水合物结构共存的问题
1979	DSDP 第 66 和第 67 航次在墨西哥湾实施深海钻探，从海底获得 91.24 m 的天然气水合物岩心，首次验证了海底天然气水合物矿藏的存在
1980	“戈洛马挑战者号”在布莱克外海岭发现了白色天然气水合物碎块
1982～1986	DSDP 第 66 航次、第 84 航次、第 96 航次在太平洋大陆边缘、南墨西哥滨海带、中美洲海槽、危地马拉滨海带等地发现数处气体水合物
1983	美国地质调查局和美国能源部实施了阿拉斯加北部斜坡气体水合物研究项目
1983	荷兰科学家 E.Berecz 和 M.Balla-Achs 出版 *Gas Hydrate*
1985	大洋钻探计划(ODP)正式实施

续表

时间(年份)	事件
1987	John Ripmeester 等发现 H 型水合物结构
1988	苏联出版《1983～1988 年天然气水合物文献索引》一书
1989	第 28 届国际地质大会会议论文集收录气体水合物文献
1990	联合国召开的“石油地质与地球化学:发展中国家的问题与前景”国际讨论会，气体水合物被列为一个讨论专题
1990	中国科学院兰州冰川冻土研究所在实验室合成了气体水合物
1991～1993	ODP 在太平洋西岸活动陆缘、美国西海岸、日本滨海、南海海沟等地发现气体水合物
1992	中国科学院兰州文献情报中心出版了《国外天然气水合物研究进展》，系统介绍了国内外有关研究情况
1992	ODP 第 146 航次在美国俄勒冈州西部大陆边缘 Cascadia 海台取得了天然气水合物岩心
1993	第一届国际气体水合物会议(ICGH-1)在美国纽约召开，中国的郭天民教授参加会议
1993	加拿大地质调查局在麦肯齐(Mackenzie)三角洲发现冰胶结永冻层的气体水合物
1993	美国使用海底取样器在墨西哥湾发现 H 型结构气体水合物
1995	日本成立 CH_4 水合物开发促进委员会，开始实施气体水合物研究与开发的五年计划
1995	ODP 第 164 航次在美国东部海域布莱克海台实施了一系列深海钻探,取得了大量水合物岩心，首次证明该矿藏具有商业开发价值
1996	第二届国际气体水合物会议(ICGH-2)在法国图卢兹召开。郭天民教授参加会议，报告了 Chen-Guo 水合物模型
1997	ODP 考察队利用潜水艇在美国南卡罗来纳海上的布莱克海台首次完成了水合物的直接测量和海底观察
1997	ODP 在加拿大西海岸胡安-德夫卡洋中脊陆坡区实施了深海钻探，取得了天然气水合物岩心
1997	印度实施气体水合物勘探计划
1998	我国正式以六分之一成员国加入 ODP
1998	中国科学院科技政策局组织召开以“中国天然气水合物的研究开发前景”为主题的 21 世纪能源科学发展战略研讨会；中国科学院兰州冰川冻土研究所提出开展“青藏高原永久冻土层的天然气水合物”的研究工作
1998	日本通过与加拿大合作，在加拿大西北麦肯齐三角洲进行了水合物钻探，在 890～952 m 深处获得 37 m 水合物岩心。该钻井深 1150 m，是高纬度地区冻土带研究气体水合物的第一口井
1999	第三届国际气体水合物会议(ICGH-3)在美国盐湖城召开，郭天民教授参加会议，报告水合法分离氢气的研究进展
2002	第四届国际气体水合物会议(ICGH-4)在日本大阪举行
2002	中国地质调查局组织专家科学论证，设立《我国海域天然气水合物资源调查与评价》国家专项，全面部署我国海域天然气水合物资源调查工作，先后设立了多个调查研究项目
2002	美国、日本、加拿大、德国、印度等 5 国合作对加拿大麦肯齐冻土区 Mallik 5L-38 井的天然气水合物进行试验性开发，通过注入约 80℃的钻探泥浆，从 1200 m 深的水合物层中分离出 CH_4 并予以回收；同时进行的减压法试验也获得了成功
2004	组织中国科学院广州能源所、广州地球化学研究所及南海海洋所跨研究所、跨学科的优势研究力量组建了“中国科学院广州天然气水合物研究中心”
2004	广州海洋地质调查局与德国基尔大学 Leibniz 海洋科学研究所(GEOMAR)组织了“南海北部陆坡甲烷和天然气水合物分布、形成及其对环境的影响研究”合作项目，中德两国 10 个单位 26 名科学家开展了为期 42 天的 SO-177 航次的联合调查，在东沙群岛附近海域发现了世界上最大的冷泉碳酸盐岩——九龙甲烷礁(总面积近 430 km^2)

续表

时间(年份)	事件
2004	国际上首个水合物法分离气体混合物的中试实验装置在中国石油大学建成并运行成功
2005	第五届国际气体水合物会议(ICGH-5)在挪威特隆赫姆举行
2005	中国地质科学院矿产资源研究所等单位对中国冻土区开展探索性调查和评价工作，确立羌塘盆地具备良好的天然气水合物成矿条件和找矿前景，其次是祁连山木里地区、东北漠河盆地和青藏高原的风火山地区等
2006	日本进行南海海槽水合物钻探
2007	由中国地质调查局组织、广州海洋地质调查局实施、辉固国际集团公司 Bavenit 号船具体承担的中国天然气水合物钻探工程在南海北部珠江口盆地南部的神狐地区的 SH2、SH3、SH7 井位成功钻获了孔隙充填型水合物实物样品，取得了找矿工作的重大突破。位于水深 1230～1245 m，初步结果显示水合物样品采自于海底以下 183～225 m 处。呈分散浸染状分布，含水合物层段厚 18～34 m，水合物饱和度 20%～43%，释放出的气体中 CH_4 含量为 99.7%～99.8%
2008	第六届国际气体水合物会议(ICGH-6)在加拿大温哥华举行
2008	印度大陆边缘水合物钻探，在裂缝泥质沉积物发现了 120 m 厚的块体水合物，并在火山灰沉积物中发育最厚为 340 m 的水合物
2008	开始青海祁连山木里盆地三露天天然气水合物调查工作
2008	国土资源部中国地质调查局在青海省祁连山木里盆地聚乎更煤矿区三露天(海拔 4062 m)井田实施天然气水合物钻探试验井工程，成功钻获中低纬度冻土区天然气水合物实物样品。DK-1、DK-2、DK-3 三个钻孔均见水合物
2009	墨西哥湾深水区的三个区块(分别为 AC21、GC955 和 WR313)联合工业计划第二航段 JIP II 进行了钻探，实施了包括声波、电阻率在内的整套随钻测井。其中 GC955 站位，共钻探 3 口井：H 井、I 井和 Q 井。I 井水深 2064 m，钻探深度 444 mbsf(meter below seafloor，海底以下深度)；Q 井位于 1985 m 水深处，于 414 mbsf 钻到含水合物的砂层，钻探到达 442 mbsf 发现游离气后停钻。H 井水深 2032 m，钻探总深度 589 m，在 383～488 mbsf 层段出现泥浆侵入，影响密度和孔隙度结果。H 井钻透一个裂隙充填水合物储层(192～308 mbsf，水合物层 I)和一个砂岩水合物储层(413～453 mbsf，水合物层 II)
2010	韩国在郁凌盆地成功钻探到大量水合物样品
2011	第七届国际气体水合物会议(ICGH-7)在英国爱丁堡国际会议中心召开
2013	中国青海省委省政府协调组织由神华集团、青海木里煤业、青海煤炭地质局联合成立神华集团青海能源发展有限责任公司投资实施“青海省天峻县聚乎更煤矿区三露天天然气水合物调查评价”项目
2013	中国青海省天峻县聚乎更煤矿区三露天天然气水合物调查评价项目工作区西北部施工 4 个钻孔，其中，DK13-11、DK12-13、DK11-14 成功钻探水合物实物
2013	中国南海北部陆坡东沙海区开展了 10 口井的钻探取芯，均钻获实物样品，获取了大量天然气水合物实物样品，并首次发现 II 型水合物
2013	日本成功通过减压法试采爱知和三重县海域海底的天然气水合物。水深约 1000 m，掘进海底沉积物深度 330 m，产量达 400 万 ft^3
2014	三露天水合物调查评价项目又在调查研究区中至东部推进，施工 10 个钻孔，其中仅有 DK8-19 钻孔钻获了天然气水合物实物样品
2014	第八届国际气体水合物会议(ICGH-8)在中国北京成功举行
2015	中国广州海洋地质调查局“南海天然气水合物资源勘查”在南海北部神狐及其邻近海域开展天然气水合物钻探及取样调查。钻探航次共完成 19 个站位钻探，19 个站位均有水合物存在的特征，其中 5 个站位最为显著。成功发现“海马冷泉”且在 2 个 ROV 站位进行了取样调查，采获高纯度的天然气水合物实物样品
2015	中国国土资源部天然气水合物重点实验室成立

续表

时间(年份)	事件
2015	祁连山木里盆地三露天水合物调查区资源评价，初步估算水合物烃类气体控制储量仅为213.85万m^3，相当于常规小型天然气田，且远小于划分小型天然气田的界线值50×10^8 m^3
2017	第九届国际气体水合物会议(ICGH-9)在美国丹佛举行
2017	中国在南海北部神狐海域进行的可燃冰试采获得成功，试采作业区位于珠海市东南320 km的神狐海域。3月28日第一口试采井开钻，5月10日下午14时52分试气点火成功，从水深1266 m海底以下203～277 m的天然气水合物矿藏开采出天然气。截至7月9日，中国天然气水合物试开采连续试气点火60 d，累计产气30.9万m^3，平均日产5151 m^3，CH_4含量最高达99.5%

2.2 气体水合物的结构与性质

2.2.1 气体水合物的结构

气体水合物是由小气体分子(如CH_4、CO_2、H_2等)与水分子在一定条件下(低温和高压)形成的结晶状络合物。由于气体水合物是由气体分子(客体)与水分子(主体)通过分子力作用形成的多面笼状晶体物质，所以又称为“笼型水合物”[2]。气体水合物和化合物不同，气体分子只是填充于由水分子连接形成的笼状空腔中，各水分子之间通过氢键结合，而主、客体分子通过范德瓦耳斯力结合，气体水合物的生成和分解存在相态的变化。水分子氢键的空间连接可以形成形态多样的晶格结构，但只有被客体分子填充的晶格结构才可以稳定存在，而且填充率越高，形成的水合物晶体越稳定，晶格孔穴的填充率与客体分子的大小以及气体逸度有关。客体分子和水分子形成的水合物晶胞可用$a\mathrm{M}\cdot n\mathrm{H_2O}$表示，$a\mathrm{M}$表示$a$个客体分子，$n\mathrm{H_2O}$表示$n$个水分子。

目前发现的稳定的气体水合物晶体结构有Ⅰ型、Ⅱ型与H型三种。其中，Ⅰ型和Ⅱ型水合物结构形式比较常见且由两种笼形孔穴组成，H型有3种不同的孔穴结构。图2.1给出了水合物的孔穴组合方式及结构示意图。Ⅰ型、Ⅱ型和H型水合物的晶体结构参数如表2.2所示。

Ⅰ型水合物晶胞为立方晶体结构[4]，由6个大孔穴与2个小孔穴构成，其中大孔穴是由12个五边形和2个六边形组成的十四面体($5^{12}6^2$)，小孔穴为五边形十二面体(5^{12})，每个晶胞包含46个水分子。5^{12}孔穴由20个水分子组成，其形状近似为球形，$5^{12}6^2$孔穴则是由24个水分子组成的扁球形结构。当每个孔穴被单个客体分子占据时，其理想分子式表示为$8\mathrm{M}\cdot 46\mathrm{H_2O}$或$\mathrm{M}\cdot 5.75\mathrm{H_2O}$(M表示客体分子，5.75称为水合数)。Ⅰ型水合物仅可容纳客体分子直径约为4.2～6Å的小分子，如烃类CH_4、C_2H_6和非烃类N_2、CO_2、H_2S等，是自然界中最常见的水合物。

Ⅱ型水合物晶胞为菱形晶体结构，每个晶胞包含136个水分子，由8个大孔穴与 16 个小孔穴构成，其中大孔穴是包含 28 个水分子的立方对称的准球十六面体($5^{12}6^4$)，由 12 个五边形和 4 个六边形所组成，小孔穴为直径略小于 I 型结构的 5^{12} 孔穴的十二面体。对于 II 型水合物，当所有孔穴都被客体分子所占据时，其理想分子式可表示为 $24M·136H_2O$ 或 $M·5.67H_2O$。II 型水合物除可容纳如 CH_4、C_2H_6 等小分子外，其大孔穴还可容纳 $6Å<d<7Å$ 的客体分子，如 C_3H_8、异丁烷，H_2 作为单客体分子($d<4.2Å$)时也将生成 II 型水合物。

H 型水合物为六方晶体结构，包含 34 个水分子，单晶中有三种不同的孔穴，由 3 个 5^{12} 孔穴、2 个 $4^35^66^3$ 孔穴和 1 个 $5^{12}6^8$ 孔穴构成，$4^35^66^3$ 孔穴是由 20 个水分子组成的扁球形的十二面体，$5^{12}6^8$ 孔穴是由 36 个水分子组成的椭球形的十二面体。对于 H 型结构的水合物，当所有孔穴都被客体分子占据时，其理想分子式可表示为 $6M·34H_2O$ 或 $M·5.67H_2O$。H 型水合物的“大笼”可容纳直径为 $7Å<d<9Å$ 的客体分子，如异戊烷和环辛烷将伴随着小分子气体如 CH_4、H_2S 或者 N_2 生成 H 型水合物。H 型水合物早期仅见于实验室[5]，1993 年才在墨西哥湾大陆斜坡发现其天然形态。II 型和 H 型水合物比 I 型水合物更稳定。除墨西哥湾外，在格林大峡谷地区也发现了 I 型、II 型、H 型水合物共存的现象。

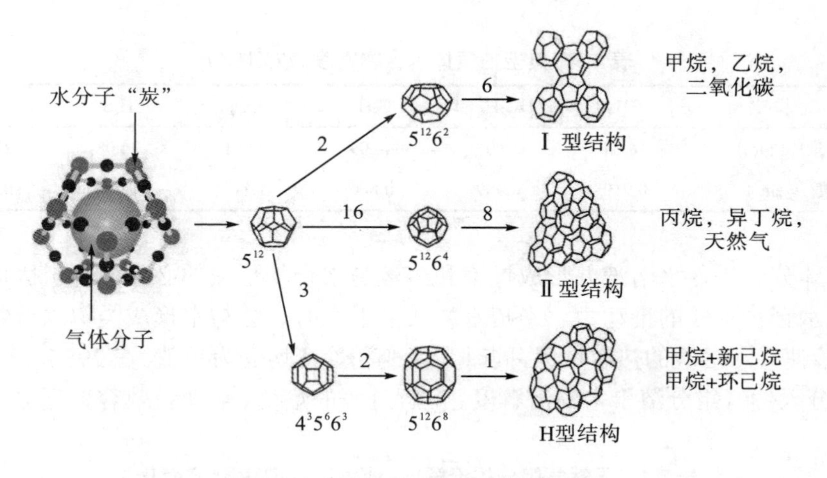

图 2.1 水合物的孔穴与结构示意图

表 2.2 三种气体水合物的结构参数

结构类型	I 型水合物		II 型水合物		H 型水合物		
孔穴	小孔穴	大孔穴	小孔穴	大孔穴	小孔穴	中等孔穴	大孔穴
晶胞孔穴数	2	6	16	8	3	2	1
表述方式	5^{12}	$5^{12}6^2$	5^{12}	$5^{12}6^4$	5^{12}	$4^35^66^3$	$5^{12}6^8$
平均孔腔直径/nm	0.395	0.433	0.391	0.473	0.391	0.406	0.571
晶胞水分子数	46		136		34		

续表

结构类型	I 型水合物	II 型水合物	H 型水合物
晶体结构	立方型 立方型	立方型 立方型	六面体型 六面体型 六面体型
晶胞分子表达式	$8M·46H_2O$	$24M·136H_2O$	$6M·34H_2O$

2.2.2 气体水合物的性质

天然气水合物因其外观像冰而且遇火可以燃烧，因此也被称为“可燃冰”。天然气水合物燃烧后几乎不产生任何残渣，污染比煤、石油要小得多。从物理性质来看，天然气水合物的密度接近冰的密度，剪切系数、电解常数和热传导率均低于冰，而声波传播速度明显高于含气沉积物和饱和水沉积物，中子孔隙度低于饱和水沉积物，这些差别是物探方法识别天然气水合物的理论基础。水合物晶体密度为 800～1200 kg/m^3，一般比水轻。当孔穴中没有客体分子时，结构 I 型和 II 型水合物的密度分别为 796 kg/m^3 和 786 kg/m^3。典型气体水合物的密度值列于表 2.3。

表 2.3 典型的气体水合物密度(273.15K)

气体	CH_4	C_2H_6	C_3H_8	CO_2	H_2S	N_2
分子量/(g/mol)	16.04	30.07	44.09	44.01	34.08	28.04
密度/(g/cm^3)	0.910	0.959	0.866	1.117	1.044	0.995

客体分子进入水溶液并形成过饱和溶液是水合物形成的必要条件，因此过饱和度是水合物形成的推动力。当疏水物质溶于水时，会与水形成类似水合物晶体的结构，使得水溶液的热容增大，同时其熵变和焓变均变为负值。在 298 K、0.1 MPa 时，部分天然气组分溶于水的溶解度、溶解过程的焓变、熵变及热容数据见表 2.4。

表 2.4 天然气组分的溶解度、焓变、熵变及热容变化

组分	溶解度/($\times10^5$mol/L)	焓变/(kJ/mol)	熵变/(kJ/mol)	摩尔热容/[kJ/(K·mol)]
纯水	—	—	−0.008	—
CH_4	2.48	−13.26	−44.5	55
C_2H_6	3.10	−16.99	−57.0	66
C_3H_8	2.73	−21.17	−71.0	70
N_2	1.19	−10.46	−35.1	112
H_2S	—	−26.35	−88.4	36
CO_2	60.8	−19.43	−65.2	34

气体水合物的基本性质与冰既有相似之处，又有差异较大的地方。Dharma-wardana[6]对气体水合物的热导率进行了研究，发现水合物的热导率较小。他所研究的两种不同结构水合物晶体的热导率几乎相同(0.5W/m·K)，只有I_h结构冰的1/5，而且水合物的热导率与冰的热导率随温度的变化关系正好相反，其热导率随温度升高而缓慢增大，但水合物在远红外光谱等方面却与I_h结构相似。表2.5列出了结构Ⅰ、结构Ⅱ气体水合物以及冰的光谱性能比较结果。

表2.5　结构I、结构II型水合物以及冰的光谱性能对比

光谱性能	结构I	结构II	冰
晶胞空间系	Pm3n	Fd3m	$P6_3/m$ mc
水分子数	46	136	4
晶胞参数(273K)	12	17.3	a=4.52，c=7.36
介电常数(273K)	约58	58	94
远红外光谱	229 cm^{-1}峰和其他峰	229 cm^{-1}峰和其他峰	229 cm^{-1}峰
水扩散相关时间/μs	>200	>200	2.7

2.2.3　多元气体水合物

如果在水合物形成体系中有多种气体溶解于水中，则可形成多元气体水合物。早在1954年，von Stackelberg和Jahns[4]的研究就表明H_2S、CH_3CHF_2都形成Ⅰ型水合物，然而在它们的混合体系中却生成了Ⅱ型水合物，这表明气体种类不同会对水合物的结构变化产生影响。Hendriks等[7]的研究表明，二元体系$CH_4+C_2H_6$、$H_2S+C_2H_6$、$N_2+C_2H_6$都可以形成Ⅱ型水合物，而且在一定的组成范围内Ⅱ型水合物比Ⅰ型水合物的结构更加稳定。这是因为CH_4和C_2H_6在Ⅰ型水合物中为“竞争”关系，两种分子都想要占据Ⅰ型水合物中的大孔穴。随后他们经过进一步研究，运用Gibbs自由能模型对$C_2H_6+CH_4$混合体系的结构转变点进行预测，发现当平衡气相中CH_4的摩尔分数为$y_{CH_4}=0.62$时，水合物结构将会由Ⅰ型向Ⅱ型转变。

水合物结构的转变可以用水合物分子的稳定性原理进行解释。客体分子的直径与水合物孔穴的直径比是水合物稳定性的重要判断依据。客体分子直径与孔穴直径比在0.76～1.0为典型的稳定结构，当直径比大于1.0时，表明客体分子对于孔穴来说太大，不易进入。从表2.6中列出的客体分子直径与水合物孔穴直径的比值可以看出，CH_4分子在Ⅱ型水合物的小孔穴中(直径比为0.868)比在Ⅰ型水合物小孔穴中(直径比为0.855)更加稳定。然而，CH_4分子在Ⅰ型水合物的大孔穴中(直径比为0.744)比在Ⅱ型水合物的大孔穴中(直径比为0.655)要稳定得多，因此CH_4一般生成Ⅰ型水合物。在超高压情况下，孔穴尺寸受到压缩，CH_4也可生成

Ⅱ型水合物。对于 C_2H_6 分子而言，在Ⅰ型水合物大孔穴 $5^{12}6^2$(直径比为 0.939) 比在Ⅱ型水合物大孔穴(直径比为 0.826) 更稳定。由于其分子尺寸大于Ⅰ型、Ⅱ型水合物的小孔，只能占据大孔穴，因此 C_2H_6 分子一般形成Ⅰ型水合物并且只能占据其中的大孔穴。

Ⅱ型水合物结构的单位晶胞中含有大量的小孔穴，CH_4 在Ⅱ型水合物小孔穴结构中有更好的稳定性，而且 C_2H_6 分子只能占据Ⅰ型、Ⅱ型水合物中的大孔穴。以上可能是 CH_4+C_2H_6 体系在一定的组成范围内可以形成Ⅱ型水合物的原因，同时这三个方面对水合物稳定性的影响程度也会决定形成Ⅱ型水合物结构的组成。

表 2.6 客体分子与孔穴的直径比

客体分子	水合物类型	客体直径/Å	客体分子与孔穴的直径比			
			5^{12} (Ⅱ)	$5^{12}6^2$ (Ⅱ)	5^{12} (Ⅱ)	$5^{12}6^4$ (Ⅱ)
CH_4	Ⅰ	4.36	0.855	0.744	0.868	0.655
C_2H_6	Ⅰ	5.50	1.080	0.939	0.100	0.826

2.3 气体水合物基础研究现状

目前气体水合物的基础研究主要包括三个方面：①水合物相平衡热力学研究，即有关水合物生成/分解条件的实验测定和理论预测；②水合物生成动力学研究；③水合物分解动力学研究。

2.3.1 相平衡热力学研究

气体水合物的生成过程，实际上就是水合物-溶液-气相三相平衡变化的过程，任何能影响相平衡的因素都能影响水合物的生成和分解[8]，因此水合物相平衡是水合物研究与应用的基础。水合物相平衡研究的目的是为了测定并预测水合物的生成条件，为水合物研究与应用提供基本的物性数据，其研究内容主要集中在水合物的热力学模型建立以及相平衡实验两方面。

1. 热力学相平衡的预测模型

1) 经典 van der Waals-Platteeuw 模型

研究者在 20 世纪 50 年代确定了水合物的晶体结构后，便成功地将统计热力学应用于水合物实际体系，即通过描述客体分子占据孔穴的分布来建立水合物热力学模型。van der Waals 和 Platteeuw[9]因其建立的 vdW-P 经典模型，被看作水合物热力学理论的创始人。近年来，不同条件下的水合物热力学模型与算法得到深入研究与完善，但这些模型大多是基于 vdW-P 经典模型建立的。由于水合物体系涉及气、液(水)、固(水合物)多相，计算水合物热力学生成条件就是研究微量水合物的水-液态烃-气-水合物四相平衡的问题。

当气体水合物处于相平衡状态时，水在富水相中的化学位与在水合物的化学位处于平衡状态，可得到以下平衡方程：

$$\mu_{\mathrm{w,H}} = \mu_{\mathrm{w,L}} \tag{2.1}$$

式中，$\mu_{\mathrm{w,H}}$ 表示水在水合物相的化学位；$\mu_{\mathrm{w,L}}$ 表示水在冰相(富水相)中的化学位。将无气体分子占据的孔穴(水合物晶格)的化学位 μ_{β} 作为参考态，则相平衡约束条件如下：

$$\Delta\mu_{\mathrm{w,H}} = \Delta\mu_{\mathrm{w,L}} = \mu_{\mathrm{w,H}} - \mu_{\beta} = \mu_{\mathrm{w,L}} - \mu_{\beta} \tag{2.2}$$

式中，$\Delta\mu_{\mathrm{w,H}}$ 表示水在水合物中化学位差；$\Delta\mu_{\mathrm{w,L}}$ 表示水在水(冰)相中化学位差。因此，vdW-P 热力学模型的计算关键在于 $\Delta\mu_{\mathrm{w,H}}$ 与 $\Delta\mu_{\mathrm{w,L}}$ 的计算。

(1) $\Delta\mu_{\mathrm{w,H}}$ 的计算。基于一定的假设条件，van der Waals 和 Platteeuw 应用巨正则配分函数推导出水合物化学位的方程式。对于理想气体，其表达式为

$$\Delta\mu_{\mathrm{w,H}} = -RT\sum_{\mathrm{i}} v_{\mathrm{i}} \ln\left(1-\sum_{\mathrm{j}}^{N}\theta_{\mathrm{ij}}\right) \tag{2.3}$$

$$\theta_{\mathrm{ij}} = C_{\mathrm{ij}} f_{\mathrm{j}} \bigg/ \left(1+\sum_{\mathrm{j}}^{N} C_{\mathrm{ij}} f_{\mathrm{j}}\right) \tag{2.4}$$

式中，v_{i} 表示水合物晶胞中 i 型孔穴数和水分子数的比值；θ_{ij} 为客体分子 j 在 i 型水合物孔穴中的填充率；f_{j} 表示客体分子 j 在平衡相中的逸度；C_{ij} 表示客体分子 j 在 i 型孔穴中的 Langmuir 常数；N 为混合气体中可生成气体水合物的组分数目。

其中，f_{j} 可由气体状态方程算出；C_{ij} 表示水合物晶胞中水分子对客体分子吸引力的大小，计算表达式如下：

$$C_{\mathrm{ij}} = \frac{4\pi}{kT}\int_0^R \exp\left(-\frac{\omega(r)}{kT}\right) r^2 \mathrm{d}r \tag{2.5}$$

式中，$\omega(r)$ 为孔穴内客体分子距孔穴中心 r 时与构成孔穴的水分子相互作用的势能总和。客体分子与其周围水分子间的势能函数模型确定后便可计算出 $\omega(r)$，进而求出 C_{ij}。

(2) $\Delta\mu_{\mathrm{w},L}$ 的计算。1980 年，Holder 等[10]对 Saito 等给出的富水相(冰相)中化学位 $\Delta\mu_{\mathrm{w},L}$ 进行了改进与简化。$\Delta\mu_{\mathrm{w},L}$ 计算公式为

$$\frac{\Delta\mu_{\mathrm{W}}}{RT} = \frac{\Delta\mu_{\mathrm{W}}^{0}}{RT^{0}} - \int_{T_0}^{T}\left(\frac{\Delta h_{\mathrm{w}}}{RT^{2}}\right)\mathrm{d}T + \int_0^P \frac{\Delta V_{\mathrm{W}}}{RT}\mathrm{d}P - \ln a_{\mathrm{w}} \tag{2.6}$$

$$\Delta h_{\mathrm{W}} = \Delta h_{\mathrm{W}}^{0} + \int_{T_0}^{T} \Delta C_{\mathrm{rW}} \mathrm{d}T \tag{2.7}$$

$$\Delta C_{\mathrm{rW}} = \Delta C_{\mathrm{rW}}^{0} + b(T - T_0) \tag{2.8}$$

式中，ΔV_{W} 为水(冰)相转化为水合物相后的体积差；$\Delta h_{\mathrm{W}}^{0}$ 与 $\Delta C_{\mathrm{rW}}^{0}$ 分别表示 T_0=273.15 K 时，水(冰)相与水合物相之间的焓差与热容差；a_{W} 为水的活度，液相为纯水(冰)时，$a_{\mathrm{W}} = 1$，若液相为抑制剂(促进剂)溶液，则液相水的活度可由活度系数方程算出；b 为热容的温度系数。

2) Chen-Guo 热力学模型

虽然依据 vdW-P 等温吸附模型的理论基础发展出很多预测气体水合物生成条件的热力学模型，但实际上水合物的生成和等温吸附过程的机理是有差异的。

Chen-Guo 热力学模型[11]认为气体分子被水分子包络的过程与 Langmuir 等温吸附过程并不具有一致性，而是水(冰)相中水分子对气体分子的作用力引起的，因此气体分子被水分子包络速率应取决于水(冰)相中水分子的活度与气体组分的逸度。该模型基于水合物生成动力学机理与统计热力学方法，使其对多元多相水合物热力学条件的预测具有可靠的精度。Chen-Guo 模型预测 N 元气体水合物的逸度计算公式为

$$f_{\mathrm{j}} = x_{\mathrm{j}} \exp\left(\frac{\Delta \mu_{\mathrm{W}}}{RT\lambda_2}\right) \times \frac{1}{C_{2\mathrm{j}}} \left(1 - \sum_{\mathrm{j}}^{N} \theta_{\mathrm{lj}}\right)^{\lambda_1/\lambda_2} \tag{2.9}$$

$$\theta_{\mathrm{lj}} = \frac{f_{\mathrm{j}} C_{\mathrm{lj}}}{1 + f_{\mathrm{j}} C_{\mathrm{lj}}} \tag{2.10}$$

式中，λ_1，λ_2 仅与水合物类型有关，分别代表每个水分子所对应的联结孔和基础孔数目；C_1，C_2 均为实验拟合的 Langmuir 常数，其他参数的计算可直接参考 vdW-P 模型。

Chen-Guo 水合物生成条件预测模型目前已成功扩展并应用于含醇、盐极性抑制剂体系[12]，含氢气体系水合物的生成条件[13]以及气-液-水合物多相平衡闪蒸的计算[14]。需要注意的是，该模型忽略了气体在水中溶解对水合物生成条件的影响。这种处理对水中溶解度很小的非极性气体是可行的，而对于溶解度较大的酸性气体，会带来较大误差。对于酸性气体溶于水后存在的水解反应平衡问题，可以引入真实组成和表观组成的概念，改进液相中各组分的逸度计算，以提高酸性气体水合物生成条件的预测精度[15]。

2. 相平衡条件的测定

在实际水合物体系中，常常会涉及气相、液相、水合物相、冰相等多相共存的情况，且水合物的结构会随压力、组成的变化而转变。因此通过水合物热力学模型计算出的相平衡数据总会出现一些误差，必须通过水合物相平衡测定实验对

模型数据进行校正。为了获得水合物的相平衡实验数据，通常根据测定水合物分解结束时对应相平衡点的压力和温度数据绘制出气体水合物的相平衡曲线。

实验测定水合物相平衡条件主要有直接观察法和图形法[16]。

1) 观察法

观察法是水合物相平衡实验最常用的方法，目前实验获得的水合物相平衡数据大部分是采用此方法测量的。可视反应釜是开展观察法相平衡实验的必要设备，通过可视反应釜直接观察水合物的生成和分解来确定水合物的相平衡条件。

观察法测量水合物相平衡的实验步骤为：①在较高压力和较低温度条件下生成大量水合物；②通过降压或升温使反应釜内水合物晶体逐渐分解，观察反应釜内水合物的变化情况，当分解到只有极少量的水合物晶体时，保持此时的实验条件不变；③若保持 4 h 后，微量水合物晶体仍存在，再缓慢升温或降压使得水合物晶体完全分解，微量水合物晶体存在时的压力、温度就是该体系水合物的相平衡条件。

采用该方法的实验条件简单，可以直接观察到反应釜内水合物的相变。由于降温分解过程缓慢(约 0.2 K/h)，所需稳定时间很长，所以实验周期较长。

2) 图形法

图形法可以利用计算机将采集的水合物生成、分解过程的温度、压力等实验数据绘制成反应过程图，客观反映水合物相平衡点，减少人为误差，特别适用于可视性差的水合物体系(如油系统)。

图形法分为定压、定温、定容三种，即保持体系中三个参数(P、V、T)中某一参数不变，改变其他参数使水合物形成、分解的方法。例如，在定压测量中，压力的保持可以通过改变反应釜的容积或反应釜中的气体量来实现。由于气体组分变化，改变反应釜内气体量来保持/调节压力不能用于多组分气体水合物相平衡的测定。

定容测量中反应釜内气体组分不变，可用于多组分气体水合物相平衡测定。该方法通过逐步改变反应釜中的温度、压力条件，控制水合物的形成和分解。实验过程同观察法相似：先在低温、高压条件下生成大量水合物，再逐步提高反应釜中的温度(保证有充足的反应时间)，使水合物晶体完全分解，最后绘制实验过程 P-T 图，如图 2.2 所示，水合物分解结束点(图 2.2 中的交叉点)即为气体水合物的相平衡点。

实验中为了获得更精确的气体水合物相平衡数据，可将观察法与图形法结合使用。图 2.3 为 Torré 等[17]通过图形法 P-T 图和观察法获得 CO_2 气体在质量分数 4% THF 溶液体系形成水合物的相平衡条件。

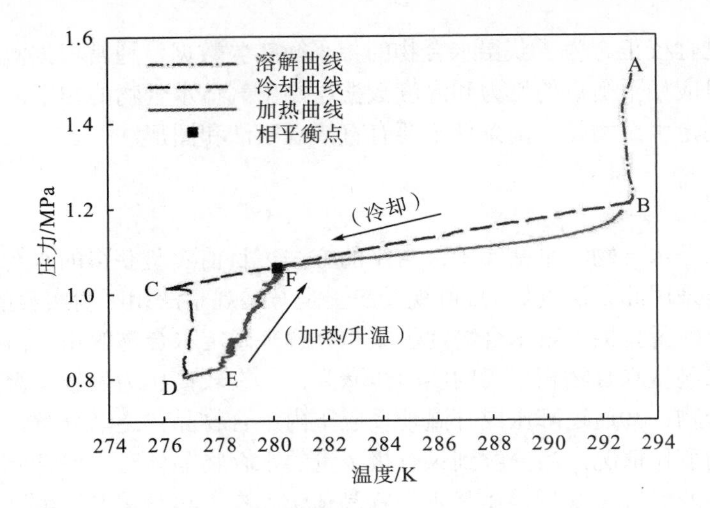

图 2.2　水合物形成/分解过程的 *P-T* 图

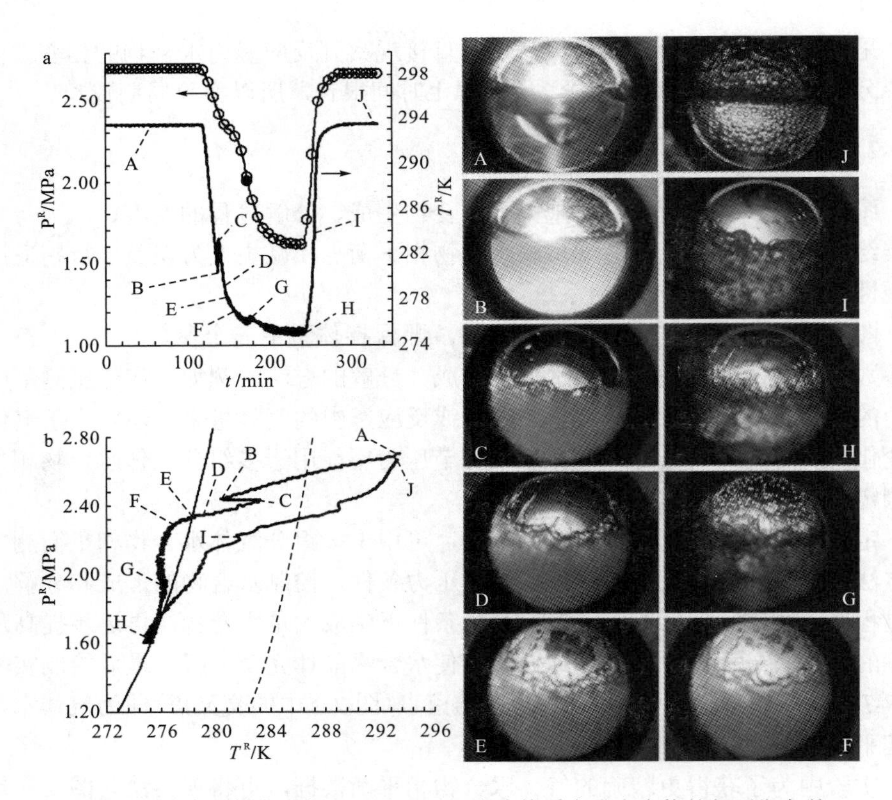

图 2.3　通过观察法测定 CO_2+4% THF 溶液体系生成水合物的相平衡条件

3) 高压 DSC 测试法

随着技术的发展，近年来采用高压三维微量热扫描仪(HP-μDSC)测试气体水合物的相平衡条件成为研究水合物热力学特性的一种新手段。高压 DSC 属于静态法实验装置，其原理是根据实验过程中热流量的变化判定水合物的形成，与样品的黏度、透明度等参数无关，是简单而又可靠的高精度实验仪器。具体实验步骤为：①将空白样品池装入参考腔室；②称取 10 mg 左右溶液并注入高压样品池；③将高压样品池装入测量单元，通入实验气体并保持恒定的设定压力；④设定升降温程序；⑤记录实验过程中热流量随时间、温度的变化曲线。实验过程中的升降温程序采用 stepwise 法[18,19]，即先将样品池温度降至 0 ℃以下，使其达到 20 K 左右的过冷度，然后对样品池加热至低于分解温度 0.6 K 的温度，再以 0.1 K/min 的速度升温，每步温度保持 2 h。当气体水合物完全分解后，升温至室温，并结束实验。升温阶段的热流-时间曲线如图 2.4 所示，图中 T_{step} 对应最后一次吸热峰的温度，即相平衡温度。

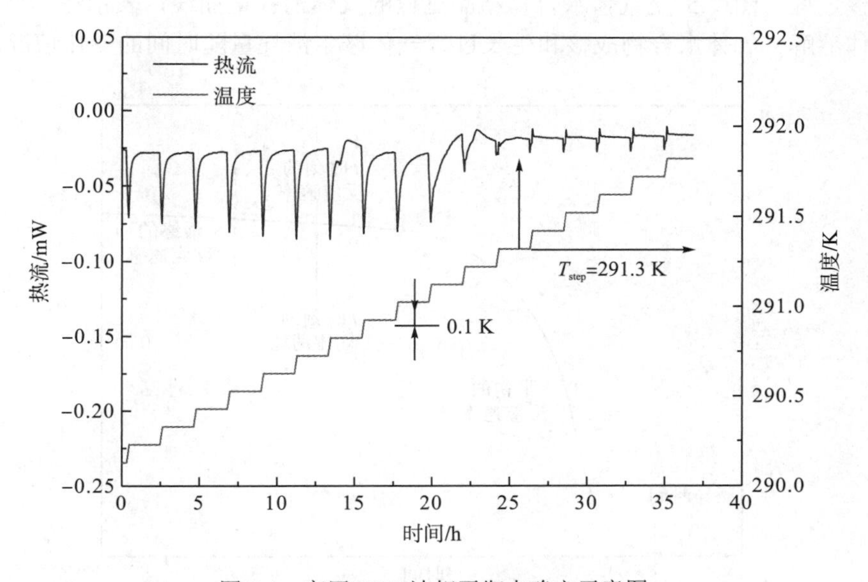

图 2.4　高压 DSC 法相平衡点确定示意图

2.3.2　水合物生成动力学研究

气体水合物的结晶生长是一个多元、多相相互作用的反应动力学过程，是由气、液相逐渐转变为固相(水合物)的结晶过程，因此可分为成核与生长两个阶段。

1. 水合物的成核动力学

将气体水合物的反应过程看作一个类化学反应过程，这种类结晶过程可简化为如下表达式：

$$n_g\mathrm{M}+n_w\mathrm{H_2O}\rightarrow n_g\mathrm{M}\cdot n_w\mathrm{H_2O} \tag{2.11}$$

式中，n_g 表示水合物结构中的气体分子数；n_w 表示水合物结构中的水分子数；M 表示气体分子。由于水合物的非化学计量性，n_g/n_w 通常不是一个恒定的常数，这也是水合物结晶过程不是化学反应的主要原因。

1) 成核

水合物成核是指在过饱和(或过冷)溶液中形成超过临界尺寸的稳定晶核的过程，水合物的生长过程就是指晶核稳定生长的过程。水合物成核与生长类似于盐类的结晶，对空气中水结冰以及天然气在水中的溶解度研究，有助于理解水合物的成核过程。图 2.5 是气体水合物结晶过程的气体消耗量曲线，表示在典型条件下气体溶解、气体水合物成核和生长过程气体摩尔消耗量随时间的变化情况。

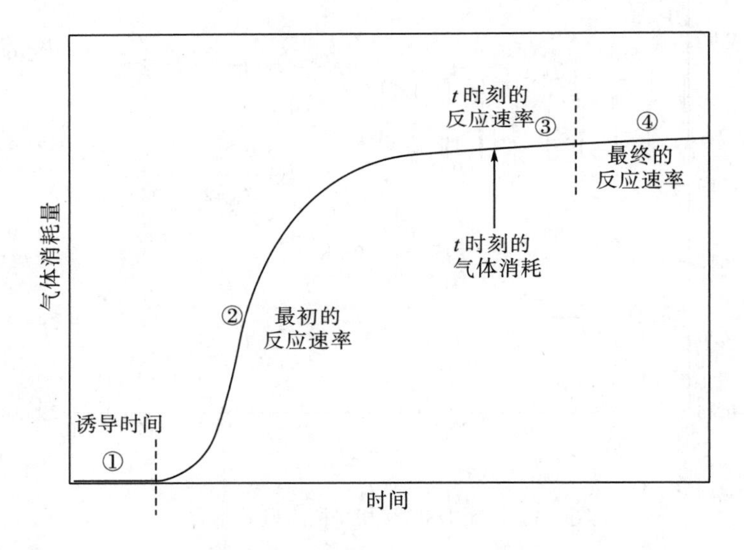

图 2.5 典型的气体消耗量曲线

水合物成核方式有两种[20]：①瞬时成核(instantaneous nucleation)，表示水分子和气体分子在瞬间形成水合物晶核，在之后的生长阶段水合物晶核数量保持稳定。②过程成核(progressive nucleation)，表示水合物晶核随着生长过程持续增加，成核与生长同时进行。

水合物成核过程又分为均相成核和非均相成核。均相成核过程要求没有杂质干扰，二元分子在自催化作用下发生连续碰撞反应直到晶核临界尺寸，随后分子簇将单调生长：

$$A+A\rightarrow A_2，\ A_2+A\leftrightarrow A_3,\cdots,A_{n-1}+A\leftrightarrow A_n \tag{2.12}$$

均相成核要求无杂质的理想条件，实际实验中由于杂质存在，发生非均相成核，而且成核时间较短，非均相成核是一种普遍存在的成核现象。由于其他粒子存在，非均相成核的诱导时间有很大的随机性。通过大量水合物实验数据分析，水合物成核驱动力或过冷度越小，成核诱导时间随机性越大；驱动力或过冷度变大，成核诱导时间随机性减弱并具有规律性，可以对成核过程进行分析预测。由于气-液界面处富含水分子和气体分子，成核 Gibbs 自由能较小，非常有利于水合物晶核的生长。所以搅拌、多孔介质等体系显著提高了气-液接触面积，可以有效加快成核过程，提高气体水合物的反应速率。

2) 成核的微观机理

综合国内外关于水合物成核机理的研究，目前主要形成了以下几种成核模型：成簇成核模型、分子在气相侧界面吸附成簇的界面成核模型、随机成核与界面成簇模型、反应动力学机理模型、双过程水合物成核模型等。需要指出的是，这些成核机理大多是初步、不全面的，有待进一步发展与完善。

(1) 成簇成核模型。Sloan 和 Fleyfel 等[21]提出了成簇成核模型，该模型适用于描述有冰存在的单组分气体水合物(如 CH_4、Ar 等)的成核过程。成簇成核模型并未说明簇与簇之间的转换过程，是非常初步的。

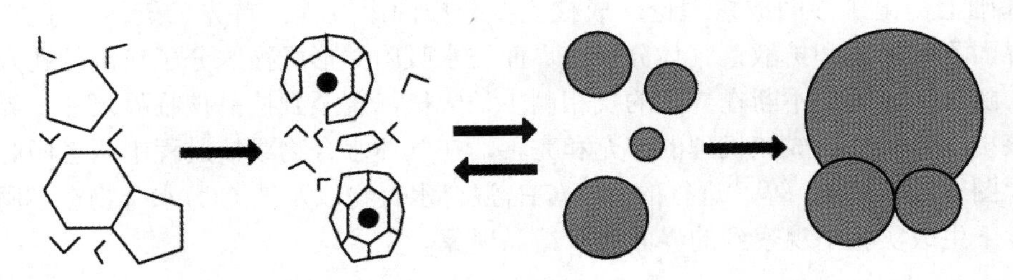

图 2.6　不稳定簇生长机理图

图 2.6 显示了成簇成核机理。成核过程中气体分子与冰面上的自由水分子按一定结构形式(Ⅰ型和Ⅱ型晶胞结构)形成不稳定簇，不同结构类型的不稳定簇会不断转变并逐渐稳定成Ⅰ型或Ⅱ型单晶，在单晶到达临界尺寸的晶核前，簇与簇

之间在相互转变中不断生长。如果将熔融冰、不稳定簇、单晶和晶核分别用 A、B、C 和 D 表示，则成簇成核模型可由 k_1、k_2 和 k_3 一级反应组成的连串反应表示：

$$A \xrightarrow{k_1} B \xrightarrow{k_2} C \xrightarrow{k_3} D \tag{2.13}$$

按成核过程对时间求导可得下列速率方程：

$$\frac{\mathrm{d}[A]}{\mathrm{d}t} = -k_1[A] \tag{2.14}$$

$$\frac{\mathrm{d}[B]}{\mathrm{d}t} = k_1[A] - k_2[B] \tag{2.15}$$

$$\frac{\mathrm{d}[C]}{\mathrm{d}t} = k_2[B] - k_3[C] \tag{2.16}$$

$$\frac{\mathrm{d}[D]}{\mathrm{d}t} = -k_3[C] \tag{2.17}$$

式中，当 t=0 时，$[A]=[A_0]$，$[B_0]=[C_0]=[D_0]=0$。

通过 Laplace 变换求解以上常微分方程组，可得浓度随时间变化的关系式，晶核[D]的生长速率可表示为

$$[D] = -\frac{k_3}{k_1}[A_0]F_1(e^{-k_1 t}-1) + \frac{k_3}{k_2}[A_0]F_2(e^{-k_2 t}-1) + [A_0]F_3(e^{-k_3 t}-1) \tag{2.18}$$

式中，$F_1 = \frac{k_1 k_2}{k_3 - k_1}$，$F_2 = \frac{k_1 k_2}{(k_3-k_2)(k_2-k_1)}$，$F_3 = \frac{k_1 k_2}{(k_3-k_2)(k_3-k_1)}$。

由上式发现晶核浓度曲线随时间呈“S”形，由此曲线可获得水合物生成的诱导时间。

(2) 界面成核机理。Long 等[22]认为分子在气-液界面吸附成簇，在成簇成核模型基础上提出了界面成核理论。成核主要分成两个过程：首先，气体分子在气-液界面不断流动和扩散，气体分子在界面被水吸附并形成被水分子包围的孔穴结构；随后，分子簇不断在界面的气相侧生长成核，直至到达晶核临界尺寸。界面成核机理是对成簇成核机理的补充和完善，在气体水合物成核过程中两者同时存在。图 2.7 是 Ueno 等[23]进行的 CO_2/CH_4 混合水合物以及纯 CO_2 水合物在不同过冷度下生成实验中观察到的界面成核结晶现象。

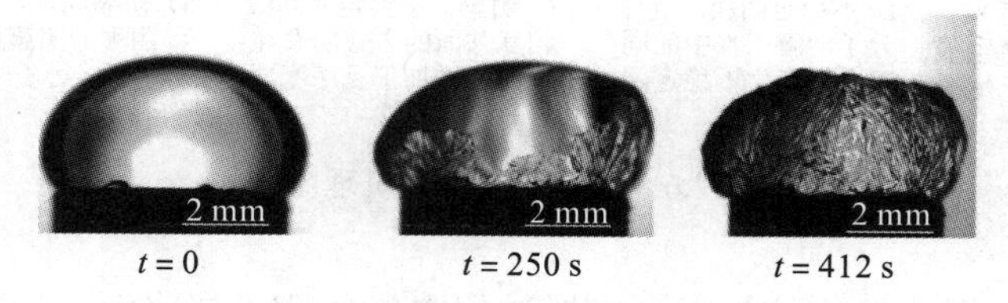

$t = 0$　　$t = 250$ s　　$t = 412$ s

(a) CH_4+CO_2(40：60)水合物 P=3.26 MPa，$\Delta T_{sub} = 0.9$ K

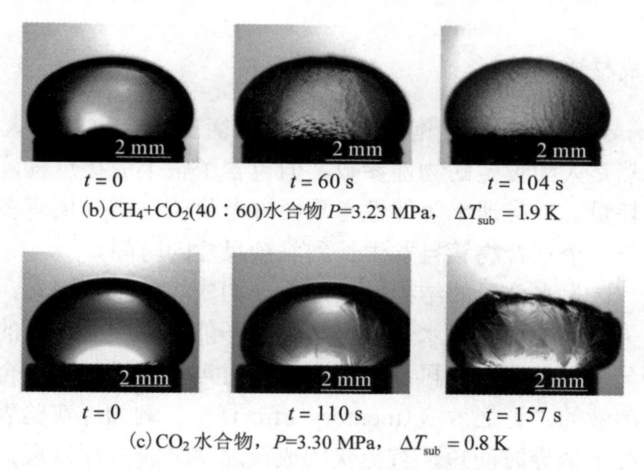

(b) CH_4+CO_2(40：60)水合物 P=3.23 MPa，ΔT_{sub} = 1.9 K

(c) CO_2 水合物，P=3.30 MPa，ΔT_{sub} = 0.8 K

图 2.7 实验观测的界面成核结晶现象

(3) 反应动力学机理模型。Lekvam 和 Ruoff[24]提出了反应动力学成核模型，该模型对 CH_4 水合物的生成机理描述如下：

$$CH_4(g) \Longleftrightarrow CH_4(aq) \tag{2.19}$$

$$fCH_4(aq) + hH_2O \Longleftrightarrow N \tag{2.20}$$

$$N \longrightarrow H \tag{2.21}$$

$$N \Longleftrightarrow H \tag{2.22}$$

$$fCH_4(aq) + hH_2O \Longleftrightarrow H \tag{2.23}$$

以上 5 个反应式可以描述该模型的 5 个基元反应过程。式(2.19)表示 CH_4 气体在水中扩散相溶的过程；式(2.20)表示不稳定低聚体(N)的形成过程；式(2.21)表示低聚体(N)向 CH_4 水合物晶体(H)转变、生成的过程；式(2.22)和式(2.23)表示 CH_4 水合物生长的自催化过程，即低聚体(N)或 H_2O 和 CH_4 分子直接转化为水合物晶体的动态过程。需要注意的是，模型对晶体生长前期的模拟结果与实验结果吻合较好，但对晶体生长中后期的模拟结果误差较大，还需要进一步完善。

(4) 双过程水合物成核模型。陈光进和郭天民[25,26]提出的水合物生成机理模型(Chen-Guo 模型)指出水合物成核过程中有两个动力学过程同时进行：①准化学反应过程。通过气体分子和水分子准化学反应生成化学计量型的基础水合物(basic hydrate)。气体分子在气-液界面被水分子包围形成不稳定分子簇，每种气体分子与水分子形成多面体分子簇的体积唯一并且跟气体分子的大小有关。在分子簇缔合过程中会形成连接孔形式的空腔，其体积与分子簇不同。②吸附动力学过程。由于气体分子和水络合形成的连接孔会吸附一些溶于水但比连接孔小的小型气体分子(如 Ar、N_2、O_2 等)，从而导致整个成核过程的非化学计量性。需要指出的是，大型气体分子不会进入连接孔，而连接孔也不可能全部被小型气体分子占据，所以吸附动力学过程并不一定发生。

3) 水合物成核诱导时间

诱导期(诱导时间)是指过饱和体系在亚平衡态水合物晶核大量生成前的阶段。诱导期虽然是人为设定的物性参数，但包含了整个成核过程，对于揭示气体水合物气体消耗量、反应速率等特性有重要参考价值。诱导期有多种定义，目前常用的定义是第一个水合物簇自发生长到晶核尺寸的时间。

Makogon[27]认为水分子的结构性质是水合物成核的重要因素，是认识水合物成核诱导期的关键。他还提出水合物分解后并不能完全回到体系的初始状态，而是会残留一些分子簇结构，当再次提高驱动力时可以促进气体水合物更快生成，该现象被称为溶液的“记忆效应(memory effect)”。例如，实验表明提纯的融冰水要比非融冰纯水诱导时间短，有更快的成核速率。研究还发现，低压条件获得的结晶诱导时间数据比较发散，实验可重复性较差，而高压条件下的诱导时间数据有较好的重复性。

Zatsepina 和 Buffet[28]研究发现搅拌体系或多孔介质体系可以有效缩短诱导时间，加快水合物的成核过程。在多孔介质体系的 CO_2 水合物生成实验中，通过电阻测量分析发现多孔介质的复杂微孔体可以大大提高气体分子与水分子的接触面积，提供大量的水合物成核位置，从而能有效提高水合物生成速率。

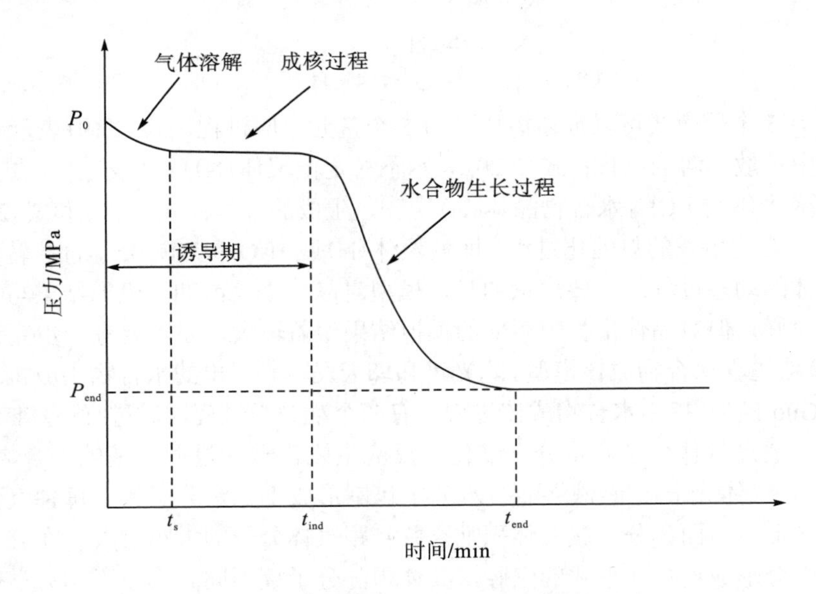

图 2.8 气体水合物形成过程的压力变化曲线

近年来，水合物诱导期的测量方法有了很大发展，目前使用的方法主要有压力变化法、直接观察法、遮光比观察法和压降测量法，其中压力变化法最为常用。

图 2.8 表示在密闭反应器内气体水合物生成实验的压力随时间变化的典型曲线。从图中可以看出，水合物生成过程分为气体溶解、水合物成核、水合物快速生成三个阶段，其中气体溶解至压力稳定阶段和分子簇成核阶段就是诱导期，通过压力变化测量从实验开始到压力出现陡降的时间就是该体系的诱导期。

2. 气体水合物生长动力学

气体水合物的生长过程是气体分子溶于水并生成固态水合物晶体的过程，通常认为水合物的生成类似于结晶过程，包含成核(晶核的形成)和生长(晶核成长为水合物晶体)两个阶段。

晶核的形成是指在气体过饱和溶液中形成一种达到临界尺寸的稳定晶核。晶核的产生比较困难，因此晶核在过饱和溶液中的生成过程大多十分缓慢，所经历的时间称为诱导期。晶核形成时体系的 Gibbs 自由能达到最大值。晶核一旦形成，体系将自发地向 Gibbs 自由能减小的方向发展，从而进入生长阶段，晶核将快速生长成具有宏观规模的水合物晶体。

气-液界面成核后会生成一层膜状水合物，从而阻碍气液接触，不利于界面处水合物的径向生长。气、水分子需要通过水合物膜缓慢扩散，并被液相吸附，如果吸附表面是已经长大的水合物晶体表面，就会继续生成块状水合物晶体；如果吸附面是刚开始生长的晶核，则会形成须状水合物晶体，也称为针状水合物晶体；如果采用强化措施改变气-液界面特性，则会形成凝胶状水合物晶体。

(1) 块状水合物晶体。气-液界面的水合物晶核生成后，界面处水合物膜在水合物晶核周围生长并包围晶核形成封闭的自由表面，水合物在这种表面上继续生长形成形态不定的块状水合物晶体。在过冷度小于 3 ℃时，气-液界面水合物膜只会继续生长成形态不定的块状水合物晶体，由于气-液界面水合物膜两侧的扩散系数不同，水分子更容易扩散到气相与气体分子形成形态多样的块状水合物晶体。

(2) 须状水合物晶体(针状水合物晶体)。在一定过冷度条件下，气-液界面的水合物膜会产生较强的毛细作用，使得蒸气压高于水压，这为须状水合物生长提供了适宜条件。须状水合物晶体在液相和气相侧同时生长，由于吸附毛细通道很小，所以须状晶体生长速率低于主要在气相生长的块状晶体。图 2.9 为 Yoslim 等[29]在甲烷-丙烷-纯水体系中观测到的须状水合物结晶现象，实验压力为 3.2 MPa，过冷度为 13.1 K。

(3) 凝胶状水合物晶体。凝胶状水合物晶体通常在液相中生长，当采用鼓泡、搅拌等强化措施时会在水中形成悬浮气泡，每个微小气泡表面都会生成气液水合物膜，这些水合物膜继续生长，进而形成凝胶状水合物晶体。以搅拌为例，通过搅拌使得液相中产生很多气泡，在这些气泡表面逐步生成水合物薄膜，在搅拌和气泡相互碰撞作用下，不断发生气泡破裂并生成气泡，破碎气泡留下的水合物膜壳也不断增加，使体系的液相空间呈现出乳白色的凝胶状形态。

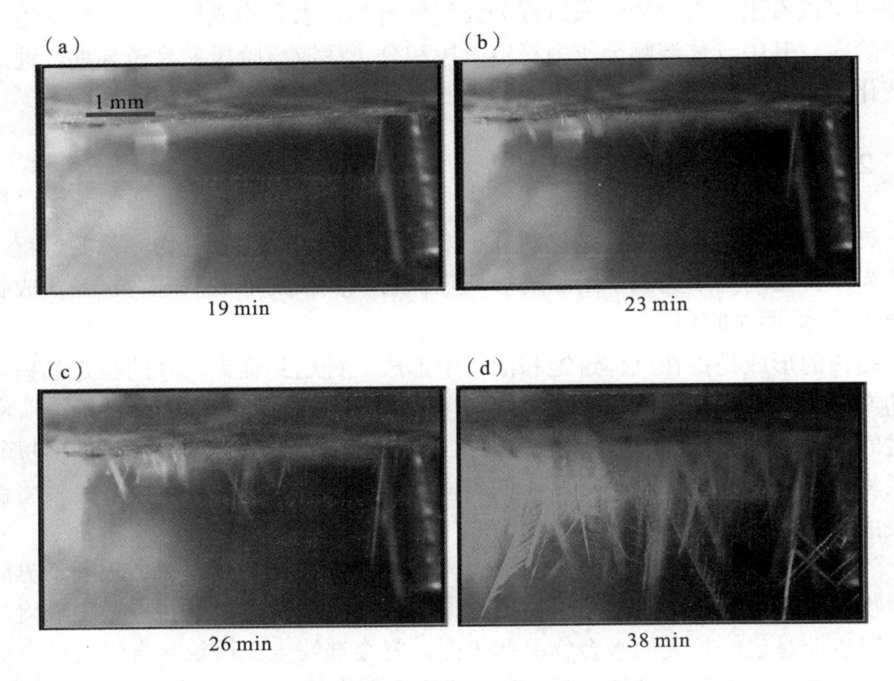

图 2.9 须状气体水合物的生长现象

2.3.3 水合物分解动力学研究

气体水合物分解动力学基础研究主要集中在两个方面：①将水合物分解看作移动界面消融问题(moving-boundary ablation problem)。②气体水合物本征分解动力学研究。在实验室开展的气体水合物分解实验一般使用恒压加热法，其目的是考虑分解过程易于控制和模型化，然而对于工业规模的气体水合物分解而言，使用恒温降压法更具优势[30]。

1. 热分解模型

Selim 等和 Ullerich 等研究了 CH_4 水合物的热分解，他们假定分解过程产生的水直接被 CH_4 气体携带离开固体表面，认为水合物分解是一个移动界面消融问题。根据一维半无限长平壁的热传导规律，他们提出了描述水合物分解过程传热规律的数学模型。Kamath 等研究了 CH_4 和 C_3H_8 水合物的热分解速率，他们认为水合物分解是一个受界面(水合物分解产生的水膜)传热控制的过程，并且认为水合物分解与流体的泡核沸腾(nucleate boiling)具有一定的相似性。

2. 降压模型

Kim 等[31]在半间歇式(恒压)搅拌反应器中研究了 CH_4 水合物的降压分解规律。他们认为水合物分解是一个可以忽略质量传递控制的本征动力学过程，这个过程包括:①水合物表面笼形主体(水分子)晶格的破裂。②粒子收缩，客体分子(气体)从表面解吸逸出。如图 2.10 所示。建立模型的前提假设为:

(1)所有水合物粒子在分解前由于搅拌都具有相同体积并且分解速率相等。

(2)容器中的水合物粒子数不随反应时间的变化而变化。

(3)如果粒子表面为非圆形，可采用当量直径代替以确定水合物表面积。

(4)在所有实验中，水合物分解前的粒径相同。

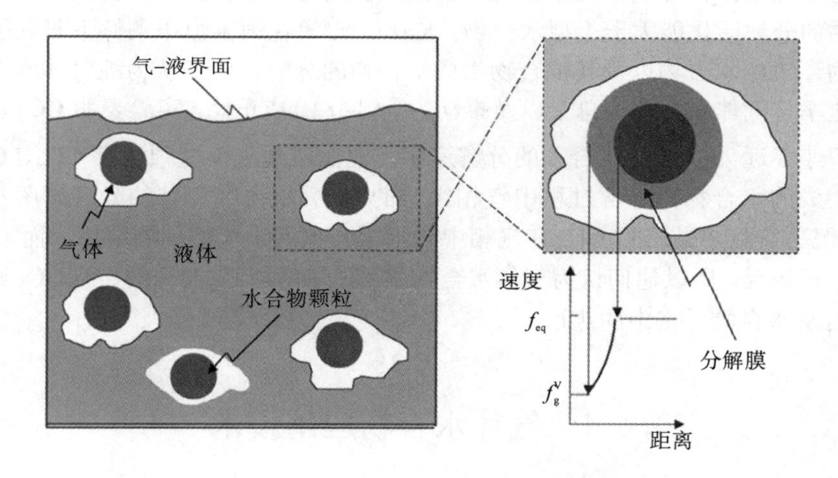

图 2.10　Kim 等提出的水合物降压分解机理图

在高搅拌速率条件下，忽略气相主体到粒子表面的传质阻力以及水相主体到粒子表面的传热阻力，在进一步假设水合物分解速率与粒子总表面积和推动力(三相平衡逸度 f_{eq} 和气相主体 CH_4 逸度 f_g^V 之差)成正比的前提下，提出以下分解速率方程:

$$dn_H / dt = K_d A_s (f_{eq} - f_g^V) \tag{2.24}$$

式中，n_H 为 t 时刻水合物形成的气体量(mol)；A_s 为水合物粒子的总表面积(m^2)；K_d 为水合物分解速率常数，与温度有关。他们根据实验数据得到了 CH_4 水合物的分解反应活化能为 78.3 kJ/mol，并拟合出 CH_4 本征分解速率常数为 1.24×10^5 mol/(m^2·Pa·s)。

Jamaluddin 等[32]在 Kim 模型的基础上通过引入传质和传热速率方程，提出了同时考虑传质和传热的水合物分解动力学模型。他们通过模型分析认为当反应活化能较小(E/R=7553 K)时，表面粗糙度 ψ 对整个分解速率影响不大；当活化能较大(E/R=9400 K)时，ψ 对分解速率有显著影响；当 ψ>64 时，整个分解过程主要受传热控制。另外，随着系统压力的变化，分解过程可能从受传热控制变为受传热和本征分解动力学共同控制。

Clarke 和 Bishnoi 等[33]在 Kim 模型的基础上消除了质量传递和热量传递对分解的影响，更为准确地研究了 CH_4、C_2H_6 水合物的分解本征动力学。采用提出的数学模型得到 CH_4、C_2H_6 水合物的本征速率分解常数和分解活化能分别为 3.6×10^4mol/(m^2·Pa·s)和 81 kJ/mol 以及 2.56×10^8 mol/(m^2·Pa·s)和 104 kJ/mol，其中 CH_4 水合物的分解速率常数是 Kim 测得的 1/10，他们通过分析认为可能是 Kim 对 CH_4 水合物分解前的粒径估算和本实验采用的粒度分析仪所测不同引起的。同时，他们的实验结果表明采用模型预测混合气体水合物分解时，无论计算气相组分的平衡逸度还是拟合各组分的本征速率常数，都要考虑水合物的结构类型，且Ⅱ型水合物的分解活化能大于Ⅰ型水合物。Kazunari 等在恒温恒压条件下研究了 CO_2 水合物、CH_4 水合物以及其混合物生成水合物的分解，他们认为纯气体水合物的分解速率与气体水合物的总量以及推动力($f_{eq}-f_g^V$)成正比，实验表明 CO_2 水合物的分解速率远大于 CH_4 水合物的分解速率。他们还建立模型预测了 CH_4、CO_2 混合物生成的水合物在分解过程中气相组分的变化(根据纯气体的分解速率常数计算)，但是实验结果表明 CH_4 在气相中的组成一直高于模型预测结果，而 CO_2 的组成正好相反，所以他们认为气体水合物中 CH_4 抑制 CO_2 的分解，而 CO_2 则加速了 CH_4 从水合物晶格中的逃逸。

2.4 气体水合物应用技术

2.4.1 天然气水合物资源开采

1. 天然气水合物资源

天然气水合物是天然气与水在一定温度和压力条件下形成的笼形晶体化合物(clathrate hydrate)，主要成分是 CH_4，又称“甲烷水合物”。在常温、常压下天然气水合物会分解出 CH_4 气体，遇火可燃烧，因此天然气水合物俗称“可燃冰”(combustable ice, flammable ice)。自然界中的天然气水合物除水、CH_4之外，可能还包含 C_2H_6、C_3H_8、异丁烷、CO_2 和 H_2S 等成分，呈粒状或块体赋存于岩石(碎屑物)中，主要存在于深度小于 5000 m 的海底以及陆地冻土层等区域。天然气水合物形成须具备三个基本条件：一是充足的 CH_4 和水；二是合适的温度、压力条件；三是足够的固相空间。在理想状态下，饱和天然气水合物中 CH_4 与水分子的比约为 1∶6，相当于 1 m^3 的天然气水合物在标准状态下可释放出约 164 m^3 的气态 CH_4。

天然气水合物资源量巨大。自 20 世纪 80 年代以来，国内外研究者开始对天然气水合物中的 CH_4 资源量进行评价。近期研究数据[34,35]表明天然气水合物中的 CH_4 资源量为 100 万亿～500 万亿 m^3，其中 90%以上的资源量赋存于海域(陆缘海床中)，少量存在于冻土带。目前，全球发现天然气水合物储集地约有 150 处，如图 2.11 所示[36]。在国外，天然气水合物发现于西伯利亚、阿拉斯加及加拿大北极圈内地下 130～2000 m 处。阿拉斯加北坡仅在库帕鲁河油田已证实的天然气水合物中 CH_4 储量就达 1 万亿 m^3，约为阿拉斯加常规天然气储量的一倍多。陆地上的天然气水合物存在于 200～2000 m 深处，主要分布于高纬度极地和高海拔地区的永久冻土带。一般认为，当海洋深度超过 500m 时，海底沉积物所处的温度和压力环境具备天然气水合物的形成条件。海底的天然气水合物主要存在于陆坡、岛坡以及盆地的上表层沉积物中[37]。

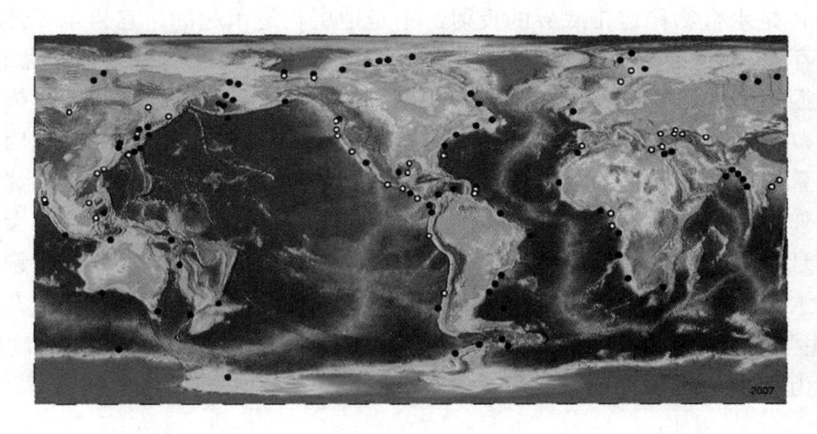

图 2.11　全球天然气水合物分布(●为推测存在水合物区域，○为已探明水合物区域)

2. 天然气水合物勘探技术

近年来关于天然气水合物的成分、分子结构、热值、成因、储量、产状等的研究水平提升很快，但对其准确识别方法(利用地震数据确定储层产状、厚度、横向变异等)、开采工程、固态水合物储运及其环境效应等的研究进展较为缓慢。

天然气水合物的勘探主要利用其特殊的地球物理标志、地球化学标志、生物学标志、海底地形地貌标志等。目前，具有应用和发展前景的天然气水合物勘探技术主要包括以下几种。

1) 随钻成像测井(GVR)

采用实时传输系统的测井仪器，并能在钻井的同时进行成像测井。根据详细的三维电阻率数据绘制高质量的图像。通过图像特征及几何形态的差异来反映电阻率参数的变化，从而用于揭示地层中规模较大尺度的结构和构造，如裂缝、水平层理、滑塌变形层理、结核、砾石颗粒和断层等。在取芯资料不足的情况下，利用 GVR 随钻成像测井在垂向上具有连续性和直观性的优势，对碎屑岩和碳酸盐岩地层中的沉积构造、成岩作用现象及岩相进行研究分析，可解决大量地质难题。广州海洋地质调查局于 2015 年在神狐海域钻探的 19 口井首次将随 GVR 引入到水合物的地质研究中，用于确定神狐海域水合物的赋存状态，建立水合物的成藏序列，研究水合物的成藏过程及成藏模式，分析水合物成藏发育的主控因素。从而有效区分出神狐海域五种不同赋存状态的天然气水合物：厚层状水合物、分散状水合物、斑块状水合物、断层附近水合物和薄层状水合物[38]。

2) 似海底反射层(BSR)

BSR 是水合物稳定带底界的反射，不是地层构造引起的。它指示天然气水合物可能存在，但不能说明水合物的厚度和饱和度。不能单纯用目测方式确定 BSR，要经过振幅保真、相位校正以及正反演等手段处理之后才能确定。BSR 横向往往不连续，振幅的强弱和下伏游离气层的厚度有很大关系。在水合物沉积层内，水合物含量的增加会导致振幅的衰减增加。水合物浓度的增加使得岩石的弹性模量增大，弹性模量的增加引起岩石弹性不均匀增加。孔隙流体的交叉流动会产生地震波的衰减。弹性不均匀增加同时会增加散射引起的地震能量的衰减。许多地区天然气水合物的 BSR 表现十分明显，然而也有一些地区因为构造沉积复杂以及弱 BSR 等因素，不易识别。例如，南海神狐海域由于大量峡谷出现，水合物的 BSR 表现较为复杂[39]。

3) 声学技术

声学深拖系统是能在深海区进行海底地形地貌、浅层地质结构调查的大型海洋装备，同时可搭载多种传感器。侧扫声呐系统能对海底微地形地貌进行直接成像，用于海底地貌测绘及海洋地质调查。我国具有自主知识产权的第一套声学深拖系统是中科院声学所研制的 DTA-6000 声学深拖系统(图 2.12)，已投入使用，最大工作深度 6000 m，拖曳速度为 2～4 kn[1 节(kn)=1 海里/时=0.514 m/s]，测深覆盖宽度两侧可达 500 m，侧扫覆盖宽度两侧不小于 700 m，浅地层穿透深度不小于 50 m，底层分辨率大于 0.2 m。主要安装有高分辨率测深侧扫声呐、浅地层剖面仪、多普勒计程仪，以及声信标、运动传感器、温盐传感器、压力传感器等设备[40,41]。

4) 磁学技术

天然气水合物的生成和存在与微生物活动、氧化还原环境、CH_4 含量等密切相关，可能生成磁性矿物，发生矿物转化以及矿物粒度变化等。岩石磁学参数指标可以用于检测沉积物中所含磁性矿物的种类、粒度和含量，因此能够对天然气水合物的存在位置有很好的指示作用，是探测天然气水合物的有效方法。迄今为止，可以较好地指示天然气水合物的磁学参数主要有磁化率指标[42]、磁滞参数DJH、等温剩磁 IRM 等[43]。

图 2.12　DTA-6000 声学深拖图

5）海水原位探测

海水原位探测是对海水的地球化学指标进行原位、快速探测的技术，能够随时发现海水 CH_4 等地球化学指标的异常，进而能帮助海底冷泉和麻坑等活动的探查、水合物赋存区段的筛选，以及为水合物站位选择提供地球化学证据。而传统海水地球化学勘探基本上采用船载 CTD 方法配合常规实验室检测技术，即采集海水样品后，在船上或拿回到实验室，经过吹扫、冷阱富集处理后，采用气相色谱仪进行烃类指标分析测试。

美国和德国科学家们将 CH_4 电化学传感器安装在海底水下航行器（AUV）或海底地震检波器上，通过测量活跃 CH_4 排放量值，进行美国大西洋中部大陆架海底麻坑分布和新西兰北岛东部希库兰吉（Hikurangi）海岸海底冷泉的标定，获得了很多新的科学发现。最近我国学者已将 CH_4 电化学传感器用于大洋热液硫化物勘查、海底冷泉附近的 CH_4 羽状流以及海底边界层 CH_4 通量的测量。国内外科研成果表明，CH_4 原位测试技术得到的地质成果和常规方法测试获得的地质成果基本一致，但真实性、准确性和便捷性高于常规方法，从而证明了原位电化学传感器测试技术原理的科学性、优越性和可行性，这无疑是未来海水地球化学勘探发展的方向和趋势[44]。

3. 天然气水合物开采技术

天然气水合物开采的思路是考虑如何使沉积物中的天然气水合物分解，然后将天然气输送至地面。人为地打破天然气水合物稳定存在的温度压力条件，即相平衡条件，使其分解，是目前从天然气水合物资源中开采天然气的主要思路，如图 2.13。热激开采与降压开采被认为是最具潜力的开采技术，而抑制剂开采、CO_2 置换开采以及固体开采也得到研究者越来越多的关注[45]。

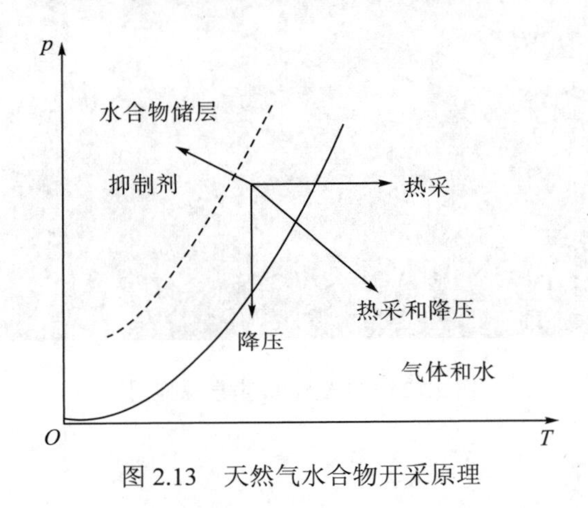

图 2.13 天然气水合物开采原理

1) 热激开采

天然气水合物热激法开采是目前最主要的开采方法之一。在天然气水合物稳定带中安装管道，对含天然气水合物的地层进行加热，提高局部储层温度，使天然气水合物分解，然后采集天然气。除了可以将蒸汽、热水、热盐水或其他流体泵入水合物层，还包括电磁(微波)加热法甚至太阳能加热法[46-52]。该方法的主要问题包括热损失大、效率低以及气体采集难。原位热激法[53, 54]是近年来的研究热点。与降压法和化学试剂法相比，热激法开采具有热量直接、作用效果迅速、水合物分解效果明显等优点；另外，可以控制加热位置，使储层在技术所能达到的情况下就满足给热需求，而且具有环境影响小、适用于多种不同储藏特性等优点。

2002 年，多国联合对麦肯齐三角洲地区 5L-38 井开展了小尺度下天然气水合物注热试采研究，对 907～920 m 区间共 13 m 厚的水合物层注入 80 ℃的热流体进行了持续 5 d 的加热法试生产，共生产出 468 m^3 天然气；并通过对注热试采时的压力、温度、水和气体流量等参数的测量，证实了通过热模拟方法开采天然气水合物的可行性，并提出了完善天然气水合物开采技术、减少开采成本、增加实验室数学模拟的研究和优化要求。

2）降压开采

降压开采是指通过泵吸作用降低气体水合物储层的压力，使其低于水合物在该区域温度条件下的相平衡压力，从而使水合物固体分解产生 CH_4 气体的过程。降压法开采井的设计与常规油气开采相近，渗透性较好的水合物藏内压力传播很快。开采水合物层之下的游离气是降低储层压力的有效方法之一，另外通过调节天然气的开采速度也能达到控制储层压力的目的，进而达到控制水合物分解的效果。降压法不需要连续激发，因此降压法是极具潜力的经济、有效的开采方式。

降压开采的缺点主要包括：①开采过程中必须对生产速度和压力进行精确控制，间歇性地为地层提供热量；②需要装备机械举升设备及产出水收集与处理设备，并制定严格的防砂措施；③钻井的后勤和作业费用巨大，井筒和集输设备必须采取流动保障措施，因此需要与周期加热、机械举升、化学增产等诸多方法集成。2017 年 5 月，我国成功采用降压法对南海神狐海域的天然气水合物进行了试开采。

3）抑制剂开采

通过注入化学抑制剂（如盐水、甲醇、乙醇、乙二醇、丙三醇等），可以改变水合物形成的相平衡条件，降低水合物稳定温度，改变天然气水合物稳定带的稳压条件，导致部分天然气水合物分解，不同抑制剂的比较如表 2.7 所示。水合物抑制剂具有降低初始能源输入的优点，但添加化学抑制剂较加热法作用缓慢、费用昂贵，不适用于商业应用，且易造成环境污染。海底水合物压力较高，因而不宜大规模采用水合物抑制剂开采，需要与其他开采手段联合使用[55]。

表 2.7　天然气水合物抑制剂的比较表

抑制剂	优点	缺点
THI	1.平稳、有效 2.容易理解 3.可预见性 4.记录证明	1.高操作费用、成本 2.高剂量（质量分数为 10%～60%） 3.有毒、有害 4.环境污染 5.挥发损失 6.盐析
KHI	1.低操作费用、成本 2.低剂量（质量分数小于 1%） 3.环境友好 4.无毒 5.已在气田中试验	1.过冷度较小（小于 14℃） 2.时间依赖 3.没有预测模型

续表

抑制剂	优点	缺点
AA	1.低操作费用、成本 2.低剂量(质量分数小于 1%) 3.环境友好 4.无毒 5.过冷度范围宽	1.时间依赖 2.高含水率 3.具体的测试系统 4.相容性 5.缺乏经验 6.没有预测模型

目前，抑制剂的种类主要有热力学抑制剂(THI)、动力学抑制剂(KHI)、防聚剂(AA)及复合型抑制剂。热力学抑制剂利用水分子与抑制剂分子或离子之间的竞争作用来改变热力学平衡条件，使其压力与温度处在实际应用条件以外，使得水合物结构不能趋于稳定状态，从而达到分解水合物的目的。动力学抑制剂是采用减慢水合物的成核速率，减缓其生成速度，干扰其晶体的生长方向等一系列方式来抑制水合物生成的。防聚剂与其他抑制剂的作用机理有所不同，其主要起到乳化的作用，相当于聚合物和表面活性剂，若同时有油和水存在时方可使用，才能起到抑制效果。将 THI 和 LDHI(低剂量水合物抑制剂，包括 KHI)结合制得复合型抑制剂(HHI)，并采用现有的施工设备进行施工作业，花费更少、操作更简单、储存更方便。

4) CO_2 置换开采

前 3 种开采方法的不足主要表现为地层传热效率低，制约水合物分解效率。而且水合物分解会引起水合物层强度降低，进一步带来边坡失稳、海底破坏等环境问题。近年来，CO_2 置换开采水合物逐渐受到国内外科学家们的关注。通过向天然气水合物储层引入另一种客体分子 CO_2，降低水合物相中 CH_4 分子的分压而将 CH_4 分子从水合物中置换出来，达到开采 CH_4 的目的，如图 2.14 所示。由于 CO_2 置换 CH_4 反应直接发生在水合物相中，不同客体分子在不改变水合物结构的情况下进行交换，所以 CO_2 置换开采技术不会造成地质灾害，可有效控制安全隐患[56]。

然而，目前的置换法模拟开采研究都还停留在实验阶段，主要原因在于置换反应动力学研究尚不完善。由于置换反应过程中形成的 CO_2 水合物附着在天然气水合物上，阻止了 CO_2 气体进一步向天然气水合物中的扩散，使得反应不能持续进行，从而限制了置换法开采天然气水合物的发展。因此，揭示置换反应机理并解决置换反应动力学的相关问题是发展置换法开采天然气水合物的关键。

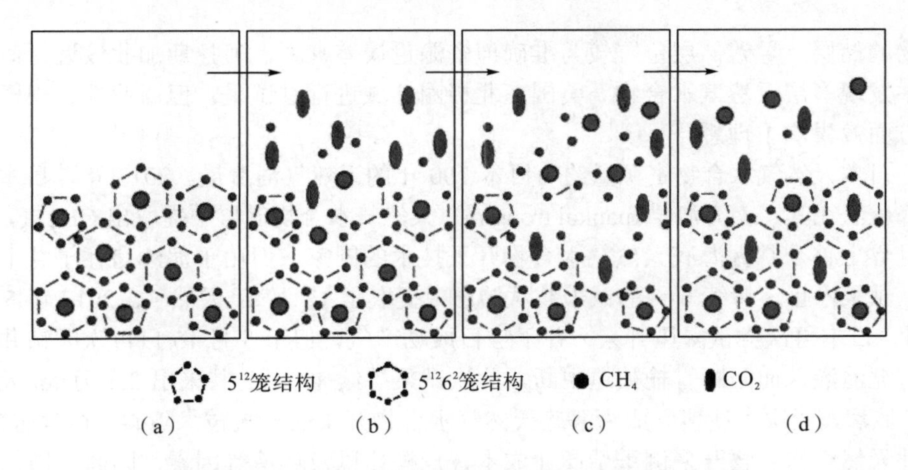

图 2.14　CO_2 分子置换天然气水合物中 CH_4 分子示意图

5) 固体开采法

该方法的原理是直接对海底水合物地层进行挖掘采集，然后将采集的固体拖至浅水区，通过搅拌或者其他物理化学手段对其进行控制性分解。在南海北部珠江口盆地及琼东南盆地的天然气水合物分布范围分别为水深大于 860 m 和大于 650 m 的海区。研究结果表明，水合物埋深在 1000 m 左右时商业开采价值最大[57]。

近年来，该方法逐渐演变成为混合开采法或泥浆开采法。

(1) 在原地将水合物分解为气液混合相，采集混合泥浆。

(2) 将这些泥浆导入作业船和海上平台进行进一步的处理。

该方法充分利用了海平面海水温度的能量，克服了海底水合物分解效率低的缺点，但是水合物由深水区拖至浅水区时涉及复杂的三相流动且需要消耗大量能量，因此该技术距离实际商业化生产还有许多技术瓶颈需要攻克。

4. 天然气水合物开采现状

自 20 世纪 80 年代起，世界主要资源国都将天然气水合物开发列入国家发展战略。近年来，美国、日本、印度等均将天然气水合物资源勘查和开发纳入国家能源中长期发展规划。目前天然气水合物研发活跃的国家主要有中国、美国、日本、韩国和印度等，越南、菲律宾、印度尼西亚等也制订了试采计划。处于领先地位的国家包括美国(陆上试采)和日本(海床试采)。

美国天然气水合物的开采地点以阿拉斯加为主。据美国地质调查局估计，在阿拉斯加北坡范围内，天然气水合物中天然气技术可采资源量约为 300 万亿 m^3。但是，对储层的测录井十分困难，这是由于钻孔完钻后，未下套管之前孔壁储层中的水合物大都气化、分解，只能利用测(录)井技术叠加气化因子判断天然气水合物的储层，导致储层位置较为准确但资源量误差甚大。阿拉斯加北坡近百口钻井中发现多层天然气水合物。美国在北极圈陆域进行过试采，但商业性、规模化等方面效果均不理想。

日本天然气水合物资源量约为日本100年的天然气消费量。2013年，日本利用降压法在其“南海海槽(nankai trough)”天然气水合物储层中提取出CH_4气，成为世界上首个掌握海底天然气水合物开采技术的国家。但由于泥沙堵住了井下管道，试采停止，持续6天的试采共从储层中提取了12万m^3天然气。2017年5月4日，日本再次尝试降压开采，并于当日成功产气，但于5月15日再次因钻井通道有泥沙灌入而阻断管输被迫中断，此次试采持续12天，共采出3.5万m^3天然气。显然，屡次“沙堵”成为海底天然气水合物开采的一大技术障碍。相对而言，国外天然气水合物开采侧重于商业成本、规模化以及环境等因素，因此美国、日本等正着力研究包括单井间歇生产、单井多层套管连续生产、井下天然气水合物的固相可控，并以适宜的条件、适宜(安全、经济)的速率缓释出CH_4气等，目的是降低成本、规避环境风险。

中国天然气水合物资源丰富，在青海天峻县木里镇的冻土层、南海海上神狐海域浅层海床沉积层中均发现了可供研究或开发的天然气水合物。国土资源部官方数据显示，我国海域的天然气水合物资源量已经达到700亿t油当量(近80万亿m^3天然气)。天然气水合物的开采潜力巨大，前景十分乐观。我国天然气水合物开采研究近年来发展迅猛。1999年10月，广州海洋地质调查局在南海实施了高精度地震测量。2007年5月，广州海洋地质调查局在珠江口盆地东部海域钻获高纯度、新类型天然气水合物实物样品，成为世界上第四个获取天然气水合物实物样品的国家。南海一带天然气水合物主要赋存于水深600～1100 m的海床下220 m岩(泥)层中的两个矿层，岩心中天然气水合物含矿率平均为45%～55%，其中天然气水合物样品中CH_4含量最高达99%，具有埋藏浅、厚度大、类型多、含矿率高、CH_4纯度高等特点。2008年，广州海洋地质调查局在南海北部陆坡利用海洋6号船再次成功进行了天然气水合物采样试验。2010年，我国在南海神狐海域圈定了11个可供开采的天然气水合物矿体。2013年，国家天然气水合物科研课题通过“863计划”验收。2017年5月，我国在南海神狐海域水深1266 m处海床下的天然气水合物矿藏中开采出CH_4，采气点位于海底以下200 m的海床中，此次开采天然气水合物采用降压法，打破天然气水合物海床稳定赋存成藏条件，用水、沙、CH_4气分离核心技术将天然气采出，此次天然气水合物试开采连续试气点火60天，累计产气30.9万m^3，平均日产5151 m^3，CH_4含量最高达99.5%，获得各项测试数据264万组，为实现天然气水合物商业性开发利用提供了技术储备，积累了宝贵经验。

5. 天然气水合物开采存在的问题

虽然天然气水合物资源的勘探、开采技术均有进步，在试开采方面也取得不少进展，但实现天然气水合物资源的商业开采仍需时日。开采存在以下几个问题。

1) 资源量评估不准确

对 CH_4 气资源量的估算是天然气水合物研究、开采的重点。运用体积法、模拟法等计算 CH_4 资源量时，存在着绝大多数参数赋值难以确定等问题，从而影响了计算结果的可信度。采用蒙特卡洛法，通过研究、计算样本的相关数据，可以较好地评价和描述计算结果的可信度，弥补体积法的不足，但人为因素是该计算方法的一大弱点。相关人员用体积法等分别计算了天峻县木里镇一带的天然气水合物资源量，三种计算结果误差不大：水合物体积(固相)约为 18 亿 m^3，可释放天然气资源量为 2710 亿～2990 亿 m^3。需要注意的是，目前几乎所有天然气水合物资源量数据都是粗略的统计，随着地质勘查工作的深入，未来的经济可采储量有可能呈数量级下降，这是当今天然气水合物商业开采所面临的难题之一[58,59]。

2) 开采成本高

油气(包括天然气水合物等)的技术可采资源量与经济可采资源量区别甚大。投入、产出的成本问题是制约我国南海等地区天然气水合物商业开采的关键之一。近期国际油价上攻乏力，迫使石油巨头(BP、埃克森美孚等)致力于降本增效，对于前期投资巨大、资本敏感的开采技术的投资迅速下降，例如，对油气(也包括未来或可商业开采的天然气水合物等)采收率、装备设施、地震采集技术、水(指水域)和井下工程、管输(汇)等的投资不足。2016 年我国天然气的对外依存度约为 35%，仍需要从国外进口大量天然气。近期我国进口 LNG 价格日趋走低，这对南海等区域的天然气水合物商业开采是不容忽视的阻遏因素[60]。

3) 商业开采面临环境问题

尽管全球天然气水合物开采仅有少数国家参与，但其开采可能引发的环境问题是全球性的。从化学动力学层面看，天然气水合物的开采手段实质上是人为改变其赖以赋存的温度、压力条件，导致其快速分解，可能产生系列性的问题，包括温室气体效应加剧(CH_4 进入大气)、海洋生态(CH_4 溶入海水导致海水氧含量降低等)变化等。海水中氧含量的大幅度降低会加速 CH_4 与生物礁、碳酸盐岩等中的 $CaCO_3$ 反应而生成 $Ca(HCO_3)_2$ 等，或可加速海洋生物的灭绝[61]。

从大气成分和浓度变化层面看，CH_4 是地球大气中重要的微量组分，目前大气中的 CH_4 含量约为 619 万亿 m^3。有观测数据表明，大气中的 CH_4 浓度正以大约每年 1%的速率增长。CH_4 的温室效应大约是 CO_2 的 21 倍，如果大气中 CH_4 快速增加，将导致大气变热并加剧温室效应，这也是天然气水合物如果不可控分解可能造成的不利结局之一。

从工程地质层面看，天然气水合物储层上有覆盖层，当水合物储层温度升高到自身不稳定且覆盖层仍能遮蔽时，固相的天然气水合物则转变为液相，天然气水合物层底部可能因重量载荷或地震等发生剪切变形而形成薄弱层，可发生海泥下大面积尚未固结“岩层”的蠕动、流变或崩塌、滑塌等，进而导致海床及其下伏地层中的 CH_4 气体快速逸散到海水中。

2.4.2 天然气固态储运

天然气的储存和运输在天然气工业中占据重要地位，是实现天然气资源工业应用的基础环节。天然气储存可用于解决天然气用户用气量的动态波动问题，并保证供气的连续可靠。天然气实际消耗量存在波峰与波谷，而天然气的供气量却只能以某一平均水平稳定供应。因此，必须对天然气进行储存，以解决气体消费不均的问题。另外，由于气源距离用气中心城市或企业较远，将天然气安全、连续和高效地输送给用户就显得尤为重要，而采用何种方式输送是天然气供应商需要谨慎考虑的一个重要问题，这直接决定天然气消费与供应的经济性。

传统的天然气储运技术主要有管道储运(PNG)、CNG、LNG 等[62]。自气体水合物被发现以来，人们一直尝试利用气体水合物方法储存和运输天然气，其主要原因在于单位体积的气体水合物可储存标准状态下约 160 体积的天然气。水合物储运天然气技术(NGH)是一种新型的天然气储运技术，具有许多技术优势：①天然气水合物有较好的稳定性。天然气水合物分解需要足够的热量，只要做好保温措施，尽量减少传热，天然气水合物就可长期保持固体状态稳定存在，天然气水合物体积不会突然激增，这将保证天然气运输的安全性。②对于小规模及零散气田而言，水合物法储运天然气技术与管输技术相比优势明显。因此，可提高天然气利用率，扩大天然气消费群，而且可以将天然气资源推广到偏远山区和农村，创造巨大的经济效益，而管道储运因成本、施工等原因很难实现。

目前天然气固态储运技术需要解决的关键技术问题是气体水合物的大规模快速生成、固化成型，以及集装和运输过程的安全问题。目前各国已投入大量人力和物力进行相关研究，并取得了重要研究进展。

2.4.3 混合气体分离

利用气体水合物提纯混合气体是水合物技术应用的一个重要方向。苏联学者

Nikitin[63]在 1936 年首次提出了混合气体的水合物分离技术，并成功分离 SO_2 与稀有气体组成的混合气。1973 年，Davidson[1]在其研究中指出水合物分离混合气的特性与活性炭选择吸附特定气体类似。近年来，运用水合物技术分离混合气的研究成果显著。由于混合气体中不同气体组分形成水合物的温度、压力条件差异较大，容易形成气体水合物的气体分子将优先进入水合物相，而难以形成水合物的气体组分会在气相富集，从而实现混合气体的分离。水合物法分离混合气体具有工艺简单、操作条件温和、分离前后压差小、无原料损失等优点。自发现水合物具有分离混合气特性以来，国内外进行了大量理论与实验研究，主要集中在热力学研究和动力学研究两个方面。

1. 热力学研究

对混合气体生成水合物的相平衡热力学研究主要是探讨气体水合物在何种条件下形成与分解，从而为电厂烟气（CO_2/N_2）或 IGCC 燃料气（CO_2/H_2）中 CO_2 捕集技术以及低浓度煤层气提纯技术的发展提供热力学理论依据。目前水合物分离混合气体的热力学研究包括热力学数据的模型预测和热力学条件的实验测定。

在热力学模型研究方面，基于 vdW-P 热力学模型[9]，Nagata（1966）[64]、Parrish（1972）[65]、Anderson（1986）[66]、Sloan（1984）[67]、郭天民（1988）[68]等国内外学者对水合物热力学条件的算法进行不断改进，获得了更高精度的理论预测模型。Herri 等[69]采用经典 vdW-P 模型预测了 CO_2/N_2、CO_2/CH_4 混合气在纯水体系的相平衡条件，并通过实验数据验证了模型预测结果。Tejaswi 与 Prathyusha 等[70]在 Chen-Guo 模型基础上改进了不同孔径（6 nm、7 nm、10 nm、30 nm、50 nm、100 nm）多孔介质条件下 CH_4/CO_2 二元气体水合物的相平衡预测模型，并通过实验验证了模型的准确性。Prathyusha 等[71]在 Chen-Guo 模型基础上建立了含 CO_2/H_2S 酸性气体的天然气水合物相平衡预测模型，预测结果与实验数据的误差小于 10%，吻合很好。

与模型预测相比，热力学相平衡条件的实验测定较为成熟。为了降低水合物相平衡条件，可引入热力学促进剂、电解质、多孔介质等，从而形成多元-多相的水合物热力学体系。例如，在水合物法捕集 CO_2 方面，为降低电厂烟气（CO_2/N_2）二元气体水合物的相平衡条件，樊栓狮（1999）[72]、Kang（2008）[73]、Imen Ben（2014）[74]、Zhang（2014）[75]等分别测定了 CO_2/N_2 混合气体在不同促进剂体系（THF、CP 与 TBAC、TBAB、THF/SDS 等）的相平衡条件。实验结果表明，THF、CP、TBAB 均能显著降低 CO_2/N_2 生成水合物的相平衡条件。在水合物分离 CH_4 方面，Bi 等[76]通过实验测定了不同组分比的 CH_4/CO_2 混合气生成水合物的相平衡条件，并与文献报道的数据和模型预测结果进行比较；Takuya 等[77]对 CH_4/CO_2 混合气在 TBAB 溶液体系生成水合物的相平衡条件进行了测定；Seungmin 等[78]

报道了 $CH_4/C_2H_6/C_3H_8$ 混合气体在 THF、TBAB、TBAF 三种溶液生成水合物的相平衡条件；赵建忠(2008)[79]、张保勇(2010)[80]、钟栋梁和 Peter Englezos(2011)[81]等报道了 $CH_4/N_2/O_2$ 三元气体在 THF、TBAB 溶液体系生成水合物的相平衡数据。在水合物法分离 H_2 方面，Babu 等[82]向 CO_2/H_2 混合气中引入 C_2H_6(2.5%)，并且研究了添加 C_2H_6 前后水合物相平衡条件的变化情况，他们发现在 278.4K 条件下水合物相平衡压力相应降低了 66%。由此可见，国内外研究者对水合物法分离混合气的热力学研究已全面展开。

2. 动力学研究

混合气体形成水合物的过程是多元相互作用和多相转化的过程。需要注意的是，气体水合物具有非化学计量性，其生成过程是由流体向固体的转变，因此水合物生成过程类似晶体结晶的动力学过程，主要包含结晶成核与晶体生长两个阶段。开展水合物法分离混合气体动力学研究的主要目的是解决水合物诱导时间长、水合物生长速率慢、水合物转化率低、气体分离效率低等关键技术问题。通过化学强化或多孔介质促进水合物快速结晶与生长是近年来水合物法分离混合气体在动力学特性方面的研究热点。与溶液搅拌体系相比，多孔介质能有效改善气-液界面接触条件，解决搅拌法、喷雾法、鼓泡法的耗能高等问题，使得水合物法分离混合气体具有更好的经济性。

化学强化是指向溶液中添加化学试剂来改变液体的表面张力、溶解度、界面特性、液体微观结构等基本性质，促进水合物快速结晶，进而提高水合物的生成速率。Link 等[83]比较了多种表面活性剂对水合物生成的促进效果，他们通过研究发现 SDS 为最佳的表面活性剂。后续的相关研究表明采用物理强化与化学强化相结合的方式能获得更好的水合物促进效果。Tang 等[84]研究了搅拌状态下 CO_2/N_2 与 CO_2/CH_4 两种混合气在 SDS 与 THF 混合溶液中的分离特性，他们发现 100～300 mg/kg 为最佳 SDS 浓度范围，原料气组分对 THF 的分离效果影响较大。Liu 等[85]在添加 CP 与 TBAB 试剂的油包水乳化体系开展了 CO_2/H_2 混合气的分离实验，发现 TBAB 的最佳用量为水量的 35%，经两级分离可将 H_2 的摩尔浓度从 53.2%提升至 97.8%，CP 与 TBAB 促进剂能明显提升混合气的分离效率，并且能改善水合物浆的流动特性。

在多孔介质研究方面，Zanjani 等[86]采用 SiO_2 体系开展了 $CH_4/C_2H_6/C_3H_8$ 混合气的 CH_4 提纯实验，实验结果表明多孔介质体系的水合物储气量以及 CH_4 分离效果均比溶液搅拌体系好，因此采用无搅拌能量损耗的多孔介质体系取代机械搅拌成为提高水合物生成动力学性能的一个发展方向。Sungwon 等[87]通过实验比较了摩尔分数为 1.0%、5.6%THF 溶液与多孔硅凝胶对 CO_2/H_2 混合气的分离效果，实验结果显示多孔硅凝胶体系生成的水合物相中 CO_2 浓度达到 95%，分离效果最好。

Yang 等[88]基于工业流程搭建了一个具有流动特性的反应系统，并在该系统中研究了 CO_2/H_2 混合气的水合物分离特性。他们通过实验比较了 BZ-1、BZ-2、BZ-4 三种规格玻璃珠对 CO_2/H_2 混合气的分离效应，发现 BZ-1 玻璃珠床的分离效果优于 BZ-2 和 BZ-4，他们还在实验中采用核磁共振成像技术观测了气体水合物的动态生成过程。Zhong 等[89]利用 THF 溶液与粉煤颗粒固定床结合的方式以吸附-水合耦合法分离合成气（CO_2/H_2 混合气），他们发现气体在煤颗粒表面的吸附作用可以加速水合物成核，随着煤颗粒固定床含液饱和度的升高，CO_2 分离效率也升高。Zhang 等[90]研究了饱和度对活性炭的吸附-水合反应分离 CO_2/CH_4 混合气的影响机制，他们发现含水量为 30.41%的活性炭比含水量为 10.97%的活性炭具有更好的气体分离效果，重复使用的湿活性炭与初次使用的活性炭在相同实验条件下具有相似的分离效果。他们通过 SEM 扫描观测发现活性炭在吸附-水合反应前后能保持良好的稳定性。Zhong 等[91]阐明了 CO_2/CH_4 混合气体在不同驱动力和有无表面活性剂（SDS）影响下在 13X 分子筛床层的结晶生长机理，并对比了不同饱和度以及相似反应条件下多孔介质反应体系与搅拌溶液反应体系的分离效果。

国内外研究表明，水合物法分离混合气体是一种十分有潜力的气体分离方式，但是现在主要的工作还停留在实验室研究阶段，要将水合物分离混合气体技术发展到工业化规模仍需要开展大量的研究工作。

2.4.4　海水淡化

淡水资源短缺已经成为一个全球性问题，制约着各国的经济发展。海水淡化是增加淡水资源的有效途径，也是解决我国乃至世界水资源短缺的必由之路。目前海水淡化的方法主要有蒸馏法、膜法、结晶法、溶剂萃取法和离子交换法等，但是这些方法存在能耗大、成本高、结垢情况严重等局限性，因此有必要开发更加经济环保的海水淡化方法[92]。

水合物法海水淡化的原理[93]是将合适的水合剂（如天然气、CH_4、CO_2 等）通入海水中，使水合剂在特定条件下与海水中的水分子形成气体水合物。在水合物形成的同时，液态海水盐分增加，转变为浓盐水。通过固-液分离技术分离水合物晶体和浓盐水，然后将水合物晶体分解，获得淡水（一般需要进行多级淡化），达到海水淡化的目的，系统中的水合剂可循环使用，其工艺原理如图 2.15 所示。

20 世纪 40 年代，Parker 等利用水合物技术从海水中提取淡水[94]。Knox 等[95]在 1961 年设计了一套以 C_3H_8 作为水合剂的海水淡化装置，实现了从理论到实践的转变。1965 年首次建成了采用 C_3H_8 为水合剂、淡水日产量 76 m^3 的水合物海水淡化装置，如图 2.16 所示。海水经 2 次预冷后在反应器中与 C_3H_8 生成气体水合物，多余的 C_3H_8 由于水合物生成热而蒸发，被压缩后用于分解经过滤和洗涤的水合物晶体，C_3H_8 继续回到反应器生成气体水合物。

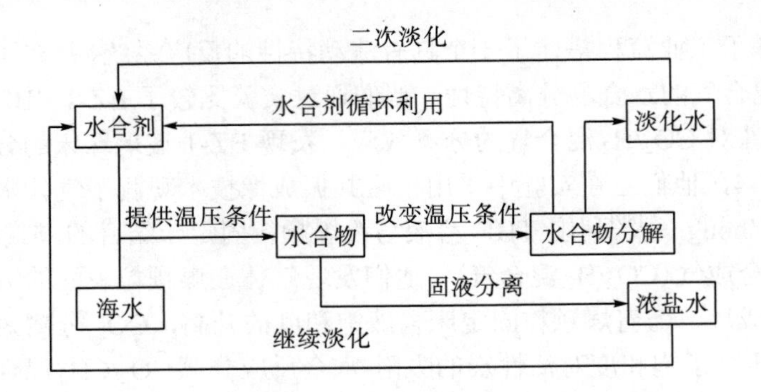

图 2.15 水合物法海水淡化原理示意图

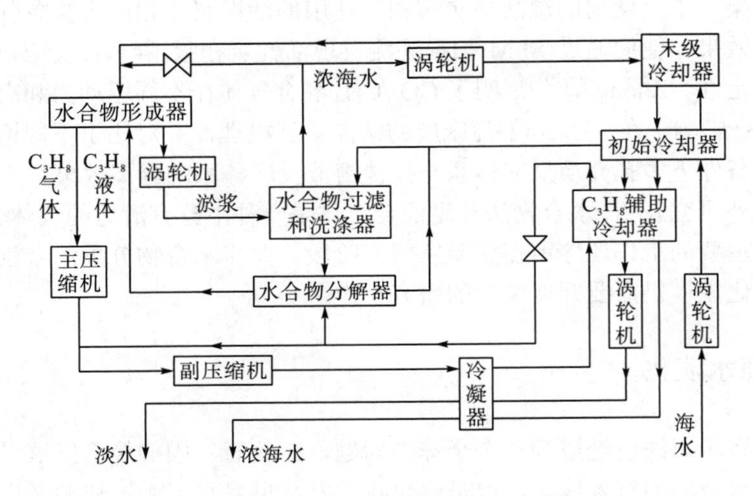

图 2.16 Knox 等提出的水合物海水淡化装置流程图

到了 21 世纪，关于水合物海水淡化技术的研究进入了更深层次，研究者开始重视该技术的能耗与成本问题。Max 等[96,97]申请了采用水合物法从海水中提取淡水的多项专利，Wolman 等[98]计算出利用该技术生产 1 m^3 淡水仅需 2.64 kw·h 的电能。McCormack 等估计水合物海水淡化技术的成本为 0.46～0.52 美元/m^3。Javanmardia 等[99]研制了一套水合物海水淡化实验装置(图 2.17)，进一步提高了海水淡化效率。他们还对该装置的海水淡化方案进行了能耗与经济性分析，发现水合物法海水淡化的能耗和其他海水淡化方法相当。

2011 年，Park 等[100]提出利用压缩 CO_2 气体水合物浆的海水淡化方法，如图 2.18 所示，高压海水与 CO_2 气体经过气泡发生器后进入反应釜生成水合物浆，水合物浆流入釜中的压缩管，达到一定量后被压缩成圆饼形状并从釜底出来。实验结果表明，离子有 72%～80% 的去除率：$K^+>Na^+>Mg^{2+}>B^{3+}>Ca^{2+}$，离子抑制水合物生成的强弱依赖于离子大小和所带电荷数。2012 年，Vikash 等用 CH_4 作为气体水合剂，从耗气量、盐度、成核时间等方面进行了海水淡化的分析与研究，他们发现水合物生成和分解的压力温度严重依赖于系统溶液的含盐度。Kyung 等利用该装置首次以真实海水进行试验，发现 CO_2 比 CH_4 更适合于作水合剂，增加液压有利于盐离子的排除，阳离子有 71%～94%的去除率：$K^+ > Na^+ \approx Mg^{2+} \approx Ca^{2+} > B^{3+}$，阴离子有 73%～83%的去除率。

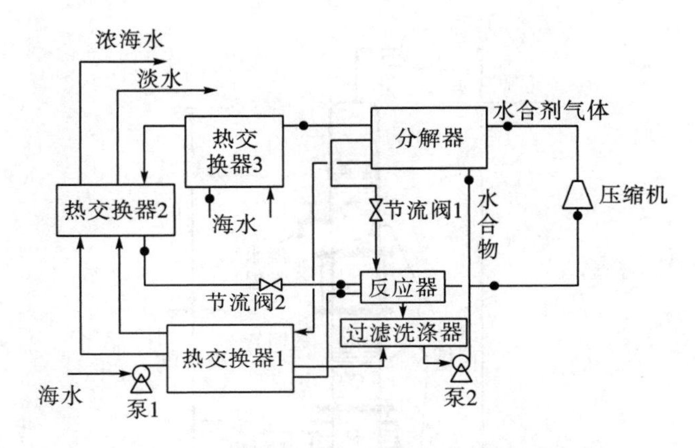

图 2.17　水合物法海水淡化实验装置流程图

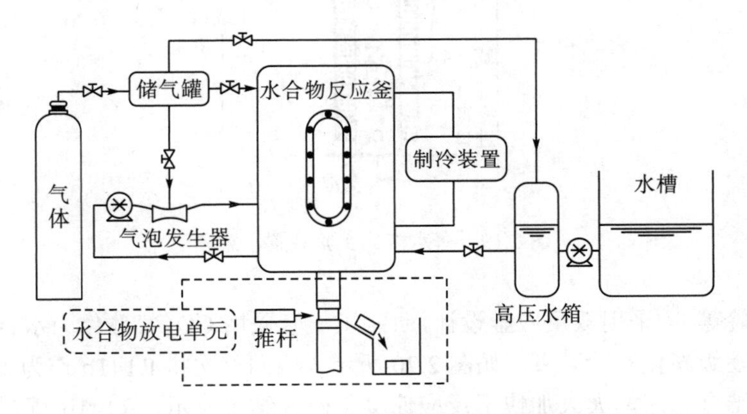

图 2.18　压缩式水合物海水淡化装置流程图

国内在该方面的研究相对滞后，李栋梁等[101]研制了一套海水淡化实验装置(图 2.19)。该装置由水合物生成分解管式反应器、制冷系统、气体循环系统和测量系统组成。将高压气体和盐水充入整个装置中，装置底部可提供低温环境，盐水和高压气体在低温高压环境中生成气体水合物。由于水合物的密度小于盐水，水合物在浮力和循环气体的作用下上浮，在装置顶部分解，释放出淡水和气体，完成海水淡化过程。循环气体从装置顶部抽出，经循环系统再从底部进入，实现了水合剂循环利用的功能。他们认为C_2H_6是最好的水合剂，并通过计算得出加大气体流量、提高充气压力和改善生成条件可提高淡水产率。但是C_2H_6、CH_4等气体是主要的温室气体，如果使用比较经济安全的CO_2气体，该装置则会出现无法淡化海水的情况，原因是CO_2气体水合物的比重大于水，不能漂浮在水上，因此该装置仅适用于生成的水合物比重小于水的水合剂。

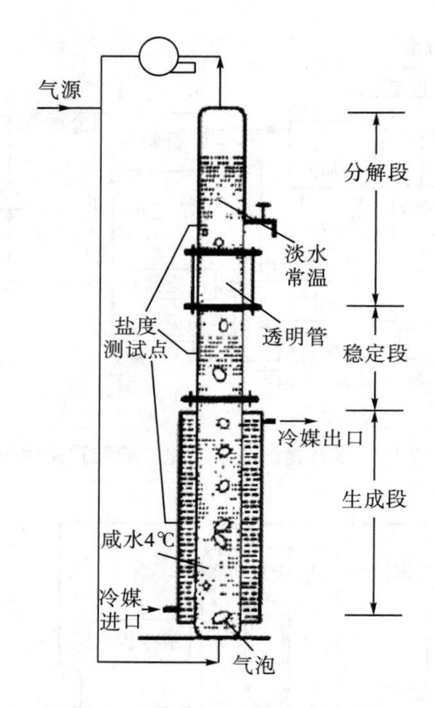

图 2.19 海水淡化实验装置示意图

刘昌岭等[102]采用双反应釜设计，研制了一套采用CO_2气体作为水合剂并可开展海水的逐级淡化实验装置，如图 2.20 所示。他们首次将 R141b 作为促进剂，与CO_2气体结合起来，大大加快了反应速度。研究结果显示，R141b 促进剂与海水的最佳体积比为 1∶70，添加 R141b 后CO_2水合物法海水淡化效率可提高 3 倍，离子的去除率也随着淡化级数的增加而提高，四级淡化后各离子浓度优于饮用水标准。喻志广等用盐水代替海水对CO_2水合物海水淡化进行了实验研究，分析了压力、温度以及溶液的盐度等因素对淡化效果的影响。他们发现压力越高越有利于海水淡化，合适的压力和温度分别为 4～5 MPa、2～3 ℃。喻志广等还进行了 R141b 水合物海水淡化的试验研究，发现质量分数为 1.0%～2.0%的 NaCl 可减小水合物开始生成时的过冷度，有效增加水合物形成速度，缩短水合物生成时间。

水合物海水淡化技术的优点[94]是能耗低、设备简单、紧凑；水合剂在水或盐水中溶解度低；无毒、价廉易得、无爆炸危险，具有良好的应用前景。为了使水合物海水淡化技术真正实用化，目前还需解决以下几个问题：①研究快速、连续、循环制备水合物的技术，提高制备效率；②进一步优化水合物制备后分离过程，降低成本；③在实验和理论的基础上进一步研究并优化水合物海水淡化过程的传热特性；④寻找合适的水合剂和水合物促进剂，提高海水淡化效率。

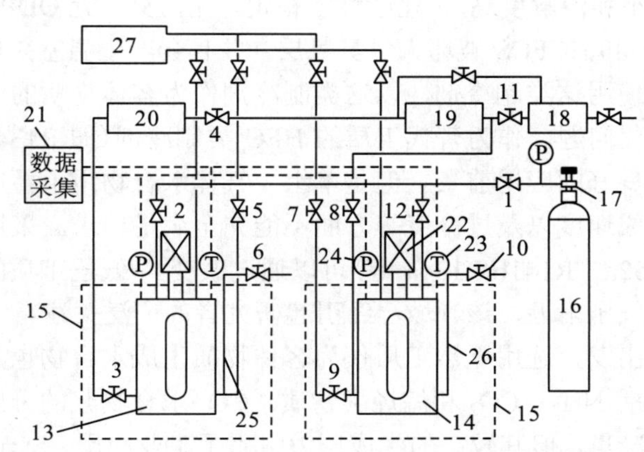

1～2—阀门；13～14—反应釜；15—水浴槽；16—储气瓶；17—加压装置；18—贮液罐；19～20—平流泵；21—数据采集系统；22—磁力搅拌仪；23—湿度传感器；24—压力传感器；25～26—取样管道；27—气体循环泵

图 2.20 双釜式水合物海水淡化流程示意图

2.4.5 空调蓄冷

空调蓄冷技术就是利用夜间的低谷电力蓄冷，白天用电高峰期则利用夜间储存的冷量制冷，此技术可以“移峰填谷”，实现能源的高效合理利用。发展空调蓄冷技术的关键是储能材料的相变温度与空调工况相适应[103]。按蓄冷介质的不同，将蓄冷方式分为水蓄冷、冰蓄冷、共晶盐蓄冷和气体水合物蓄冷四种。气体水合物属于新一代蓄冷介质，又称“暖冰”[104]，其蓄冷原理为 R(气体或易挥发液体)+ $n\mathrm{H_2O} \Longleftrightarrow \mathrm{R}\cdot n\mathrm{H_2O} + \Delta\mathrm{H}$(反应热)。气体水合物的相变潜热与冰相当，相变温度为 5～12℃，克服了冰蓄冷效率低、水蓄冷密度小、共晶盐换热效率低和易老化失效等缺点，具有与常规空调兼容性好、蓄冷密度大、蓄冷效率高等优点，被认为是比较理想的蓄冷工质。

20 世纪 80 年代初，Tomlison 提出用气体水合物作为新一代蓄冷材料后，世界各国对水合物蓄冷技术的研究纷纷展开。我国在气体水合物蓄冷技术领域的研究始于 20 世纪 90 年代。中国科学院广州能源所和华东理工大学进行了大量制冷剂气体水合物蓄冷实验，对 R134a 等单组分气体水合物、R134a/R141b 等混合气体水合物的生成过程和相平衡特性进行了深入研究。中国科学院低温中心在可视化蓄冷过程、强化技术和导热系数测试等方面展开了研究。目前对气体水合物蓄冷技术的研究主要集中在水合物客体工质的选择、结晶动力学和蓄冷装置设计等三个方面[105]。

理想的蓄冷工质应具有以下特点：蓄冷密度大(相变潜热大)，适当的相变温度(4～12 ℃)和工作压力(0.1～0.3 MPa)，适当的热物性(导热系数高、相变体积变化小、过冷度小和溶解度高)，化学性能稳定，无污染，无 ODP 和 GWP 效应，价格合理。CFCS 和 HCFCS 破坏大气臭氧层，并且会产生温室效应，国际上已经逐步禁止或限制使用这类制冷剂，以这类制冷剂作为客体物质的气体水合物蓄冷工质也将面临替代问题。作为替代工质的 HFC 类制冷剂(如 R134a 和 R152a 等)气体水合物具有良好的应用前景。但是单组一气体水合物用于蓄冷时，在温度、压力、水合物生成速度以及过冷度等方面不能完全满足要求。采用混合气体水合物(如 R141b/R152a，R141b/R134a 等)可以通过改变高/低压工质的配比使蓄冷过程保持在一个大气压附近，该领域已经引起研究者的广泛关注。

从环保角度出发，选用天然工质作为客体物质生成水合物也具有重要意义，这类物质主要包括 NH_3、CO_2 和烷烃类物质。CO_2 水合物浆的分解热较高，有希望用作冷媒运载冷量，但其较高的生成压力阻碍了工业应用。Sari 等[106]通过实验证实，CO_2 水合物浆可以在 3 MPa 和 1～2℃的条件下生成，熔解温度为 8～10℃，并用 DSC 精确测量其熔解热为 54 kJ/kg，而此时水合物固相成分占 10.8%。由于 CO_2 水合物较高的相平衡压力使其无法与空调系统兼容，国内外的研究人员就此方面展开了大量研究。Delahaye[107]的研究表明在 274～285 K 的温度范围内，加入 THF 可以使水合物相平衡压力降低 79%，且 THF+CO_2 混合物的分解热仍高于冰的分解热。Martínez 等[108]对 THF/CO_2/H_2O 混合物生成水合物的相平衡条件、分解热以及生成的水合物中 CO_2 水合物数量进行研究，发现 THF+CO_2 水合物浆混合物很有希望应用于制冷领域。Lin 等[109]通过实验研究发现，添加 TBAB(质量分数 4.43%～9.01%)可以使 CO_2 水合物的生成压力降低 70%～90%(浓度与压力降成正比)，且进一步研究了 CO_2 水合物比重低于 10%的水合物浆的流动阻力特性。

TBAB 半笼型水合物是一种有良好应用前景的空调蓄冷介质[105]。TBAB 水合物浆流动性好，具有良好的稳定性，重复使用后热力性质不会产生变化。法国 Myriam 等对 TBAB 结晶形成水合物浆进行了研究，在标准大气压和 0～12 ℃温度范围重点研究了 TBAB 水合物浆的结晶过程和流变性质。研究表明这类溶水性物质不需要搅拌，容易制成气体水合物浆，具有良好的流动性，可直接输送到风机盘管进行释冷。日本 JFE 工程的 Ogoshi 等通过实验研究了 TBAB 水合物浆用作载冷剂时的生成特性、运输特性和传热特性，证明了 TBAB 水合物浆作为载冷剂应用于空调系统可以大大减少抽吸功率消耗，提高系统运行效率，可以使用更紧凑的冷量储存罐、更小管径的管道系统来降低设备成本。中国科学院广州能源所的巫术胜等通过实验研究发现 40.5% TBAB 溶液在相变过程中液相成分不变，其相平衡温度不变，可作为一种相变材料应用于恒温和节能领域，同时发现添加 6%～8% NaCl 可以使 40.5% TBAB 溶液的相平衡温度降低到 6～8 ℃，进而可以与空调系统兼容，达到节能的目的。总体而言，将气体水合物作为新一代蓄冷工质应用在空调蓄冷中是十分必要的，具有广阔的应用前景，但是该技术目前还没有达到实用化水平，需要进一步探索与研究。

主要参考文献

[1] Davidson, D W. Gas hydrates in water: A comprehensive treatise[M]. New York: Pienum Press, 1973.

[2] Sloan E D, Carolyn A K. Clathrate hydrates of natural gases[M]. Boca Raton, Florida: CRC Press, 2008.

[3] 陈光进, 孙长宇, 马庆兰. 气体水合物科学与技术[M]. 化学工业出版社, 2007.

[4] Von Stackelberg M, Jahs W. Feste gas hydrate VJ:Die gitteraufweitungsarbcit[J]. Zeitschrift Elektrochemie, 1954, 58:162.

[5] Ripmeester J A, Tse J S, Ratcliffe C I, et al. A new clathrate hydrate structure[J]. Nature, 1987, 325(6100): 135-136.

[6] Dharma-wardana M W C. Thermal conductivity of the ice polymorphs and the ice clathrates[J]. The Journal of Physical Chemistry, 1983, 87(21):4185-4190.

[7] Hendriks E M, Edmonds B, Moorwood R, et al. Hydrate structure stability in simple and mixed hydrates [J]. Fluid Phase Equilibia, 1996, 117(1):193-200.

[8] 李小森, 张郁, 陈朝阳, 等. 天然气水合物相平衡模拟实验装置[J]. 中国科学院广州能源研究所, 2007.

[9] Platteeuw J C, vander Waals J H. Methane solutions[J]. Advances in Chemical Physics, 1959, 2:1-5.

[10] Holder G D, Grigoriou G C. Hydrate dissociation pressures of (methane + ethane + water) existence of a locus of minimum pressures[J]. The Journal of Chemical Thermodynamics, 1981, 12:1093-1104.

[11] Chen G J, Guo T M. Thermodynamic modeling of hydrate formation based on new concepts[J]. Fluid Phase Equilibria, 1996, 122(1-2):43-65.

[12] Ma Q L, Chen G J, Guo T M. Modelling the gas hydrate formation of inhibitor containing systems[J]. Fluid Phase Equilibria, 2003, 205(2): 291-302.

[13] Feng Y, Chen G, Wang K. Non-equilibrium stage simulation of hydrate separation for H_2+CH_4[J]. Journal of Chemical Industry & Engineering, 2005, 133(3):853-861.

[14] Ma Q L, Chen G J, Sun C Y, et al. New algorithm of vapor-liquid-liquid-hydrate multi-phase equilibrium flash calculation [J]. Journal of Chemical Industry & Engineering, 2005, 56(9):1599-1605.

[15] Sun C Y, Chen G J. Modelling the hydrate formation condition for sour gas and mixtures [J]. Chemical Engineering Science, 2005, 60(17):4879-4885.

[16] 肖钢, 白玉湖, 董锦. 天然气水合物综述[M]. 北京：高等教育出版社, 2012.

[17] Torré J P, Ricaurte M, Dicharry C, et al. CO_2 enclathration in the presence of water-soluble hydrate promoters: Hydrate

phase equilibria and kinetic studies in quiescent conditions[J]. Chemical Engineering Science, 2012, 82(1): 1-13.

[18] Silva L P S, Dalmazzone D, Stambouli M, et al. Phase behavior of simple tributylphosphine oxide (TBPO) and mixed gas (CO_2, CH_4, and CO_2+CH_4)+TBPO semiclathrate hydrates[J]. Journal of Chemical Thermodynamics, 2016, 102:293-302.

[19] Silva L P S, Dalmazzone D, Stambouli M, et al. Phase equilibria of semi-clathrate hydrates of tetra-n-butyl phosphonium bromide at atmospheric pressure and in presence of CH_4 and CO_2+CH_4[J]. Fluid Phase Equilibria, 2016, 413:28-35.

[20] Kashchiev D, Firoozabadi A. Induction time in crystallization of gas hydrates[J]. Journal of Crystal Growth, 2003, 250(3): 499-515.

[21] Sloan E D, Fleyfel F. A molecular mechanism for gas hydrate nucleation from ice[J]. Aiche Journal,1991, 37(9): 1281-1292.

[22] Long J P. Gas hydrate formation mechanism and kenetic inhibition[D]. Golden, CO: Colorado School of mines,1994.

[23] Ueno H, Akiba H, Akatsu S, et al. Crystal growth of clathrate hydrates formed with methane + carbon dioxide mixed gas at the gas/liquid interface and in liquid water[J]. New Journal of Chemistry, 2015, 39(11): 8254-8262.

[24] Lekvam K, Ruoff P. A reaction kinetic mechanism for methane hydrate formation in liquid water [J]. Journal of the American Chemical Society, 1993, 115(19): 8565-8569.

[25] Chen G J, Guo T M. A new approach to gas hydrate modelling[J]. Chemical Engineering Journal, 1998, 71(2):145-151.

[26] Chen G J, Ma Q L, Guo T M. A new mechanism for hydrate formation and development of thermodynamic model[J]. Journal of Chemical Industry and Engineering, 2000, 51 (5): 626-631.

[27] Makogon Y F. Hydrates of natural gas[M]. Cieslesicz W J. Tulsa, Oklahoma: pennWell Books, 1981.

[28] Zatsepina O Y, Buffett B A. Nucleation of CO_2-hydrate in a porous medium[J]. Fluid Phase Equilibria, 2002, 200: 263-275.

[29] Yoslim J, Linga P, Englezos P. Enhanced growth of methane-propane clathrate hydrate crystals with sodium dodecyl sulfate, sodium tetradecyl sulfate, and sodium hexadecyl sulfate surfactants[J]. Journal of Crystal Growth, 2010, 313(1): 68-80.

[30] 林微, 陈光进. 气体水合物分解动力学研究现状[J]. 过程工程学报, 2004, 4(1):69-74.

[31] Kim H C, Bishnoi P R, Heidemann R A, et al. Kinetics of methane hydrate decomposition[J]. Chemical Engineering Science, 1987, 42(7):1645-1653.

[32] Jamaluddin A K M, Kalogerakis N, Bishnoi P R. Modelling of decomposition of a synthetic core of methane gas hydrate by coupling intrinsic kinetics with heat transfer rates[J]. Canadian Journal of Chemical Engineering, 1989, 67(6):948-954.

[33] Clarke M A, Bishnoi P R. Measuring and modelling the rate of decomposition of gas hydrates formed from mixtures of methane and ethane[J]. Chemical Engineering Science, 2001, 56(16):4715-4724.

[34] Haberer R M, Mangelsdorf K, Wilkes H, et al. Occurrence and palaeoenvironmental significance of aromatic hydrocarbon biomarkers in oligocene sediments from the Mallik 5L-38 gas hydrate production research well

(Canada) [J]. Organic Geochemistry, 2006, 37 (5) : 519-538.

[35] 王淑红，宋海斌，颜文. 全球与区域天然气水合物中天然气资源量估算[J]. 地球物理学进展，2005, 20 (4) :1145-1154.

[36] Koh C A，Sloan E D, Sum A K, et al. Fundamentals and applications of gas hydrates[J]. Annual Review of Chemical and Biomolecular Engineering, 2011.2 (2) : 237-257.

[37] Hammerschmidt E G. Formation of gas hydrates in natural gas transmission lines[J]. Journal of Industrial and Engineering Chemistry,1934,26 (8) :851-855.

[38] 杨胜雄, 梁金强, 陆敬安,等. 南海北部神狐海域天然气水合物成藏特征及主控因素新认识[J]. 地学前缘, 2017, 24 (4) :1-14.

[39] 张如伟, 李洪奇, 张宝金,等. 南海神狐海域天然气水合物沉积层的 BSR 特征与预测方法研究[J]. 应用地球物理(英文版), 2015, (3) :453-464.

[40] 刘晓东, 赵铁虎, 曹金亮, 等. 用于天然气水合物调查的轻便型声学深拖系统总体方案分析[J]. 海洋地质前沿, 2015, 31 (6) : 8-16.

[41] 郭军,马桂云,马金凤, 等. 一种针对侧扫声呐图像的数字镶嵌技术方法[J]. 测绘工程,2017, (6) :34-39.

[42] 陈翰, 陈忠, 颜文,等. 海洋沉积物的磁化率——天然气水合物的新指标[J]. 海洋科学, 2011, 35 (6) :90-95.

[43] 徐倩. 中国南海 ODP1148 站位岩芯环境磁学研究及其对天然气水合物的指示意义[D]. 北京: 中国地质大学 , 2013.

[44] 孙春岩, 赵浩, 贺会策, 等. 海洋底水原位探测技术与中国南海天然气水合物勘探[J]. 地学前缘, 2016,24:1-17.

[45] 吴传芝, 赵克斌, 孙长青, 等. 天然气水合物开采研究现状[J]. 地质科技情报, 2008, 27 (1) : 47-52.

[46] 宁伏龙, 蒋国盛, 汤凤林,等. 利用地热开采海底天然气水合物[J].天然气工业, 2006, 26 (12) :136-138.

[47] Li D L, Liang D Q, Fan S S, et al. In situ hydrate dissociation using microwave heating: Preliminary study[J]. Energy Conversion & Management, 2008, 49 (8) :2207-2213.

[48] 李莹, 刘义兴, 任韶然. 天然气水合物开发新视野:氟气+微波开采技术[J]. 石油石化节能, 2009, 25 (2) :46-48.

[49] 宋永臣, 李红海, 王志国. 太阳能加热开采天然气水合物研究[J]. 大连理工大学学报, 2009, 49 (6) :827-831.

[50] Minagawa H. Depressurization and electrical heating of hydrate sediment for gas production[J]. International Journal of Offshore & Polar Engineering, 2015 (3) :82-88.

[51] 樊栓狮, 李栋梁, 梁德青,等. 一种利用微波加热开采天然气水合物的方法及装置[J]. 中国科学院广州能源研究所, 2007.

[52] Kulchitsky V V, Shchebetov A V, Nifantov A V. Gas hydrate development methods[J]. GAS, 2006.

[53] 蒋运华, 白涛, 姚跃. 天然气水合物快速热激发开采方法 CN 104234680 A[P]. 2014.

[54] 窦斌, 秦明举, 蒋国盛,等. 利用地热开采南海天然气水合物的技术研究[J]. 海洋地质前沿, 2011 (10) :49-52.

[55] 毕曼, 贾增强, 吴红钦,等. 天然气水合物抑制剂研究与应用进展[J]. 天然气工业, 2009, 29 (12) :75-78.

[56] 金发扬, 郭勇, 蒲万芬, 等. CO_2 置换法开采天然气水合物反应动力学研究[J]. 西南石油大学学报(自然科学版), 2013, 35 (3) :91-97.

[57] 徐海良, 林良程, 吴万荣,等. 海底天然气水合物绞吸式开采方法研究[J]. 中山大学学报(自然科学版), 2011, 50 (3) :48-52.

[58] 吴时国, 姚伯初. 天然气水合物赋存的地质构造分析与资源评价[M]. 北京: 科学出版社, 2008.

[59] 王淑红, 宋海斌, 颜文. 全球与区域天然气水合物中天然气资源量估算[J]. 地球物理学进展, 2005, 20(4):1145-1154.

[60] 东南海. 天然气水合物开采现状及相关思考[J]. 国际石油经济, 2017, 25(6):19-25.

[61] 徐文世, 于兴河, 刘妮娜,等. 天然气水合物开发前景和环境问题[J]. 天然气地球科学, 2005, 16(5):680-683.

[62] 樊栓狮. 天然气水合物储存与运输技术[M]. 北京: 化学工业出版社, 2005.

[63] Nikitin B A. Chemical properties of the rare gases[J]. Nature, 1937, 140(3545):643.

[64] Nagata I, Kobayashi R. Calculation of dissociation pressure of gas hydrates using Kihara model[J]. Industrial and Engineering Chemistry Research Fundamentals, 1966, 5(3): 344-348.

[65] Parrish W R, Prausnitz J M. Dissociation pressure of gas hydrates formed by gas mixtures[J]. Industrial and Engineering Chemistry Process Design and Development, 1972, 11(3): 27-35.

[66] Anderson F E, Prausnitz J M. Inhibition of gas hydrates by methanol[J]. Aiche Journal, 1986, 32(8):1321-1333.

[67] Sloan Jr E. D. Phase equilibria of nature gas hydrates [C]. The 63rd Annual GPA Convention, 1984.

[68] 杜亚和, 郭天民. 天然气水合物生成条件的预测 I.不含抑制剂体系[J].石油学报(石油加工), 1988, 4(3): 82-92.

[69] Herri J M, Bouchemoua A, et al. Gas hydrate equilibria for CO_2-N_2 and CO_2-CH_4 gas mixtures experimental studies and thermodynamic modelling[J]. Fluid Phase Equilibria, 2011, 301(2):171-190.

[70] Tejaswi B, Prathyusha M, Jitendra S. Prediction of phase stability conditions of gas hydrates of methane and carbon dioxide in porous media[J]. Journal of Natural Gas Science and Engineering, 2014, 18(14): 254-262.

[71] Prathyusha M, Jitendra S S. Prediction of phase equilibrium of clathrate hydrates of multicomponent natural gases containing CO_2 and H_2S[J]. Journal of Petroleum Science and Enginnring, 2014, 116:81-89.

[72] 樊拴狮, 程宏远, 陈光进, 等. 水合物法分离技术研究[J]. 现代化工, 1999, 19(2): 10-14.

[73] Kang S P, Lee J W, Ryu H J, Phase behavior of methane and carbon dioxide hydrates in meso- and macro-sized porous media[J]. Fluid Phase Equilibria, 2008, 274(1): 68-72.

[74] Sfaxi I B A, Durand I, et al. Hydrate phase equilibria of CO_2+ N_2+ aqueous solution of THF,TBAB or TBAF system[J]. International Journal of Greenhouse Gas Control, 2014, 26(7): 185-192.

[75] Zhang Y, Yang M, Song Y, et al. Hydrate phase equilibrium measurements for (THF+SDS+CO_2+N_2) aqueous solution systems in porous media[J]. Fluid Phase Equilibria, 2014, 370(5): 12-18.

[76] Bi Y, Yang T, Guo K. Determination of the upper-quadruple-phase equilibrium region for carbon dioxide and methane mixed gas hydrates[J]. Journal of Petroleum Science & Engineering, 2013, 101(2):62-67.

[77] Suginaka T, Sakamoto H, lino K, et al. Phase equilibrium for ionic semiclathrate hydrate formed with CO_2, CH_4, or N_2 plus tetrabutylphosphonium bromide[J]. Fluid Phase Equilibria, 2013, 344(6): 108-111.

[78] Seungmin L, Youngjun L, et al. Stability conditions and guest distribution of the methane + ethane + propane hydrates or semiclathrates in the presence of tetrahydrofuran or quaternary ammonium salts[J]. The journal of chemical thermodynamics, 2013, 65:113-119.

[79] 赵建忠, 赵阳升, 石定贤. THF 溶液水合物技术提纯含氧煤层气的实验研究[J]. 煤炭学报, 2008, 33(12): 1419-1424.

[80] Zhang B Y, Wu Q. Thermodynamic promotion of tetrahydrofuran on methane separation from low-concentration coal mine methane based on hydrate[J]. Energy & Fuels, 2010, 24(4): 2530-2535.

[81] Zhong D L, Ye Y, Yang C. Equilibrium conditions for semiclathrate hydrates formed in the CH_4+N_2+O_2+tetra-n-butyl ammonium bromide systems[J]. Journal of Chemical& Engineering, 2011, 56(6): 2899-2903.

[82] Babu P, Yang T, Veluswamy H P. Hydrate phase equilibrium of ternary gas mixtures containing carbon dioxide, hydrogen and propane[J]. Journal of Chemical Thermodynamics, 2013, 61(3):58-63.

[83] Link D D, Edward P L, Heather A E. Formation and dissociation studies for optimizing the uptake of methane by methane hydrates[J]. Fluid Phase Equilibria ,2003, 211(1):1-l0.

[84] Tang J F, Zeng D L, et al. Study on the influence of SDS and THF on hydrate-based gas separation performance[J]. Chemical Engineering Research and Design, 2013,91(9):1777-1782.

[85] Liu H, Wang J, et al. High-efficiency separation of a CO_2/H_2 mixture via hydrate formation in W/O emulsions in the presence of cyclopentane and TBAB[J]. International Journal of Hydraogen Energy, 2014, 39(15): 7910-7918.

[86] Zanjani N G, Moghaddam A Z, Nazari K, et al. Enhancement of methane purification by the use of porous media in hydrate formation process[J]. Joural of Petroleum Science and Engineering, 2012,96-97(19), 102-108.

[87] Sungwon P, Seungmin L, Youngjun L, et al. Hydrate-based pre-combustion capture of carbon dioxide in the presence of a thermodynamic promoter and porous silica gels[J]. International Journal of Greenhouse Gas Control, 2013,14(2):193-199.

[88] Yang M J, Song Y C, et al. Behaviour of hydrate-based technology for H_2/CO_2 separation in glass beads[J]. Separation and Purification Technology, 2015, 141:170-178.

[89] Zhong D L, Wang J L, Lu Y Y, et al. Precombustion CO_2 capture using a hybrid process of adsorption and gas hydrate formation[J]. Energy, 2016, 102: 621-629.

[90] Zhang X X, Liu H, Sun C Y, et al. Effect of water content on separation of CO_2/CH_4 with active carbon by adsorption-hydration hybrid method[J]. Separation and Purification Technology, 2014, 130(130):132-140.

[91] Zhong D L, Li Z, Lu Y Y, et al. Investigation of CO_2 capture from a CO_2+ CH_4 gas mixture by gas hydrate formation in the fixed bed of a molecular sieve[J]. Industrial & Engineering Chemistry Research, 2016, 55(29): 7973-7980.

[92] 任宏波，相凤奎，张磊，等. 水合物法海水淡化技术应用进展[J]. 海洋地质前沿, 2011, (6):74-78.

[93] 鲍郑军，谢应明，杨亮，等. 水合物海水淡化技术研究进展[J]. 现代化工, 2015(10):40-44.

[94] 陈光进，程宏远，樊拴狮. 新型水合物分离技术研究进展[J]. 现代化工, 1999, 19(7):12-14.

[95] Knox W G, Hess M, Jones G E, et al. The hydrate process [J]. Chemical Engineering Progress, 1961,57:66-71.

[96] Max M D. Hydrate desalination for water purification: US, 6991722 B2[P]. 2006-01-31.

[97] Max M D. Hydrate-based desalination with hydrate-elevating density-driven circulation: US, 6969467 B1[P]. 2005-11-29.

[98] Wolman D. Hydrates, hydrates everywhere: A geophysicist revisits a provocatively simple-and previously unworkable-process for extracting freshwater from the sea[J]. Discover, 2004, 25(10):64-67.

[99] Javanmardia J, Moshfeghian M. Energy consumption and economic evaluation of water desalination by hydrate phenomenon [J]. Applied Thermal Engineering, 2003, 23(7):845-857.

[100] Park K N, Hong S Y, Lee J W, et al. A new apparatus for seawater desalination by gas hydrate process and removal characteristics of dissolved minerals (Na^+, Mg^{2+}, Ca^{2+}, K^+, B^{3+}) [J].Desalination, 2011, 274(1): 91-96.

[101] 李栋梁, 龙臻, 梁德青. 水合冷冻法海水淡化研究[J].水处理技术, 2010, 36(6):65-68.

[102] 刘昌岭, 任宏波, 孟庆国,等. 添加 R141b 促进剂的 CO_2 水合物法海水淡化实验研究[J]. 天然气工业, 2013, 33(7):90-95.

[103] 杨亮, 樊栓狮, 郎雪梅. 气体水合物在空调蓄冷中的应用研究进展[J]. 现代化工, 2008, 28(9):33-37.

[104] 樊栓狮, 谢应明, 郭开华,等. 蓄冷空调及气体水合物蓄冷技术[J]. 化工学报, 2003, 54(s1):131-135.

[105] 魏晶晶,谢应明,刘道平. 水合物在蓄冷及制冷(热泵)领域的应用[J]. 制冷学报, 2009, (6):36-43.

[106] Sari O, Hu J, Brun F, et al. In-Situ study of the thermal properties of hydrate slurry by high pressure DSC [C]. The 22nd international congress of refrigeration,2007.

[107] Delahaye A, Fournaison L, Marinhas S, et al. Effet of THF on equilibrium and dissociation enthalpy of CO_2 hydrates applied to secondary refrigeration[J]. Industrial & Engineering Chemistry Research, 2006, 45(1): 391-397.

[108] Martínez M C, Dalmazzone D, Fürst W, et al. Thermodynamic properties of THF + CO_2, hydrates in relation with refrigeration applications [J]. Aiche Journal, 2008, 54(4):1088-1095.

[109] Lin W, Delahaye A, Fournaison L. Phase equilibrium and dissociation enthalpy for semi-clathrate hydrate of CO_2 +TBAB[J]. Fluid Phase Equilibria, 2008, 264(1-2): 220-227.

第3章　水合物法提纯低浓度煤层气的热力学和动力学理论

3.1　煤层气的水合物法提纯原理

低浓度煤层气的主要成分包括 CH_4、N_2 和 O_2 等，在相同温度下 CH_4 生成水合物的相平衡压力明显低于 N_2 和 O_2，如图 3.1 所示。显然，N_2 和 O_2 比 CH_4 更难生成水合物，因此可通过调控气体水合物形成条件使 CH_4 优先进入水合物孔穴生成水合物，N_2 和 O_2 将富集于气相。将生成的气体水合物分解，可获得高浓度 CH_4 气体，从而实现 CH_4 与 N_2/O_2 的分离，达到低浓度煤层气提纯的目的，提纯原理如图 3.2 所示。

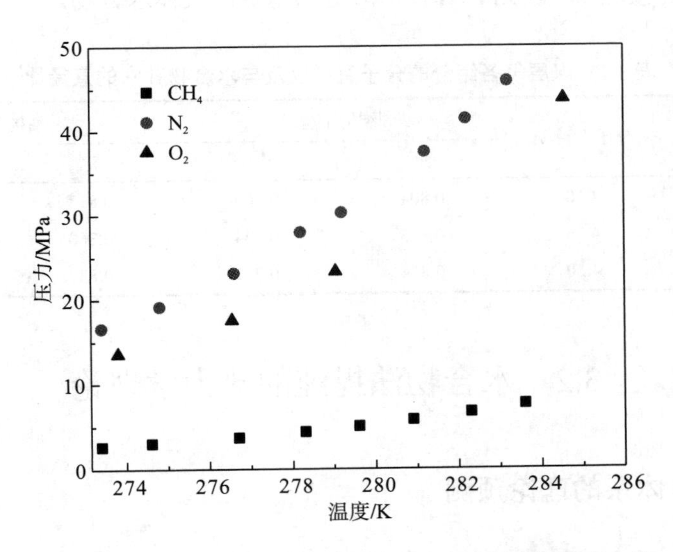

图 3.1　CH_4、N_2 和 O_2 在纯水体系形成水合物的相平衡条件

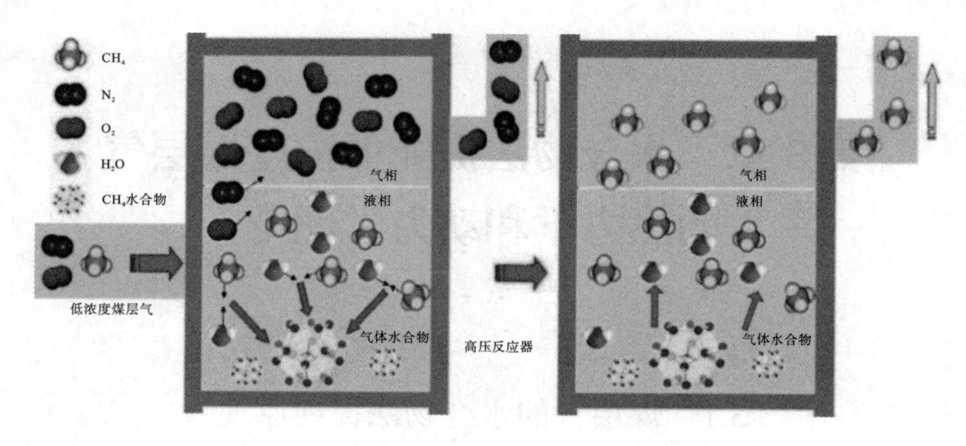

图 3.2 水合物法分离低浓度煤层气原理

气体分子直径是影响其生成水合物的重要因素。通常情况下，当气体分子直径与水合物孔穴直径的比值小于 0.76 时，生成的气体水合物不稳定；当气体分子直径与孔穴直径比大于 1 时，在不改变孔穴结构的情况下不能生成气体水合物；分子直径与孔穴直径比越接近 1，生成的气体水合物越稳定。表 3.1 给出了煤层气各组分的分子直径以及与水合物孔穴的直径比。与 N_2、O_2 相比，CH_4 分子直径与孔穴直径比更接近 1，因此 CH_4 将形成更加稳定的气体水合物。

表 3.1 煤层气各组分的分子直径以及与水合物孔穴的直径比[1]

气体组分	分子直径/Å	结构 I 型		结构 II 型	
		5^{12}	$5^{12}6^2$	5^{12}	$5^{12}6^4$
N_2	4.10	0.804	0.700	0.817	0.616
CH_4	4.36	0.855	0.744	0.868	0.655
O_2	4.20	0.824	0.717	0.837	0.631

3.2 水合物法提纯的热力学理论

3.2.1 纯水体系的理论预测

1957 年，Barrer 和 Stuart[2]首先提出了气体水合物热力学模型。Van der Waals 和 Platteeuw[3]对模型进行改进并提高了模型预测精度，他们深入分析了水合物晶体结构的特点，认为当水合物系统达到相平衡时各相中水的化学势相等，他们根据 Langmuir 气体等温吸附理论计算了水合物空孔穴的占有率，推导出了水合物热力学模型，建立了具有统计热力学基础的 vdW-P 理论模型。随后，国内外学者对 vdW-P 模型中 Langmuir 常数的计算方法进行了改进，所提出的模型主要有 Parrish-Pransnitz 模型[4]、Holder-John 模型[5, 6]、Ng-Robinson 模型[7]和 Du-Guo 模型[8, 9]。由于这些模型都是基于水合物生成过程，服从 Langmuir 等温吸附理论的假设，并以统计吸附理论为基础，忽略了水合物生成机理的复杂性，所以这些模型预测结果并不能令人十分满意。1998 年，陈光进和郭天民[10]提出了一个比较全面的水合物生长理论，将水合物生成过程分为两个同时进行的动力学过程，该模型完全不同于 vdW-P 模型，其气相逸度由 *P-T* 状态方程计算得到。陈光进和郭天民认为水合物首先通过准化学反应生成化学计量型的基础水合物，然后部分气体分子被吸附于基础水合物的空腔中导致水合物呈现非化学计量性。Chen–Guo 模型能够对水合物的化学组成不稳定性做出解释，而且处理水溶性很小的非极性气体的精确度相对较高，在计算含醇类、盐极性抑制剂体系时具有较高的精度[11, 12]。水合物热力学模型的理论基础是体系中同一种气体组分在三种状态的逸度相等，涉及气相、液相和水合物相的三相平衡，混合气体水合物的相平衡预测公式为

$$\begin{cases} f_i = x_i f_i^0 (1 - \sum_j \theta_{1j})^{\lambda_1/\lambda_2} \\ \sum_j \theta_j = \dfrac{\sum_j f_j C_{1j}}{1 + \sum_j f_j C_{1j}} \\ \sum_j x_j = 1 \end{cases} \tag{3.1}$$

式中，f_i 为混合气体中 i 气体组分的逸度，采用 *P-T* 状态方程求解；f_i^0 的物理意义是当系统压力趋于零，纯气体 i 和纯水形成稳定水合物时，气体 i 所需要的最小逸度，其值可以表示为温度 T、压力 P 和水活度 a_w 的乘积形式，如下所示：

$$f_i^0 = f_i^0(T) f_i^0(P) f_i^0(a_w) \tag{3.2}$$

式(3.2)中的压力可表示为

$$f_i^0(P) = \exp\left(\frac{\beta P}{T}\right) \tag{3.3}$$

式中，$\beta = \Delta V / \lambda_2 R$，可看作水合物结构参数。当体系形成的水合物是 I 型时，β 的值取 0.4242 K/bar，II 型则为 1.0224 K/bar。

在逸度函数中，水的活度由下式进行计算：

$$f_i^0(a_w) = a_w^{-1/\lambda_2} \tag{3.4}$$

式中，λ_2 为水合物的结构常数。I 型水合物取值为 3/23，II 型水合物情况下等于 1/17。

式(3.2)中的温度按照 Antoine 公式进行关联，如下所示：

$$f_i^0(T) = A'\exp\left(\frac{B'}{T - C'}\right) \tag{3.5}$$

式(3.5)中经过拟合得到实验气体3种组分的Antoine常数，见表3.2和表3.3。

表3.2　实验气体组分生成结构Ⅰ型水合物的Antoine常数

实验气体组分	A'/MPa	B'/K	C'/K
CH_4	1584.4×10^9	−6591.43	27.04
N_2	97.939×10^9	−5286.59	31.65
O_2	62.498×10^9	−5353.95	25.93

表3.3　实验气体组分生成结构Ⅱ型水合物的Antoine常数

气体组分	A'/MPa	B'/K	C'/K
CH_4	5.2602×10^{22}	−1 3088	4.08
N_2	6.8165×10^{22}	−1 2783	−1.10
O_2	4.3195×10^{22}	−1 2505	−0.35

若在冰点以下形成水合物，需要对上式进行校正修改，具体公式详见文献[13]。

在式(3.1)中，θ_j为气体组分j在联接孔(linked cavity)中的占有率；λ_1和λ_2仅仅与水合物类型有关，分别代表每个水分子所对应的联结孔和基础孔数目；x_j代表基础水合物j的摩尔分数。基础水合物中联结孔被气体组分j所占据的比例，采用式(3.6)计算。

$$\sum_j \theta_j = \frac{\sum_j f_j C_{1j}}{1 + \sum_j f_j C_{1j}} \tag{3.6}$$

式中，Langmuir常数C_{1j}为基础水合物中联结孔被j组分气体占据的比例，同样采用Antoine公式进行关联，

$$C_{1j} = X_j \exp\left(\frac{Y_j}{T - Z_j}\right) \tag{3.7}$$

实验中气体组分的相关参数见表3.4。

表3.4　计算C_{1j}中各气体组分的Antoine常数

气体组分	X/MPa	Y/K	Z/K
CH_4	2.3048×10^{-6}	2752.29	23.01
N_2	4.3151×10^{22}	2472.37	0.64
O_2	9.4987×10^{22}	2452.29	1.03

水合物相平衡模型计算流程如图 3.3 所示。

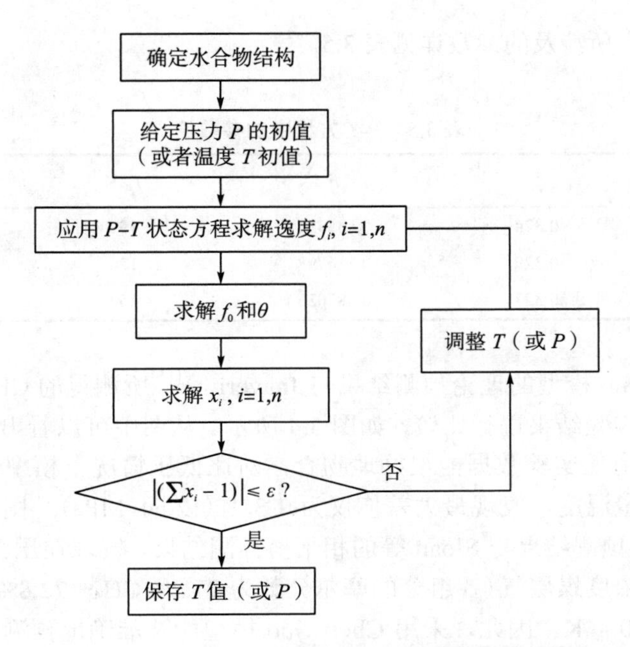

图 3.3　气体水合物相平衡条件模拟流程图

模型采用 Patel-Teja 状态方程[14]计算体系中气体组分的逸度 f_i，*P-T* 状态方程计算公式如下所示：

$$P = \frac{RT}{v-b} - \frac{a(T)}{v(v+b)+c(v-b)} \tag{3.8}$$

其中，

$$a(T) = \Omega_a \alpha(T) R^2 T_c^2 / P_c \tag{3.9}$$

$$b = \Omega_b R T_c / P_c \tag{3.10}$$

$$c = \Omega_c R T_c / P_c \tag{3.11}$$

式中，

$$\Omega_c = 1 - 3\xi_c \tag{3.12}$$

$$\Omega_a = 3\xi_c^{\ 2} + 3(1-2\xi_c)\Omega_b + \Omega_b^{\ 2} + 1 - 3\xi_c \tag{3.13}$$

Ω_b 是式(3.14)的最小正根：

$$\Omega_b^{\ 3} + (2-3\xi_c)\Omega_b^{\ 2} + 3\xi_c^{\ 2}\Omega_b - \xi_c^{\ 3} = 0 \tag{3.14}$$

对于 α 和温度 T 之间的关系，采用以下函数进行关联：

$$\alpha=\left[1+F\left(1-T_r^{0.5}\right)\right]^2 \tag{3.15}$$

上述计算中所涉及的参数详见表 3.5。

表 3.5 *P-T* 方程中的参数值

气体组分	ξ_c	F	T_c/K	P_c/MPa
CH_4	0.324	0.455336	191	4.64
N_2	0.329	0.516798	126	3.39
O_2	0.327	0.487035	154	5.05

将 Chen-Guo 模型的理论预测结果与 Jhaveri 等[15]所测得的 $CH_4 + N_2 + H_2O$ 体系的相平衡实验结果进行比较，如图 3.4 所示。从图中可以看出，相平衡预测曲线与文献报道的实验数据能很好地吻合，对比低压情况下模型计算的相平衡温度与实验测量温度，发现最大差值仅为 1.3 K(12.64 MPa)。图 3.4 还比较了 Chen-Guo 模型预测结果与 Sloan 等的相平衡预测结果，发现在压力低于 20 MPa 的情况下，低浓度煤层气(各组分的摩尔分数为 27.2% CH_4+ 72.8% N_2)体系的计算差值不超过 0.4 K。因此，采用 Chen-Guo 模型能够准确地预测低浓度煤层气在纯水体系的相平衡条件。图 3.5 给出了 Chen-Guo 模型预测的低浓度含氧煤层气(各组分的摩尔分数为 30% CH_4 + 60% N_2 + 10% H_2O)在纯水体系生成气体水合物的相平衡数据。

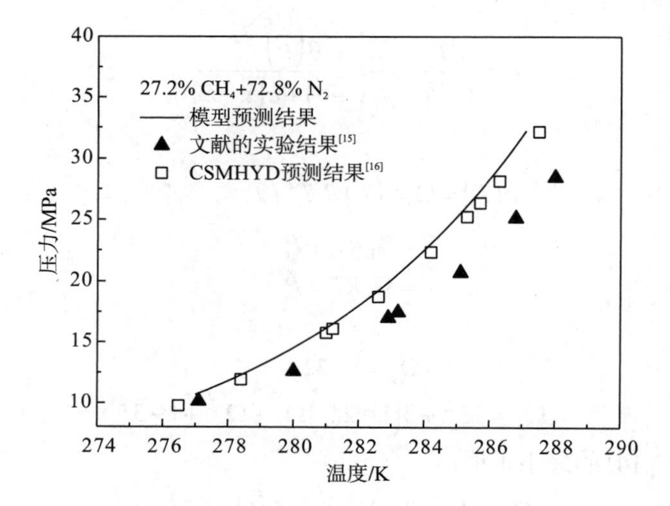

图 3.4 Chen-Guo 相平衡模型准确性验证

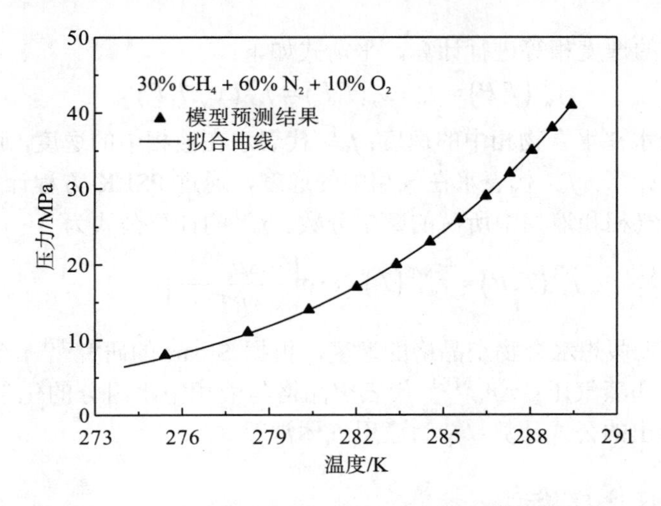

图 3.5　低浓度煤层气生成水合物的相平衡数据

3.2.2　添加剂体系的理论预测

由图 3.5 可知，低浓度煤层气在纯水体系形成气体水合物的相平衡条件非常苛刻。为了改善低浓度煤层气形成水合物的热力学条件，国内外研究者采用 THF、CP、环己烷(CH)、TBAB 等作为热力学添加剂缓解煤层气生成水合物的热力学条件，取得了较为理想的促进效果。

目前对添加剂体系的水合物基础特性研究以实验研究为主，但是实验结果容易受到人为因素和不可控环境因素的影响，例如数据测量的精确性、实验装置的密封性等，产生的数据偏差往往难以被发现。模拟研究可以弥补实验研究的不足，具有时间短、普适性高、理论性强、不受环境因素和人为因素干扰等优点，并且能够深入分析水合物生长过程中的传热传质特性，对系统相平衡状态的改变给出合理的解释。为此，针对 CP、CH 体系中混合气体(CH_4+N_2、低浓度含氧煤层气等)形成水合物的相平衡条件进行了热力学理论研究。

考虑气体溶解度和添加剂对液相活度的影响，本书提出添加剂挥发会对气相组分产生影响，进而影响系统平衡状态。利用 Henry 定律计算气体在液相的溶解度，通过 UNIFAC 活度系数法分别计算气相区和液相区组分活度系数，对 CP 或 CH 添加剂体系中混合气体形成水合物的相平衡条件进行模型预测，并分析模型误差。

1. 热力学相平衡模型

当系统处于平衡态时，认为气相、液相和水合物相中各组分的逸度均相等，根据各相中水的逸度相等进行计算，平衡式如下：

$$f_{\mathrm{w}}^{\mathrm{H}}(T,P)=f_{\mathrm{w}}^{\mathrm{L}}(x_{\mathrm{w}},T,P)=f_{\mathrm{w}}^{\mathrm{V}}(y_{\mathrm{w}},T,P) \tag{3.16}$$

式中，$f_{\mathrm{w}}^{\mathrm{H}}$代表水在水合物相中的逸度；$f_{\mathrm{w}}^{\mathrm{L}}$ 代表水在液相中的逸度，通过 UNIFAC 活度系数模型计算；$f_{\mathrm{w}}^{\mathrm{V}}$代表水在气相中的逸度，通过 PSRK 方程计算；$y_{\mathrm{w}}$ 和 x_{w} 分别表示水在气相和液相中所占的摩尔分数。$f_{\mathrm{w}}^{\mathrm{H}}$的计算公式为

$$f_{\mathrm{w}}^{\mathrm{H}}(T,P)=f_{\mathrm{w}}^{\mathrm{MT}}(T)\times\exp\left(\frac{-\Delta\mu_{\mathrm{w}}^{\mathrm{MT-L}}}{RT}\right) \tag{3.17}$$

式中，$f_{\mathrm{w}}^{\mathrm{MT}}$代表假想水合物空晶格的逸度，根据 Sloan 的研究[17]，令其等于水合物空晶格的饱和蒸气压；$\Delta\mu_{\mathrm{w}}^{\mathrm{MT-L}}$ 代表空晶格与液相中水组分的化学势差，通过 Holder 等[18]给出的公式计算；R 为通用气体常数。

2. 气相区逸度模型

在 vdW-P 模型和 Chen-Guo 模型中，气相逸度分别由 P-R 状态方程和 P-T 状态方程计算得到。随着学者们对气体状态方程的不断研究和改进，越来越多的状态方程和逸度计算方法被提出并广泛应用于气相区的逸度计算，这些方程的预测结果越来越精确，适用范围也越来越精细化。针对不同系统采用不同的状态方程是提高预测结果精度的有效途径。

PSRK (predictive soave–redlich–kwong) 方程不需要引入必须用气液平衡(VLE)实验数据拟合的新模型参数就能预测系统的气相平衡，尤其能很好地预测非极性或弱极性混合物的气液相平衡。针对非极性或弱极性水合物体系中液相活度参数缺失的情况，采用精度更高的基团分布型方程 PSRK，将 G^E 混合规则应用于 PSRK 方程，引入 UNIFAC 模型计算组分活度。

PSRK 状态方程由 Holderbaum 和 Gmehling 提出[19]，该方程建立在 SRK 状态方程基础上，在混合规则上做了修正，使活度与之相关联。Fischer 和 Gmehling[20] 通过研究发现，G^E 混合规则能更加精确地预测高温度和压力变化范围内的 VLE。

$$P=\frac{RT}{v_{\mathrm{m}}-b}-\frac{a}{v_{\mathrm{m}}(v_{\mathrm{m}}-b)} \tag{3.18}$$

式中，R 是通用气体常数；T 是系统温度；v_{m} 是摩尔体积；a 和 b 为方程的两个参数，其中 a 与温度有关。对于混合组分系统中，组分 i 的参数可由下式求出：

$$a_i=\frac{0.42748R^2T_{\mathrm{c},i}^2f(T)}{P_{\mathrm{c},i}} \tag{3.19}$$

$$b_i=\frac{0.08664RT_{\mathrm{c},i}}{P_{\mathrm{c},i}} \tag{3.20}$$

$$f(T)=1+c_1\left(1-T_{\mathrm{r}}^{0.5}\right)^2 \tag{3.21}$$

$$c_1 = 0.48 + 1.574\omega - 0.176\omega^2,\quad T_r = \frac{T}{T_c} \tag{3.22}$$

其中，$P_{c,i}$ 和 $T_{c,i}$ 分别代表组分 i 的临界压力和临界温度；ω 为偏心因子。Fisher 和 Gmehling[20]将 G^E(吉布斯自由能)模型引入到 SRK 状态方程中，并采用 VLE 参数进行计算。结果表明，模型预测的相平衡条件更加精确可靠，且具有更大的温度适用范围。PSRK 方程对于混合物体系所采用的混合规则如下：

$$a = b\left[\frac{g_0^E}{A_1} + \sum y_i \frac{a_i}{b_i} + \frac{RT}{A_1}\sum y_i \ln\frac{b}{b_i}\right] \tag{3.23}$$

$$b = \sum y_i b_i \tag{3.24}$$

式中，常数 A_1 的值为–0.64663；$g_0{}^E$ 代表吉布斯自由能，其表达式为

$$g_0^E = RT\sum y_i \ln\gamma_i' \tag{3.25}$$

$$\frac{a}{bRT} = \frac{1}{A_1}\sum y_i \ln\gamma_i' + \frac{1}{A_1}\sum y_i \ln\frac{b}{b_i} + \sum y_i \frac{a_i}{b_i RT} \tag{3.26}$$

式中，γ_i' 代表混合物中组分 i 的活度系数，可通过 UNIFAC 模型计算得出。

混合物中组分 i 的逸度系数 ϕ_i 的表达式为

$$\ln\phi_i = \frac{b_i}{b}(Z-1) - \ln\left[Z\left(1-\frac{b}{v_m}\right)\right] - \sigma\ln\left(1+\frac{b}{v_m}\right) \tag{3.27}$$

$$\sigma = \frac{1}{A_1}\left(\ln\gamma_i' + \ln\frac{b}{b_i} + \frac{b}{b_i} - 1\right) + \frac{a_i}{b_i RT} \tag{3.28}$$

式中，Z 为压缩因子，$Z = PV/RT$。

对于混合气体水合物系统，气相区各组分的逸度系数通过 UNIFAC 模型计算，考虑各气体组分间的相互作用，引入了二元交互作用参数 u_{nm}，表 3.6 给出了 CH_4、CO_2、O_2 和 N_2 的气-液和气-气交互作用参数 u_{nm} 和温度范围。在系统压力较高时，采用修正的 q_1 值进行计算，具体参数值请参见 Holderbaum 和 Gmehling 的文献[20]。

表 3.6 气-液和气-气交互作用参数 u_{nm} 和温度范围

气体	温度范围/K	气体（56、57、58、60）^{c}	cy–CH_2
CO_2	280～475	84.2	257.5
CH_4	275～375	−80.0	−21.2
O_2	250～330	−260.0	22.0
N_2	210～330	−250.0	9.9

^{c}56、57、58 和 60 分别代表 CO_2、CH_4、O_2 和 N_2 在 UNIFAC 模型中的编号。

3. 水合物相的逸度模型

水合物相中水的逸度通过 Chen-Guo 模型计算。

4. 液相的热力学模型

液相活度通过 UNIFAC 模型计算，其中 CH_4、CO_2、O_2 和 N_2 与水的二元交互作用参数公式和数值将在表 3.7 中给出。

表 3.7 温度为 273～348K 时计算气-水交互作用能量参数所需的参数值

气体	u_0	$u_1 / \times 10^{-5}$
CO_2	980.1	−1.6895
CH_4	1059.8	−2.3172
O_2	1295.9	−3.0295
N_2	1260.4	−2.7416

在计算液相区各组分活度系数时，需要先得到液相区中各组分所占的摩尔比。为了使模型更加完善和精确，不应忽略气体在水中的溶解度对液相活度的影响，故采用亨利定律(Henry)定律计算，其表达式为

$$f_i^{\mathrm{L}}\left(x_i,T,P\right)=x_{i,\mathrm{w}}^{\mathrm{g}}H_{i\mathrm{w}}\exp\left(\frac{P\overline{V}_i^{\infty}}{RT}\right) \tag{3.29}$$

式中，$\overline{V}_i^{\infty}$ 代表溶质 i 在无限稀释溶液中的偏摩尔体积，具体数值参见 Heidmann 和 Prausnitz[21]的文献；$x_{i,\mathrm{w}}^{g}$ 为气体组分 i 在溶液中的摩尔分数；$H_{i\mathrm{w}}$ 代表组分 i 的亨利常数，取决于溶质 i 和溶剂的性质与温度，由 Krichevsky–Kasarnovsky 方程[22]得出，公式如下：

$$\ln\frac{f_i}{x_i}=\ln H_{i\mathrm{w}}^{P_{\mathrm{w}}^{\mathrm{sat}}}+\frac{U}{RT}\left(x_{\mathrm{w}}^2-1\right)+\frac{\overline{V}_i^{\infty}\left(P-P_{\mathrm{w}}^{\mathrm{sat}}\right)}{RT} \tag{3.30}$$

式中，$P_{\mathrm{w}}^{\mathrm{sat}}$ 代表水的饱和蒸气压力；U 是溶液非理想性的度量，若 U 是正值，表明溶质和溶剂相互排斥，若 U 是负值，则 U 的绝对值可以看作溶质和溶剂形成配位化合物倾向的度量。其中，U/RT 的绝对值决定了亨利定律的适用范围：①若 $U/RT=0$，则溶液是理想溶液，亨利定律在 0～1 的全部浓度范围内都适用；②若 $U/RT \ll 1$，则即使该组分相当多，其活度系数也不会有很大变化；③若 U/RT 很大，则即使该组分很少，也会引起活度系数的明显变化。由于所需的实验数据不足，无法对 Krichevsky–Kasarnovsky 方程进行计算，故采用由 Sloan[23]提出的简化公式计算，其表达式为

$$-\ln H_{i\mathrm{w}}=\frac{1}{R}\left(H_{i\mathrm{w}}^{(0)}+\frac{H_{i\mathrm{w}}^{(1)}}{T}+H_{i\mathrm{w}}^{(2)}\ln T+H_{i\mathrm{w}}^{(3)}T\right) \tag{3.31}$$

式中，$H_{iw}{}^{(0)}, H_{iw}{}^{(1)}, H_{iw}{}^{(2)}, H_{iw}{}^{(3)}$ 均为系数，具体数值请参见 Sloan[23]的文献。

液相中各组分所占的摩尔分数可由式(3.16)变形得出：

$$x_{i,\mathrm{w}}^{\mathrm{g}} = \frac{f_i^{\mathrm{V}}\left(y_i, T, P\right)}{H_{\mathrm{iw}} \exp\left(\dfrac{P\overline{V}_i^{\infty}}{RT}\right)} \tag{3.32}$$

式中，i 代表液相区中的气体组分。在计算液相组分比和活度系数时，本书考虑了液相中添加剂 CP/CH 的挥发对液相的组分比、逸度和活度都会产生影响。当系统处于平衡态时，气相区和液相区的摩尔量按下式计算：

$$n_i = \frac{x_{i,\mathrm{w}}\left(100 - w\right)}{\sum x_{i,\mathrm{w}} M_i} \tag{3.33}$$

式中，i 代表液相中的水和气体组分；n_i 代表组分 i 的物质的量；M_i 为组分 i 的摩尔质量；w 为液相中添加剂的质量分数。根据式(3.33)可得出添加剂的物质的量 n_{p} 为

$$n_{\mathrm{p}} = \frac{w}{M_{\mathrm{p}}} \tag{3.34}$$

系统中各组分的组分比 x_i 为

$$x_i = \frac{n_i}{\sum n_i} \tag{3.35}$$

式中，i 代表液相中的水、气体和添加剂。

考虑液相中添加剂 CP/CH 挥发到气相中，对气相的组分比和逸度都会产生影响。因此，对气相中的添加剂 CP/CH 所占的百分比通过下式计算：

$$y_{\mathrm{p}} \phi_{\mathrm{p}} P = x_{\mathrm{p}} \gamma_{\mathrm{p}} P_{\mathrm{p}}^{\mathrm{sat}} \tag{3.36}$$

式中，ϕ_{p} 为气相区添加剂的逸度系数，可通过 PSRK 方程得出；γ_{p} 为液相区添加剂的活度系数，通过 UNIFAC 模型计算；$P_{\mathrm{p}}^{\mathrm{sat}}$ 为系统温度下添加剂的饱和蒸气压力。

5. UNIFAC 基团贡献法

20 世纪 60 年代，基团解析法和基团贡献法开始应用于活度系数的计算。Derr 和 Deal 提出了基团解析法，即 ASOG(analytical–solution–of–group)方法，其本质是采用 Wilson 方法计算基团溶液活度系数。随后 Fredenslund 等提出了基团贡献法，又称为 UNIFAC(universal quasichemical functional group activity coefficient)方法。它是一种估算方法，通过结合基团和 UNIQUAC 模型估算活度系数，是目前应用最广泛、普遍适应性最好且最具代表性的活度系数法。图 3.6 展示了 2016 年最新的 PSRK(predictive soave–redlich–kwong) 模型基团参数矩阵（源自 http://unifac.ddbst.de/psrk.html）。该模型是一种耦合 UNIFAC 模型，并在相平衡计算领域应用较为广泛，许多缺少的基团参数依然急待补充，而现有的参数也需修

订更新。

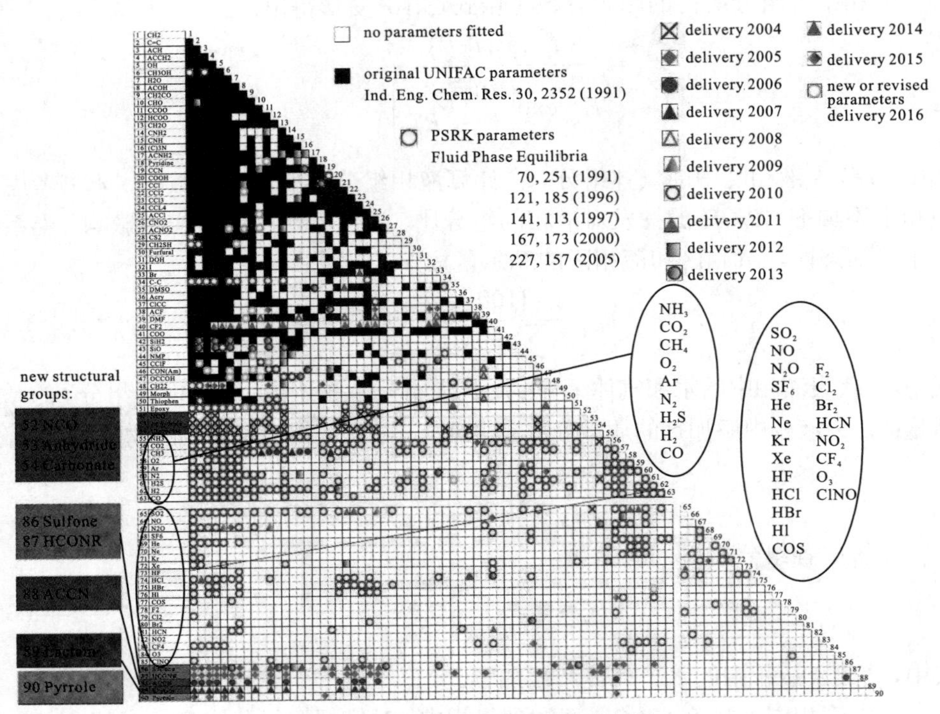

图 3.6 PSRK 模型的基团参数矩阵

基团贡献法常用来估算密度、黏度、表面张力和纯组分的临界参数等物性参数。该方法的精确度取决于基团划分的精细程度，更加接近实际值的估算结果往往意味着基团划分更加精细，然而基团数目过多又会在实际使用中产生困扰，所以基团划分的数目要适当。针对添加剂 CP 和 CH 进行了基团划分，在图 3.7 和表 3.8 中给出了 PSRK 和 Modified UNIFAC (Dortmund) 两种不同基团划分方法的对比，在模型计算中采用 Modified UNIFAC 划分方法。

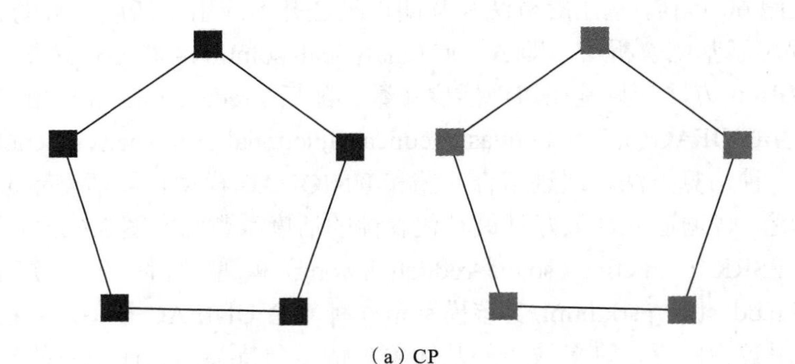
（a）CP

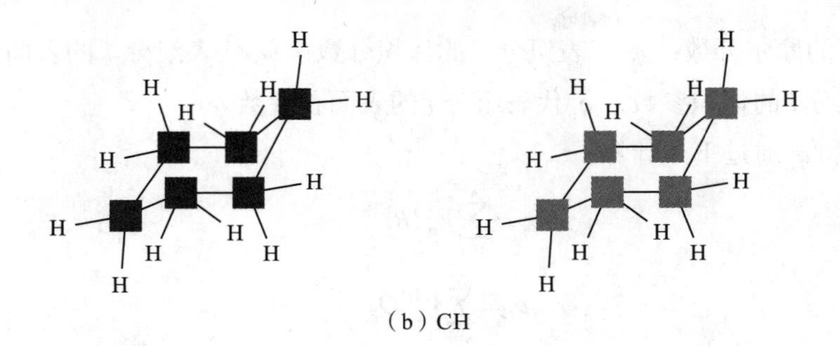

（b）CH

图 3.7　CP 和 CH 的两种不同基团划分

（左侧为 PSRK 划分方法，右侧为 Modified UNIFAC 划分方法）

表 3.8　CP 和 CH 的两种基团划分方法的参数

添加剂	基团划分方法	主基团编号	副基团编号	基团描述	数量
CP	PSRK	2	1	CH_2	5
	Modified UNIFAC	78	42	cy–CH_2	5
CH	PSRK	2	1	CH_2	6
	Modified UNIFAC	78	42	cy–CH_2	6

UNIFAC 基团贡献法采用有限的基团种类和数目代替各种化合物，将溶液看作由各个基团混合而成，通过计算组成混合物分子的各基团的基团参数和相互作用参数，从而得到混合物中各组分的活度系数。UNIFAC 基团贡献法中的活度系数 $\ln\gamma_i$ 由活度组合项 $\ln\gamma_i^{\mathrm{C}}$ 和活度剩余项 $\ln\gamma_i^{\mathrm{R}}$ 共同组成：

$$\ln\gamma_i = \ln\gamma_i^{\mathrm{C}} + \ln\gamma_i^{\mathrm{R}} \tag{3.37}$$

活度组合项主要考虑分子的不同尺寸和不同形状，活度剩余项主要考虑分子间相互作用力的影响。活度组合项 $\ln\gamma_i^{\mathrm{C}}$ 的表达式为

$$\ln\gamma_i^{\mathrm{C}} = \ln\frac{J_i}{\delta_i} + 1 - \frac{J_i}{\delta_i} - \frac{1}{2}Z_k q_i\left(\ln\frac{\varphi_i}{\psi_i} + 1 - \frac{\varphi_i}{\psi_i}\right) \tag{3.38}$$

$$J_i = \frac{\delta_i r_i^{\frac{2}{3}}}{\sum_{j=1}^{M}\delta_j r_j^{\frac{2}{3}}} \tag{3.39}$$

$$\varphi_i = \frac{\delta_i r_i}{\sum \delta_j r_j} \tag{3.40}$$

$$\psi_i = \frac{\delta_i q_i}{\sum \delta_j q_j} \tag{3.41}$$

式中，Z_k 为配位数，取值为 10。i，j 分别代表组分 i 和 j；δ_i 和 δ_j 分别为组分 i

和组分 j 的摩尔分数；φ_i 代表组分 i 的体积分数；ψ_i 代表组分 i 的表面积分数；r_i 代表组分 i 的体积参数；q_i 代表组分 i 的表面积参数。

r_i 和 q_i 通过下式计算：

$$r_i = \sum_{k=1}^{N} V_k^{(i)} R_k \tag{3.42}$$

$$q_i = \sum_{k=1}^{N} V_k^{(i)} Q_k \tag{3.43}$$

式中，$V_k^{(i)}$ 是 i 组分中的 k 基团的数量；R_k 是 k 基团的表面积参数；Q_k 是 k 基团的体积参数。计算所涉及组分的 R_k 和 Q_k 参数值在表 3.9 中给出。

表 3.9　UNIFAC 法计算气相和液相活度系数所需的体积参数和表面积参数表

主基团	副基团	编号	R_k	Q_k
CH_2	CH_3	1	1.8022	1.696
	CH_2	2	1.3488	1.080
	cy–CH_2	5	1.3488	1.080
H_2O	H_2O	4	1.506	1.732
cy–CH_2	cy–CH_2	78	0.7136	0.8635
CO_2	CO_2	56	2.592	2.522
CH_4	CH_4	57	2.244	2.312
O_2	O_2	58	1.764	1.910
N_2	N_2	60	1.868	1.970

活度剩余项 $\ln\gamma_i^{\mathrm{R}}$ 计算式为

$$\ln\gamma_i^{\mathrm{R}} = \sum_{k=1}^{N} \mathrm{V}_k^{(i)}\left[\ln\Gamma_k - \ln\Gamma_k^{(i)}\right] \tag{3.44}$$

式中，Γ_k 表示混合物中基团 k 的剩余活度系数；$\Gamma_k^{(i)}$ 代表基团 k 在参考溶剂 i 中的剩余活度系数。Γ_k 的表达式为

$$\ln\Gamma_k = Q_k\left[1 - \ln\left(\sum_m \psi_m \eta_{mk}\right) - \sum_m\left(\frac{\psi_m \eta_{kn}}{\sum_n \psi_n \eta_{nm}}\right)\right] \tag{3.45}$$

$$\psi_m = \frac{Q_m X_m}{\sum_n Q_n X_n} \tag{3.46}$$

$$X_m = \frac{\sum_j V_m^{(j)} \delta_j}{\sum_j \sum_k V_k^{(j)} \delta_j} \tag{3.47}$$

式中，ψ_m 为基团 m 的表面积分数；X_m 是基团 m 在混合物中的摩尔分数；η_{mn} 是基团 m 和 n 之间的交互作用参数，通过 Sander 等[24]在 UNIFAC 模型中对基团交互作用参数的修正公式进行计算，所涉及的气-液和气-气交互作用参数和温度适用范围见表 3.6。

为充分描述气体的溶解度与系统温度的关系，Sander 等给出了如下关联式：

$$u_{\text{gas,water}} = u_0 + {u_1}/{(T/K)} \tag{3.48}$$

式中，u_0 和 u_1 都是与温度相关联的参数，具体数值见表 3.7。在计算气体在纯水和混合溶液的溶解度时，温度适用范围取 0～75℃。

6. 模型计算流程

模型计算流程(图 3.8)如下：

(1) 给定温度 T 和气相组分比 y_i，通过 Chen–Guo 模型计算当液相活度为 1 时，I 型和 II 型水合物生成所需压力。

(2) 由于具有最低自由能的水合物结构同时具有最小的相平衡压力，取最低压力值 P_1 来判断所生成水合物的结构类型，并根据结构类型为后续计算选取合适的结构参数，如 α、β、λ 和 Antonie 常数 A_i'、B_i'、C_i' 等。

(3) 令 P 为独立变量进行迭代，通过式(3.2)，计算水在水合物相中的逸度 f_w^H。

(4) 对 Henry 定律求解，得出气体组分在液相中的溶解度。

(5) 计算液相中含有添加剂时，各组分的摩尔分数 x_i；若添加剂有挥发性时，通过式(3.36)计算气相区新的组分比。

(6) 采用 UNIFAC 基团贡献法计算气相区各组分活度系数 γ_i 和液相区水的活度系数 a_w。

(7) 利用 PSRK 方程结合 G^E 混合规则，将气相各组分活度系数 γ_i 代入计算，得出气相区各组分的逸度 f_i^V。

(8) 将步骤(2)选定的结构参数和液相区水的活度系数 a_w 代入式(3.2)，求解出水合物生成压力 P_2。

(9) 当 $|(P_2-P_1)/P_1| \leqslant \zeta$ 时，保存结果；若不满足，返回步骤(3)。

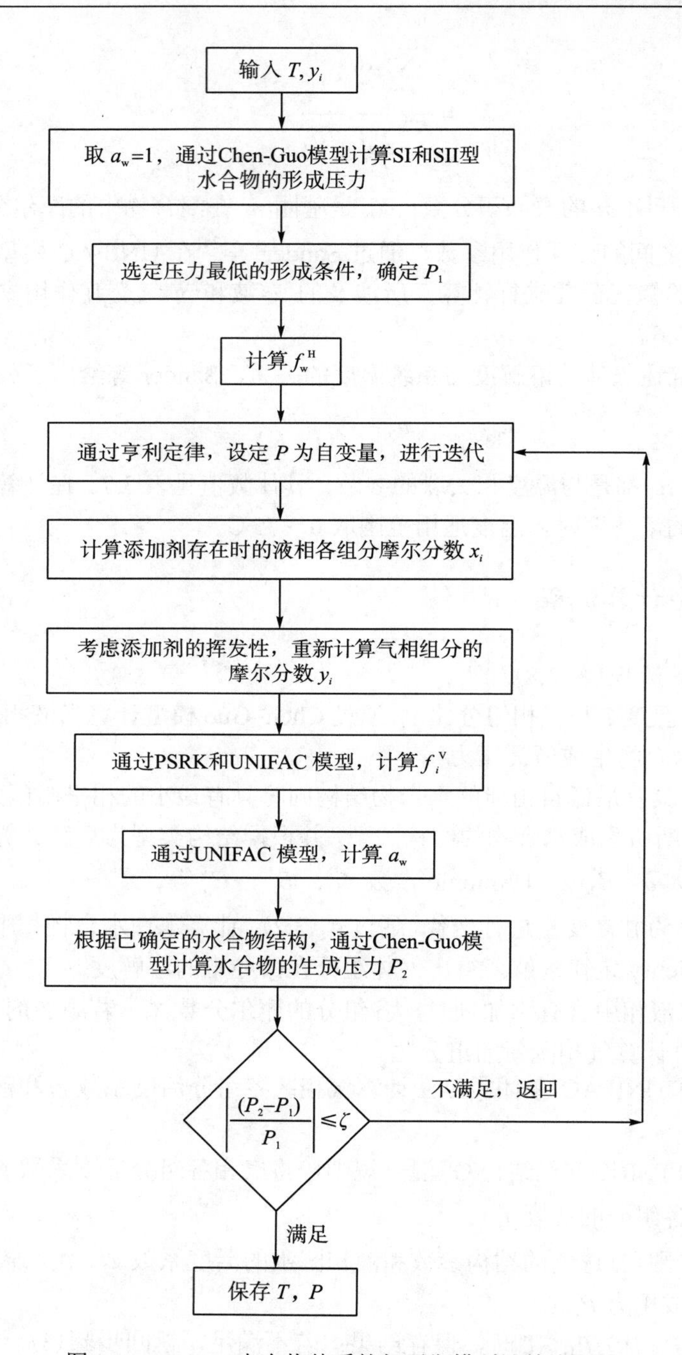

图 3.8 CP / CH 水合物体系的相平衡模型计算流程图

7. 模型结果与讨论

在得出模型预测结果后，采用平均绝对偏差(AADP)分析模型的精确度，计算公式如下：

$$\Delta_{\mathrm{AADP}}=100\sum_{i=1}^{N}\left|\frac{P_i^{\exp}-P_i^{\mathrm{cal}}}{P_i^{\exp}}\right|\Bigg/N \tag{3.49}$$

式中，N 代表数据点的数量；$P_i^{\exp}$ 为实验数据中的压力值；P_i^{cal} 为模拟结果的压力值。

1) CP+二元混合气体

二元混合气体(摩尔分数为 30%CH_4 + 70%N_2)和(CO_2 + N_2)在 CP 体系形成水合物的相平衡实验数据和模拟结果如图 3.9 所示。表 3.10 给出了两种体系的初始实验条件，表 3.11 给出了每组实验的模拟结果及平均绝对偏差。

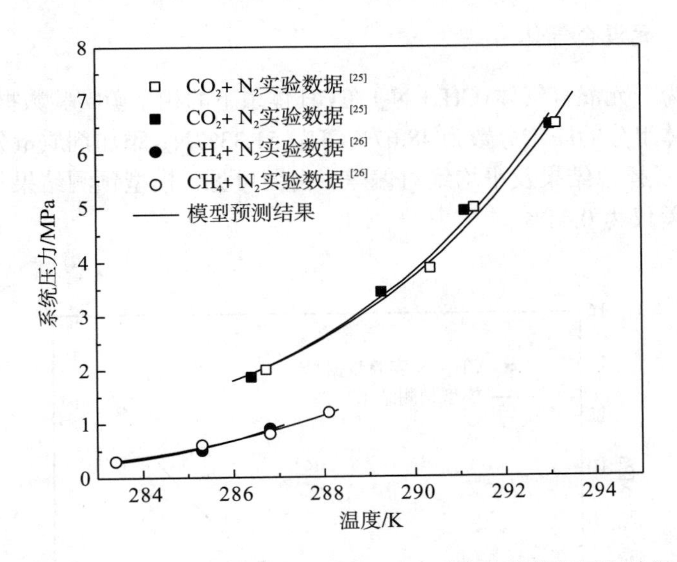

图 3.9　CH_4 + N_2 / CO_2 + N_2 在 CP 体系生成水合物的相平衡结果

模型考虑了液相中 CP 的挥发性，认为部分 CP 挥发到气相中，对气相区各组分的组分比和逸度均会产生影响。式(3.32)对液相中添加剂(CP/CH)的挥发能力进行了计算，得出气相中添加剂的组分比，该公式与添加剂的浓度有关，故不同浓度下的同一水合物体系的模拟结果不同。虽然考虑了液相中 CP 的挥发性对系统平衡态产生的影响，从图 3.9 和表 3.11 可以看出，CP 的浓度变化对相平衡条件的影响非常小，尤其是 CH_4 + N_2 体系。

表 3.10 混合气体 CH_4+N_2 和 CO_2+N_2 在 CP 体系下生成水合物的初始实验条件

添加剂	气体组分摩尔分数	质量分数 ω /%	参考文献
CP	30% CH_4/70% N_2	4.00	[26]
		13.00	[26]
	6.87% CO_2/93.13% N_2	20.00	[25]
		52.57	[25]

表 3.11 混合气体 CH_4+N_2 和 CO_2+N_2 在 CP 体系下生成水合物的压力和温度范围模拟结果

气体组分	温度范围/K	压力范围/MPa	数据量/个	平均绝对偏差/%
CH_4+N_2	283.4～286.8	0.30～0.90	3	7.07
	283.4～288.1	0.30～1.20	4	5.50
CO_2+N_2	286.4～293.0	1.86～6.51	4	2.84
	286.7～293.1	2.00～6.53	4	2.54

2) CH+二元混合气体

图3.10为二元混合气体(CH_4+ N_2)在CH体系下的相平衡实验数据和模拟结果。该组实验气体组分的摩尔分数为 48.67% CH_4 / 51.33% N_2，添加剂质量分数为 24.2%。表 3.12 给出了模拟结果及平均绝对偏差。由图可见，模型预测结果与实验数据吻合很好，偏差仅为 0.41%。

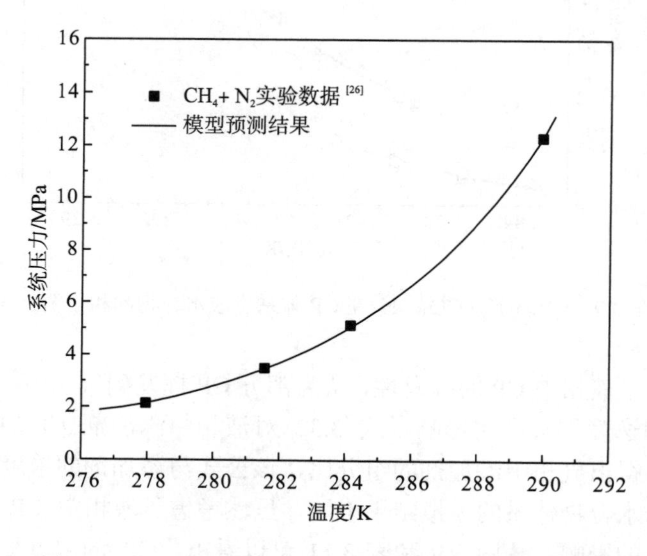

图 3.10 CH_4+N_2 在 CH 体系生成水合物的相平衡结果

表 3.12　混合气体 CH_4+N_2 在 CH 体系下生成水合物的压力和温度范围模拟结果

气体组分	温度范围/ K	压力范围/ MPa	数据量/个	参考文献	平均绝对偏差/ %
CH_4+N_2	277.95～284.15	2.144～5.137	3	[26]	0.41

3) CP/CH+三元混合气体

分别预测了三元混合气体(各组分的摩尔分数为 30% CH_4 / 60% N_2 / 10% O_2)在 CP 和 CH 添加剂体系下生成水合物的相平衡条件，结果如图 3.11 所示。表 3.13 给出了两种体系的初始实验条件，表 3.14 给出了每组实验的模拟结果及平均绝对偏差。从图 3.11 可以看出，两种添加剂体系的模型预测结果与实验数据吻合很好，预测结果比较理想。低浓度煤层气在 CP 体系形成气体水合物的相平衡条件明显低于 CH 体系，表明 CP 添加剂具有更好地促进效果。

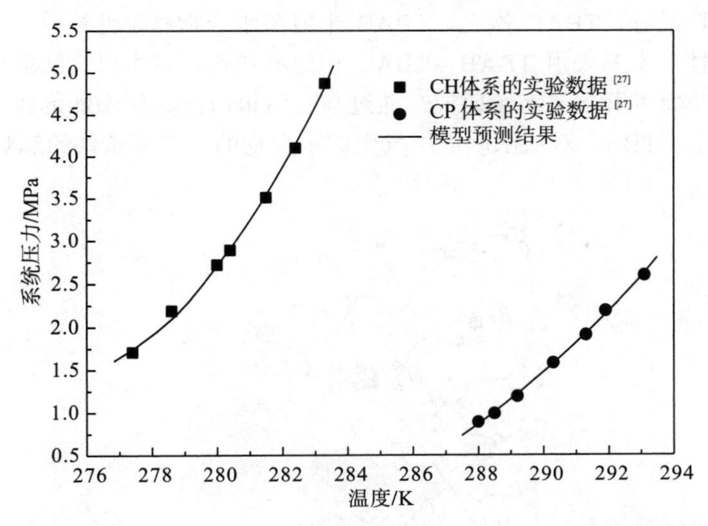

图 3.11　低浓度煤层气($CH_4+N_2+O_2$)在 CP/CH 体系生成水合物的相平衡结果

表 3.13　混合气体($CH_4+N_2+O_2$)在 CP/CH 体系下生成水合物的初始实验条件

添加剂	气体组分摩尔分数	质量分数 ω /%	参考文献
CP	30% CH_4 / 60% N_2/10% O_2	7.00	[27]
CH	30% CH_4 / 60% N_2/10% O_2	7.00	[27]

表 3.14　混合气体($CH_4+N_2+O_2$)在 CP/CH 体系生成水合物的相平衡模拟结果

添加剂	温度范围/ K	压力范围/ MPa	数据量/个	平均绝对偏差/%
CP	288.0～293.1	0.89～2.60	7	1.19
CH	277.4～283.3	1.71～4.87	7	0.71

3.2.3 相平衡实验测试

季铵盐(TBAB、TBAC、TBAF 等)对气体水合物生成具有良好的促进作用，其自身会与水分子生成半笼型水合物(semiclathrate hydrates，简称 SCH)，阴离子如Br^-、Cl^-、F^-与水分子一起参与形成水合物笼形结构，其孔穴结构由 10 个 12 面体、16 个 14 面体和 4 个 15 面体构成，阳离子 TBA^+将占据 14 面体和 15 面体等大孔穴，而小分子气体如 CH_4、N_2、O_2等可进入 12 面体小孔穴，其结构如图 3.12 所示。季铵盐半笼型水合物具有温和的相平衡条件，如在常压下，纯 TBAC 半笼型水合物的相平衡温度为 275.5～288 K[28]。表 3.15 给出了四丁基铵盐半笼型水合物的水合数、分解焓和常压下的分解温度。由表 3.15 可知，半笼型水合物的分解焓越大，其在常压下的分解温度越高，热力学稳定性越好。因此，TBAF 半笼型水合物稳定性最好，TBAC 次之，TBAB 半笼型水合物稳定性最差。由于 TBAF 具有强腐蚀性，本书采用 TBAB、TBAC 作为添加剂，对水合物法提纯低浓度煤层气的热力学特性开展了实验研究，通过与文献报道的其他添加剂体系作对比，探讨了 TBAB、TBAC 对低浓度煤层气生成水合物的相平衡条件的影响。

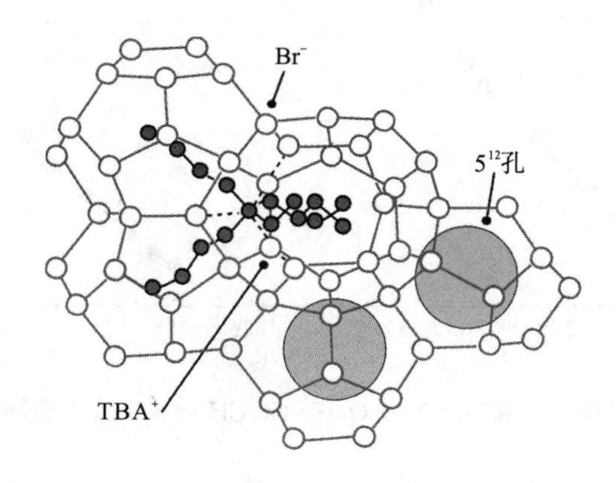

图 3.12 季铵盐半笼型水合物结构示意图

表 3.15 半笼型水合物的分解焓与相平衡温度[29]

添加剂	TBAF	TBAC	TBAB
半笼型水合物	$TBAF·28.6H_2O$	$TBAC·29.6H_2O$	$TBAB·26H_2O$
ΔH_d / (kJ/kg)	219	204	189
分解温度/K	300.75	288.19	285.8

1) TBAB 溶液体系

TBAB 半笼型水合物的小孔穴(5^{12})能容纳 CO_2、CH_4、H_2 等小分子气体，具有捕集小分子气体的能力。向低浓度含氧煤层气体系引入 TBAB，采用定容升温法测定了低浓度含氧煤层气的水合相平衡数据。低浓度煤层气在 3 种 TBAB 摩尔分数下(0.29%、0.62%和 1.38%)形成水合物的相平衡实验数据见表 3.16，将数据绘制成 *P-T* 图，如图 3.13 所示。图 3.14 给出了低浓度煤层气在 3 种 TBAB 摩尔分数下(0.29%、0.62%和 1.38%)形成水合物的相平衡实验数据。

表 3.16　含有 TBAB 表面活性剂体系水合物相平衡实验数据

TBAB 摩尔分数/%	热力学参数	
	P/ MPa	*T*/ K
0.29	6.56	285.75
	5.17	284.55
	3.88	283.75
	3.08	282.75
	2.09	281.85
0.62	5.98	287.65
	4.48	286.65
	3.08	285.45
	1.89	284.15
1.38	5.68	289.85
	4.18	288.55
	2.68	287.45
	1.38	285.85
	0.99	285.25

从图 3.13 可以看出，对于给定的某一 TBAB 浓度而言，在实验压力范围内(0.99～6.56 MPa)水合物的相平衡压力随着温度的升高而升高，且上升趋势保持一致。另外，在相同温度下的相平衡压力随着 TBAB 浓度的增大而降低，相平衡曲线往右下方移动，此时在 *P-T* 图中左上方的水合物稳定区域变大，水合物的生成条件随之改善。

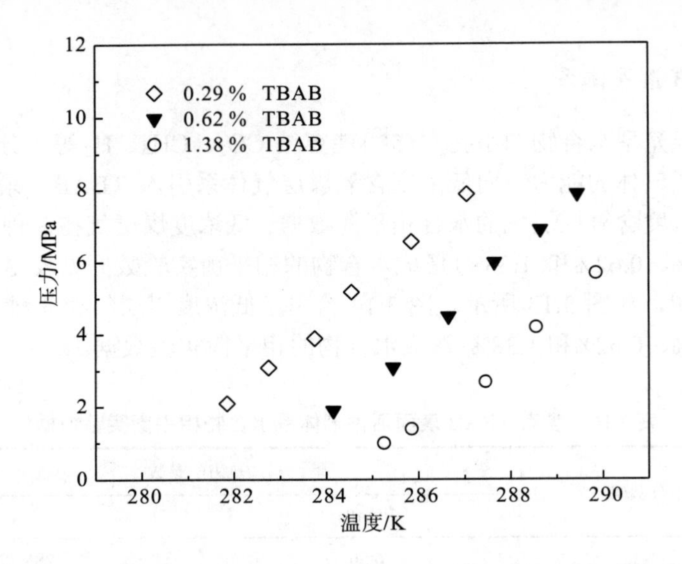

图 3.13 低浓度含氧煤层气在 TBAB + H_2O 体系的水合相平衡图

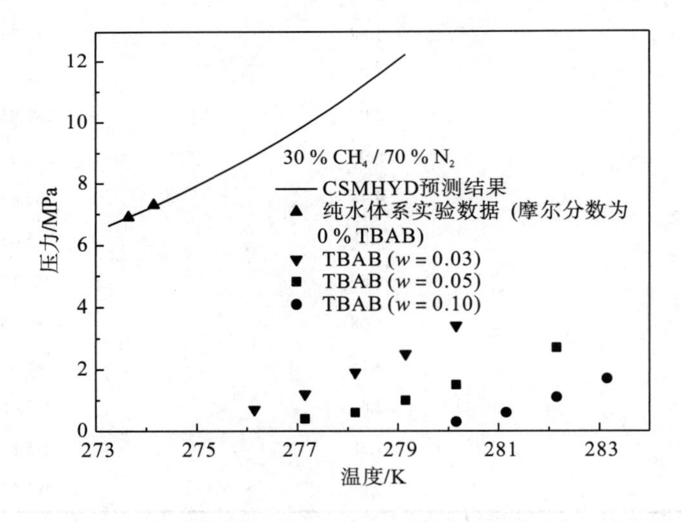

图 3.14 低浓度煤层气在 TBAB + H_2O 体系的水合相平衡图

图 3.15 比较了低浓度含氧煤层气在 TBAB+ H_2O 体系和纯水体系的水合相平衡数据。从图中可以看出，低浓度煤层气在 TBAB+H_2O 体系的水合相平衡曲线明显低于纯水体系的相平衡曲线。例如，在相平衡温度为 281.85 K 时，(0.29%) TBAB+H_2O 体系的相平衡压力为 2.09 MPa，而纯水体系的相平衡压力高达 16.78 MPa。由此可见，向溶液体系添加 TBAB 促进剂使得水合物相平衡压力大幅下降，明显改善了低浓度煤层气生成水合物的相平衡条件。

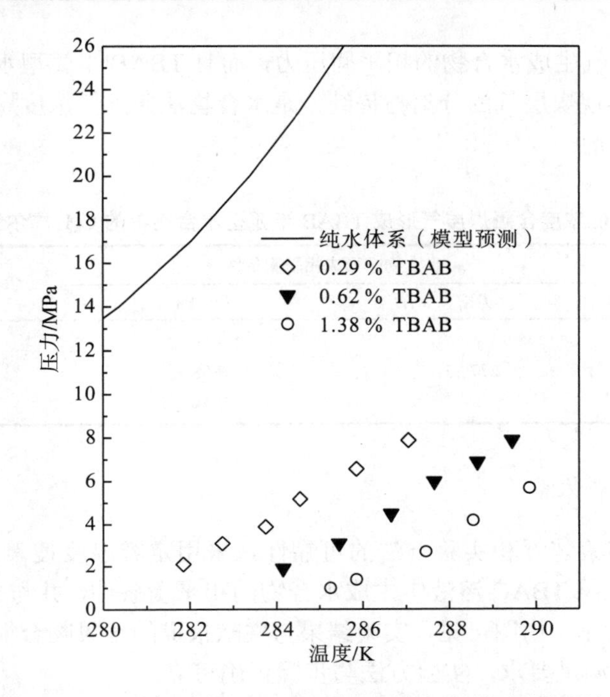

图3.15　TBAB体系相平衡实验数据与纯水体系预测数据比较

在3种TBAB溶液浓度下(摩尔分数为0.29%、0.62%和1.38%)，摩尔分数1.38% TBAB对水合物相平衡影响最大，相同温度对应的相平衡压力最低。Kamata等[30]提到TBAB与H_2O分子反应生成分子式为$C_{16}H_{36}N^{+}\cdot Br^{-}\cdot 38H_2O$的半笼型水合物。在实验开始阶段，TBAB分子中阴离子Br^-首先与H_2O分子共同构成多面体孔，然后分子簇互相联结形成基础水合物，表面活性剂的阳离子占据基础水合物的大孔，CH_4分子被捕获于2个5^{12}联结孔中，从而形成更为稳定的水合物结构。实验中形成的半笼形水合物$C_{16}H_{36}N^{+}\cdot Br^{-}\cdot 38H_2O$为B型水合物，若TBAB与水完全反应，则TBAB的理想摩尔分数为2.56%。当TBAB摩尔分数低于理想摩尔分数时，水合物中的基础孔仅有一部分被TBAB占据，稳定性小于完全被占据的情况。因此，TBAB摩尔分数越接近2.56%，相平衡压力越低，测定的3种TBAB浓度下的实验数据符合此规律。

对CH_4气体的捕集能力是筛选热力学促进剂需考虑的另一重要因素，即在降低相平衡压力的同时，必须能优先捕捉低浓度煤层气中的CH_4组分，实现CH_4的分离与提纯。表3.17给出了水合物分解气中CH_4含量的测定结果，低浓度煤层气初始组分的摩尔分数为30% CH_4 + 60% N_2 + 10% O_2。实验过程如下：当低浓度含氧煤层气在TBAB溶液中完成水合过程后，对水合物加热分解，采集水合物分解气并用气相色谱仪进行组分分析。研究发现，水合物分解气中CH_4含量明显高于CH_4初始浓度，即CH_4与N_2、O_2相比优先进入了水合物相。因此，TBAB不仅能降低低浓度煤层气生成水合物的相平衡压力，而且 TBAB 半笼型水合物能优先捕集 CH_4 气体，实现煤层气的分离与提纯，是水合物法分离低浓度煤层气的一种可行的热力学促进剂。

表 3.17 低浓度含氧煤层气形成 TBAB 半笼型水合物中的 CH_4 摩尔分数(x)

TBAB 摩尔分数/%	水合物的形成相平衡条件		CH_4 摩尔分数 x/%
	T/K	P/MPa	
0.62	277.25	2.68	33.6
		3.58	35.0
		4.28	36.8

2) TBAC 溶液体系

为了验证实验装置和实验方法的可靠性，采用定容温度搜索法测定了 CH_4 在摩尔分数为 3.3% TBAC 溶液中生成水合物的相平衡条件，并与文献进行比较，结果如图 3.16 所示。由图可见，实验结果与文献报道的结果吻合很好，表明实验装置和实验方法满足要求，实验方法与步骤正确可靠。

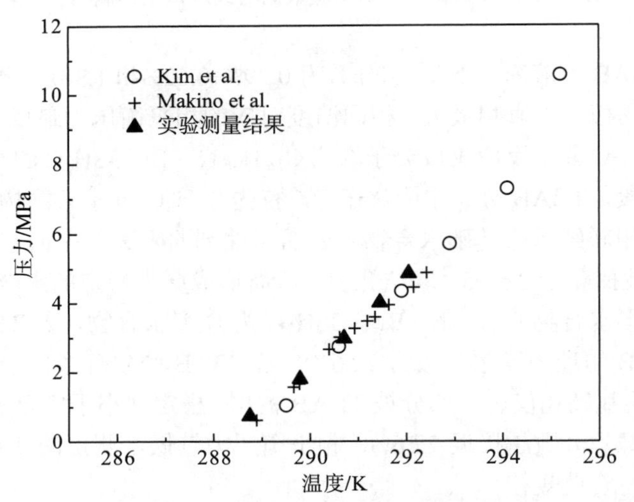

图 3.16 CH_4 在摩尔分数 3.3% TBAC 溶液中生成水合物的相平衡条件

(○：Kim et al[31]；+：Makino et al[32]；▲：this work)

随后，测定了低浓度煤层气(各组分的摩尔分数为 30% CH_4+60% N_2+10% O_2)在摩尔分数为 0.49%、1.0%、3.3% TBAC 溶液生成水合物的相平衡条件，结果如表 3.18 和图 3.17 所示。图 3.17 显示了低浓度煤层气在不同浓度 TBAC 溶液体系和纯水体系下生成水合物的相平衡条件。由图 3.17 可见，在相同温度下，低浓度煤层气在 TBAC 溶液体系生成水合物的相平衡压力明显低于纯水体系，例如：当温度为 281.51 K 时，在摩尔分数 0.49% TBAC 溶液体系中水合物相平衡压力为 1.507 MPa，而纯水体系中水合物相平衡压力高达 8.1 MPa。较低的相平衡条件表明低浓度煤层气在 TBAC 溶液中生成的水合物比纯水中生成的水合物更为稳定，因此 TBAC 可用于促进低浓度煤层气形成水合物的热力学促进剂。通过对比不同 TBAC 浓度的结果，发现在相同压力条件下，当 TBAC 摩尔分数从 0.49%增加到 3.3%时，其相平衡温度随之升高。该结果说明与摩尔分数 0.49%和 1.0%相比，在 3.3% TBAC 溶液生成的半笼型气体水合物具有更好的稳定性。

表 3.18　低浓度煤层气在不同浓度的 TBAC 溶液中生成水合物的相平衡条件

0.49% TBAC		1.0% TBAC		3.3% TBAC	
T / K	*P* / MPa	*T* / K	*P* / MPa	*T* / K	*P* / MPa
285.01	5.008	288.35	5.324	289.05	4.855
284.23	4.060	287.41	4.400	287.71	2.975
283.35	3.035	286.23	3.198	286.79	1.806
282.48	2.200	285.10	2.310	285.75	0.732
281.51	1.507	284.45	1.796		
		283.27	1.005		

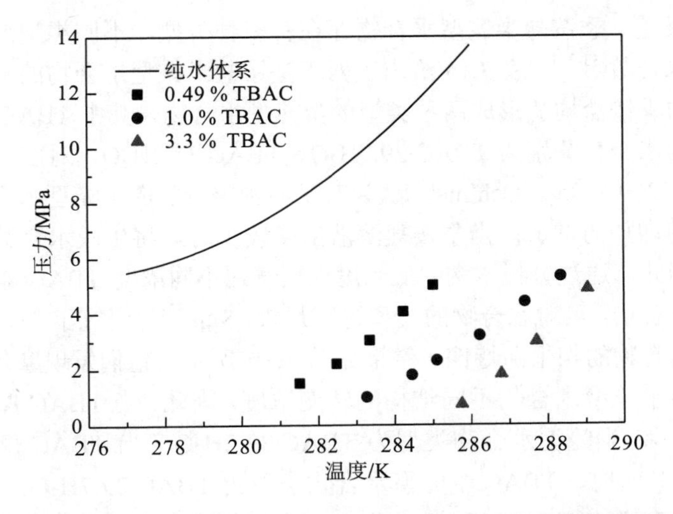

图 3.17　低浓度煤层气在不同浓度 TBAC 溶液中生成水合物的相平衡条件

通过对比图 3.17 中摩尔分数 0.49%与 1.0% TBAC 溶液的相平衡条件发现，当压力逐渐升高时，两条曲线呈发散趋势，而对比摩尔分数 1.0%与 3.3% TBAC 溶液的相平衡条件则呈收缩趋势。图 3.18 给出了低浓度煤层气（CBM）、CH_4 和 N_2 在不同 TBAC 溶度溶液中生成水合物的相平衡结果。图 3.18 显示 CH_4 和 N_2 在摩尔分数 1.0%、3.3% TBAC 溶液中生成水合物的相平衡条件均呈收缩趋势。造成上述现象的原因可能是随着 TBAC 浓度的增加，生成水合物的类型或结构发生了转变。

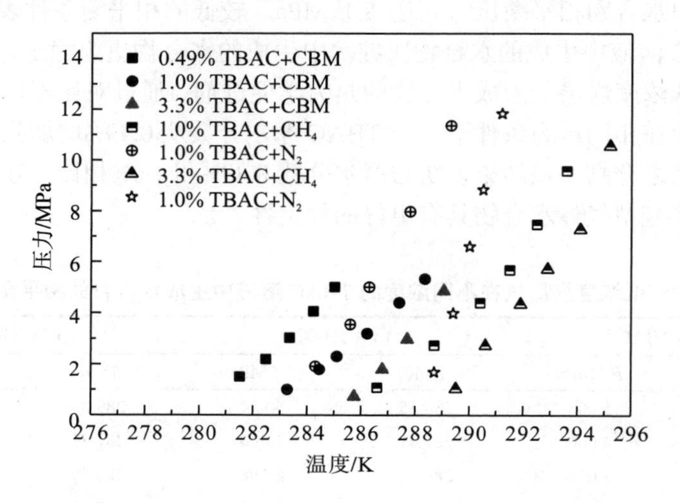

图 3.18 CBM、CH_4、N_2 在不同浓度 TBAC 溶液中的相平衡条件

(TBAC+CH_4[31]; TBAC+N_2[32])

据文献报道，季铵盐半笼型水合物存在有多种类型，不同类型的水合物有不同的结构和水合数[33-35]。表 3.19 给出了四丁基铵盐半笼型水合物的水合数及其分解焓，不同的季铵盐均能形成两种类型的半笼型水合物，其中 TBAC 半笼型水合物两种类型的水合数分别为 TBAC·29.7H_2O、TBAC·32.2H_2O，对应的分解焓分别为 204 kJ/kg、209 kJ/kg。Oshima[36]认为对于同种季铵盐的半笼型水合物，其分解焓随水合数的增加而增加；当季铵盐溶液浓度较小时，将生成水合数较大的半笼型水合物。因此，通过分析本文中低浓度煤层气在不同浓度 TBAC 溶液形成半笼型水合物的分解焓，可对水合物的类型进行判断。Sun[37]等研究了 TBAC 在常压下生成半笼型水合物的相平衡特性，结果如图 3.19 所示。他们发现摩尔分数 0.88% TBAC 浓度为半笼型水合物不同结构的转变浓度。因此，当 TBAC 摩尔分数小于 0.88%时，TBAC 半笼型水合物类型为 TBAC·32.2H_2O；当 TBAC 摩尔分数大于 0.88%且小于 3.3%时，TBAC 半笼型水合物类型为 TBAC·29.7H_2O；当 TBAC 摩尔分数等于 3.3%时，TBAC·29.7H_2O 为 TBAC 半笼型水合物的化学计量。

表 3.19 四丁基铵盐形成半笼型水合物的水合数和分解焓

添加剂	TBAF		TBAC		TBAB	
半笼型水合物	TBAF·28.6H_2O	TBAF·32H_2O	TBAC·29.7H_2O	TBAC·32.2H_2O	TBAB·26H_2O	TBAB·38H_2O
ΔH_d/(kJ/kg)	219	240	204	209	189	217

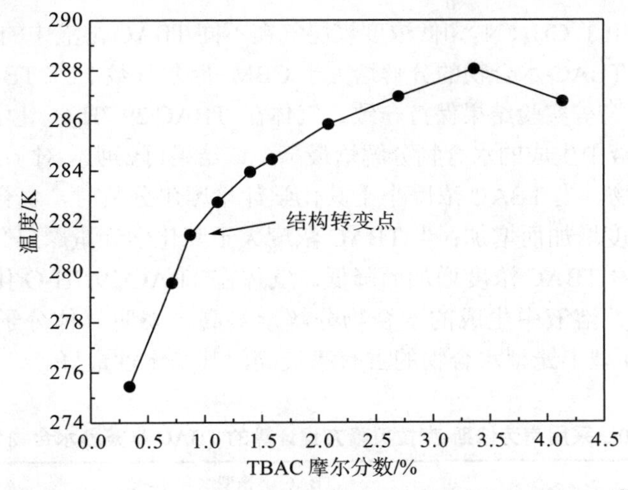

图 3.19　纯 TBAC 在常压下生成半笼型水合物的相平衡条件[37]

根据实验测量结果，通过克劳修斯-克拉贝隆方程计算了低浓度煤层气+TBAC 水合物的分解焓[38]。图 3.20 为克劳修斯-克拉贝隆方程拟合直线，直线的斜率 $k = \mathrm{d}\ln P / \mathrm{d}(1/T)$，计算得出低浓度煤层气在摩尔分数 0.49%、1.0%、3.3% TBAC 形成的水合物分解焓分别为 224.4 kJ·mol^{-1}、212.1 kJ·mol^{-1}、379.6 kJ·mol^{-1}。计算结果显示煤层气+摩尔分数 0.49% TBAC 水合物的分解焓大于煤层气+摩尔分数 1.0% TBAC 水合物，表明煤层气+摩尔分数 0.49% TBAC 生成了水合数较大的半笼型水合物，其类型可能为 TBAC·32.2H_2O，而煤层气+摩尔分数 1.0% TBAC 生成半笼型水合物的类型则转变为 TBAC·29.7H_2O。

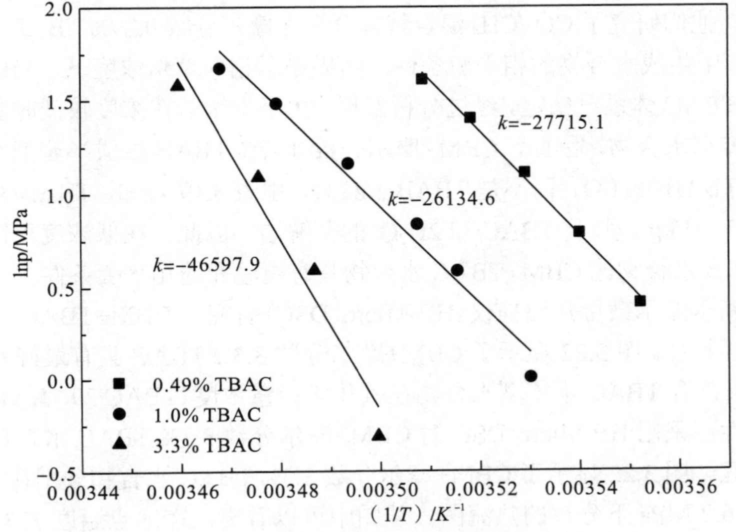

图 3.20　克劳修斯-克拉贝隆方程拟合直线

表 3.20 给出了 CH_4、N_2 和低浓度煤层气在不同 TBAC 溶液中的分解焓。CBM+摩尔分数 3.3% TBAC 水合物的分解焓大于 CBM+摩尔分数 1.0% TBAC 水合物，该结果与 Kim[31, 39]等实验结果保持一致，气体在 TBAC·29.7H_2O 化学计量摩尔分数 3.3% TBAC 溶液中生成的水合物分解焓最高。该结果可表明，对于 TBAC·29.7H_2O 型半笼型水合物，当 TBAC 浓度小于其化学计量摩尔分数时，水合物的分解焓将随着 TBAC 浓度增加而增加；当 TBAC 浓度大于其化学计量摩尔分数时，水合物的分解焓将随着 TBAC 浓度增加而降低。气体在 TBAC·29.7H_2O 化学计量摩尔分数 3.3% TBAC 溶液中生成的水合物分解焓最高，表明气体分子在该浓度下对 TBAC·29.7H_2O 型半笼型水合物的占有率最高，其稳定性最好。

表 3.20 采用克劳修斯-克拉贝隆方程计算的 TBAC 半笼型水合物分解焓

实验体系	TBAC 半笼型水合分解焓			
	ΔH_d/(kJ/mol)			
	0.49% TBAC	1.0% TBAC	3.3% TBAC	5% TBAC
TBAC+CH_4 [31]	—	193.2	238.7	234.9
TBAC+N_2 [39]	—	236.8	529.5	529.0
TBAC+CBM	224.4	212.1	379.6	—

图 3.21 对比了低浓度煤层气在 TBAC、TBAB 溶液体系中生成水合物的相平衡条件。由图可见，CBM+摩尔分数 0.42% TBAB 水合物相平衡条件优于 CBM+摩尔分数 0.49% TBAC，表明 TBAB 比 TBAC 具有更好的热力学稳定性，该结果与表 3.15 显示的半笼型水合物稳定性 TBAF>TBAC>TBAB 相矛盾。Fan 等[40]报道了同样的实验结果，他们研究了 CO_2/CH_4 混合气体分别在摩尔分数 0.29% TBAB、TBAC 和 TBAF 溶液中生成水合物的相平衡条件，结果显示相同摩尔浓度下，TBAB 体系的水合物比 TBAC 体系更稳定。经过分析发现，由于季铵盐在浓度较低时生成了水合数高的半笼型水合物，因此，CBM+摩尔分数 0.42% TBAB 生成半笼型水合物的基本类型为 TBAB·38H_2O，而不是 TBAB·26H_2O，由表 3.19 可知，TBAB·38H_2O 的分解焓为 217 kJ/kg，大于 TBAC·32.2H_2O 的分解焓。因此，在低浓度季铵盐溶液中 CBM+TBAB 水合物比 CBM+TBAC 水合物具有更温和的相平衡条件。

采用高压差示微量热扫描仪(HP-Micro DSC)研究了 CBM+TBAC 半笼型水合物的热力学特性。图 3.22 显示了 CBM+摩尔分数 3.3% TBAC 具有最好的相平衡条件，该结果符合 TBAC 半笼型水合物在其化学计量浓度(TBAC·29.7H_2O)时具有最好的稳定性。采用 HP-Micro DSC 对 CBM+摩尔分数 3.3% TBAC 水合物的分解特性进行研究。图 3.22 显示了 CBM+摩尔分数 3.3% TBAC 水合物分别在 1.4 MPa、3.4 MPa、6.2 MPa 下分解的热流图。从图中可以看出，在冰点温度 273.15 K 处没有出现冰溶解的吸热峰，表明在摩尔分数 3.3% TBAC 溶液中，即使温度降到冰点以下也没有冰的存在，可见溶液中的水全部转化生成了半笼型水合物。对比三条热流曲线，发现每条曲线的第一个吸热峰均出现在 288 K。表 3.15 显示 288 K 为 TBAC·29.7H_2O 半笼型水合物在常压下的相平衡温度。因此，第一个吸热峰表明在 CBM+摩尔分数 3.3% TBAC 半笼型水合物中存在纯 TBAC 水合物。当升温至 288 K 时，纯 TBAC 水合物开始分解。当实验压力从 1.4 MPa 增加到 6.2 MPa 时，开始出现第二个吸热峰，表明 CBM 参与了 TBAC 半笼型水合物的生成。由于 TBAC 半笼型水合物中 TBA^+占据了大笼，CH_4、N_2、O_2 作为小分子将进入 5^{12} 小笼中。随着压力的增加，第二个吸热峰对应的温度随之增加，该结果与观察法测得的相平衡数据(图 3.17)十分吻合。

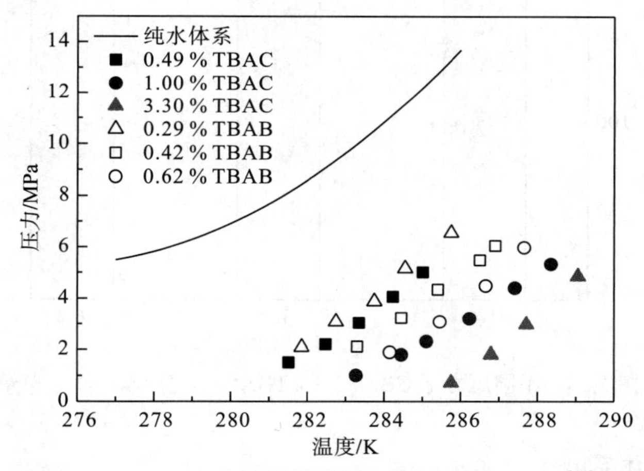

图 3.21　CBM+TBAC、TBAB 水合物的相平衡条件(TBAB, Zhong[41]; TBAC, this work)

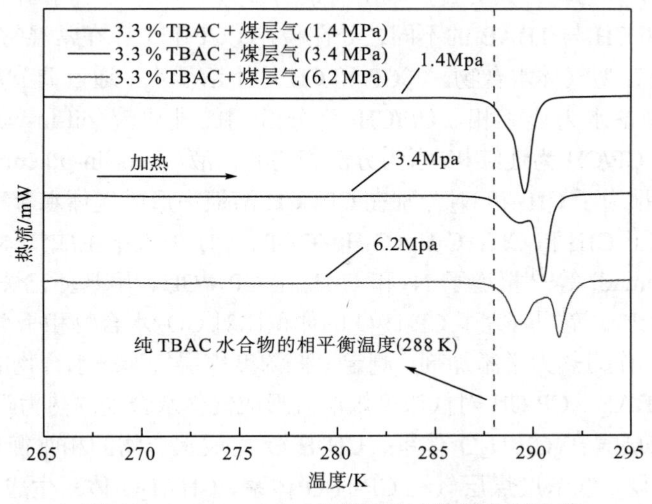

图 3.22　CBM+TBAC 半笼型水合物的分解热谱

通过对图 3.22 中的水合物吸热峰积分得出 CBM+摩尔分数 3.3% TBAC 半笼型水合物的分解焓。在 1.4 MPa、3.4 MPa、6.2 MPa 压力条件下，其分解焓分别为 199.8 ± 0.3 kJ/kg、203.3±2.1 kJ/kg、203.6±3.1 kJ/kg，CBM+摩尔分数 3.3% TBAC 半笼型水合物的分解焓随着实验压力的增加而增加，如图 3.23 所示。图 3.23 的结果表明 TBAC 半笼型水合物在较高压力下具有更好的稳定性，这一结论与 Kim[31] 等的实验结果一致。

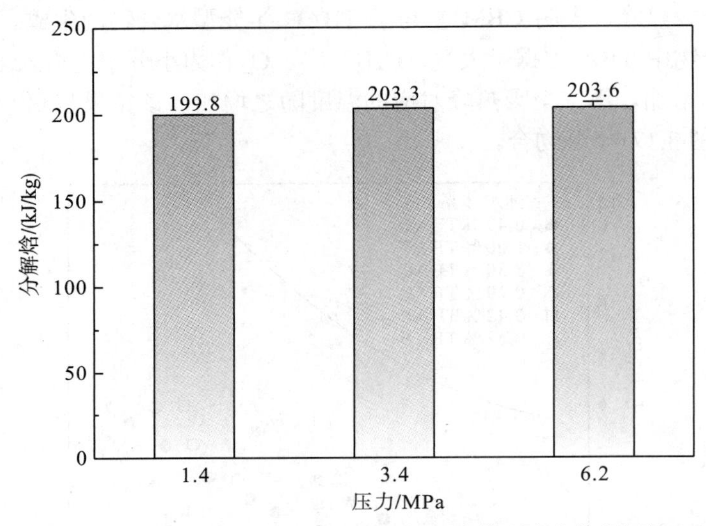

图 3.23　不同压力下 CBM+3.3% TBAC 半笼型水合物分解焓

3) CP/CH 体系

CP 和 CH 作为两种具有良好应用前景的热力学促进剂受到国内外研究者的高度重视。CP 和 CH 与 TBAB 的不同之处在于：①CP 和 CH 在常温常压条件下与水反应生成结构 II 型气体水合物。②CP 和 CH 均不溶于水，通过调节 CP/CH 与水的体积比，可制备水为连续相、CP/CH 为分散相的乳化液(oil-in-water emulsions, O/W)，或者以 CP/CH 为连续相、水为分散相的乳化液(water-in-oil emulsions, W/O)。Tohidi 等[42,43]报道了 CH_4 和 N_2 分别在 CP、CH 溶液中形成气体水合物相平衡数据，Sun 等[37]报道了 CH_4 和 CH_4+C_2H_6+C_3H_8 在 CP、CH 溶液中生成气体水合物相平衡数据，Mohammadi 等[44]报道了 N_2 和 C_2H_6 在 CP、CH、甲基环己烷溶液的相平衡数据，最近 Galfre 等[45]研究了 CP-H_2O 的体积比对 CO_2 水合物相平衡条件的影响。本书以 CP/CH 作为热力学添加剂，测定了低浓度煤层气形成水合物的相平衡数据，并且比较了 TBAB、CP/CH 对低浓度煤层气形成气体水合物的热力学促进作用。

低浓度煤层气在 CP-H_2O 体系、CH-H_2O 生成水合物的相平衡数据如图 3.24 所示。研究发现，低浓度煤层气在 CP-H_2O 体系、CH-H_2O 体系生成水合物的相平

衡条件介于 CH_4 和 N_2 之间；当温度一定时，水合物相平衡压力随着混合气体中 CH_4 浓度的增加而降低。

通过研究还发现：①低浓度煤层气形成气体水合物的相平衡条件基本不受 CP 体积比影响(图 3.25a)；②CP 和 CH 具有显著的热力学促进作用，给定温度条件下，低浓度煤层气在 CP-H_2O、CH-H_2O 体系形成水合物的相平衡压力远小于纯水体系(图 3.25b)；③当浓度相同时，CP 对低浓度煤层气形成水合物的热力学促进作用优于 TBAB 和 CH，见图 3.25b；④与 TBAB 类似，CP 和 CH 不仅能降低低浓度煤层气生成水合物的相平衡条件，而且能实现低浓度煤层气中 CH_4 的分离与提纯，水合物分解气中 CH_4 含量明显高于低浓度煤层气中 CH_4 的初始浓度(表 3.21)。

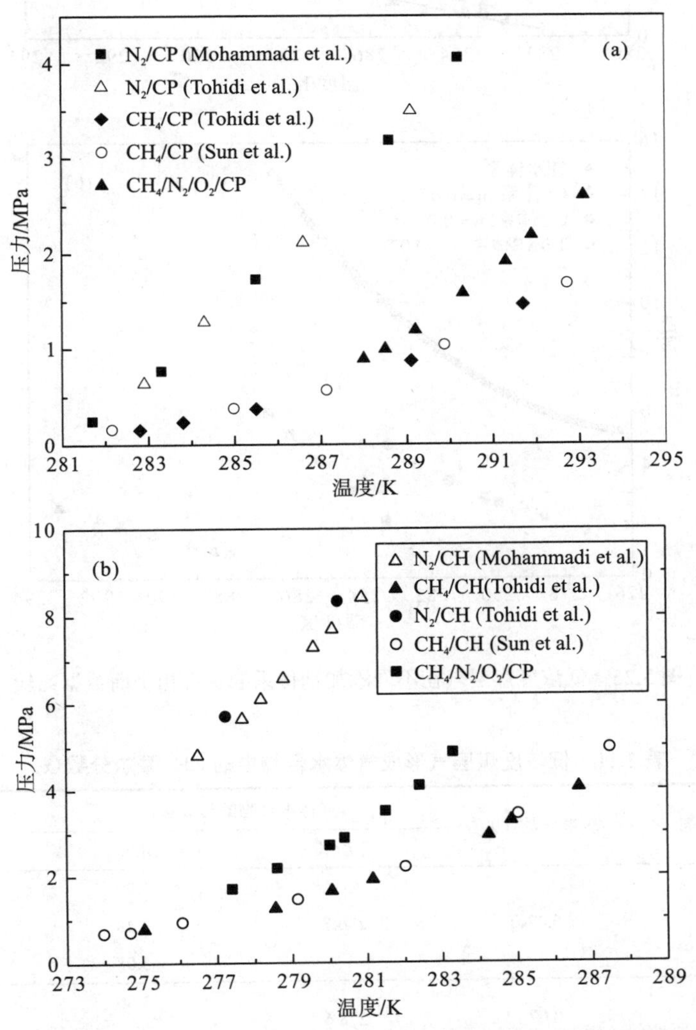

图 3.24　低浓度煤层气在 CP-H_2O 和 CH-H_2O 体系形成水合物的相平衡条件

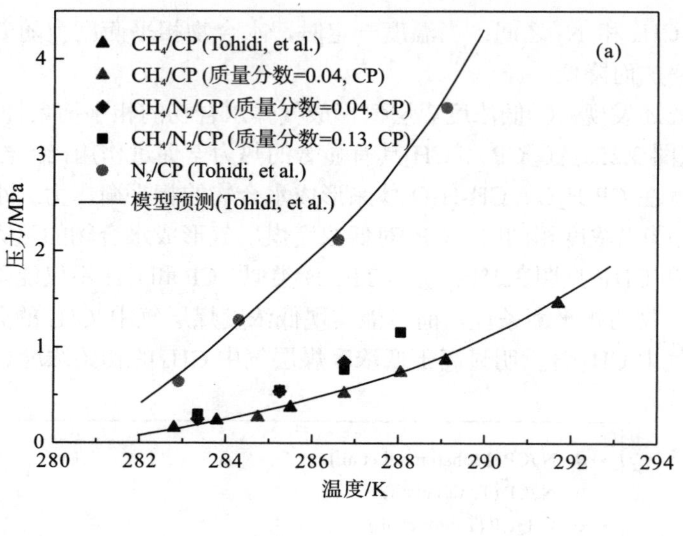

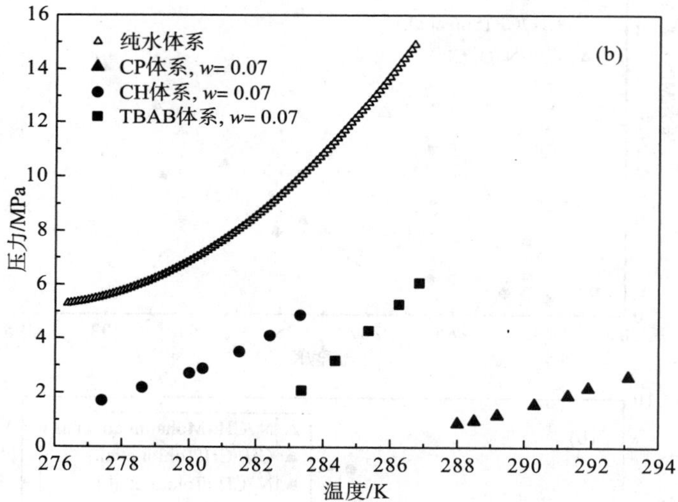

图 3.25 低浓度煤层气在不同添加剂体系的水合相平衡数据比较

表 3.21 低浓度煤层气形成气体水合物中的 CH_4 摩尔分数(x)

热力学添加剂	质量分数(w)	气体水合物的形成条件		x / %
		T / K	P / MPa	
CP	0.07	286.7	1.99	50.5
			3.48	53.3
			5.08	54.3
CH	0.07	278.6	3.50	50.8
			5.01	51.6

3.3 水合物法提纯的动力学理论

3.3.1 乳化液滴生成水合物的动力学模型

在对水合物生长过程和生成机理的研究中，动力学模拟研究可提供诸如气体消耗量、水合物转化率、反应速率等直观参数。与实验参数对比后，可以揭示特定体系中水合物的生长机理。本书从动力学机理和特性方面对乳化油环境的 CH_4 水合物生成过程进行了理论研究，为揭示煤层气在油包水乳化液体系的提纯机理提供科学依据。

气体水合物在油包水乳化液体系的结晶过程是从液滴外表面向内生长的缩核过程，水合物的成核过程涉及多种不同流体在各相中的不同流态形式以及几何形态的转变。Turner 等[46]将费克定律应用于乳化液中 CH_4 的溶解度模型，但 CH_4 气体由气相区向油-液两相区的扩散过程所涉及的多个参数无法准确求解，如扩散系数、扩散膜厚度等参数只能通过大量实验数据进行拟合，导致 CH_4 消耗量模型不能与这些参数关联。因此，本书引入了油气开采工业常用的地面油溶解能力经验模型，预测了油包水乳化液(体积35%水和65%白油)中油-液两相区的 CH_4 饱和溶解度标况下乳化油中的 CH_4 含量，优化了乳化液滴的水合反应动力学模型，并且对单个乳化液滴在不同压力和不同液滴尺寸条件的水合物结晶过程进行数值模拟，分析了油包水乳化液滴形成 CH_4 水合物过程的气体消耗量、水合物反应速率、水合物转化率等参数的变化特性。

1. 乳化作用机理

在自然界中水和油是两种不相溶的物质。为了使水均匀分散到油中，通常要向油水混合物中加入乳化剂，使不相溶的油水两相乳化形成稳定的乳化液。乳化剂作为油/水界面的表面活性剂，在乳化过程中有极为重要的作用。

绝大多数乳化剂都是表面活性剂，由亲水基和疏水基两部分组成，主要是阴离子型和非离子型表面活性剂。它们能在相互排斥的油水界面形成分子薄膜，从而降低分散相表面张力，在分散相的液滴表面形成薄膜或双电层来阻止液滴相互聚集、凝结。

在乳化液中，乳化剂分子为了达到稳定状态，在油/水两相的界面乳化剂分子亲油基伸入油相，亲水基伸入水相，不但乳化剂自身处于稳定状态，而且在客观上改变了油-水界面原来的特性，使得其中一相能在另一相中均匀地分散，形成稳定的乳化液。乳化剂的作用机理主要体现在三个方面：①降低界面张力：表面活性剂在相界面会发生吸附，表面活性剂分子会定向、紧密地吸附在油/水界面，使界面能降低，防止了油或水的聚集。例如，煤油/水的界面张力一般在 40 N/m，加入适当的表面活性剂后，其界面张力可以降低至 1 N/m 以下，煤油就比较容易分散在水中。②增加界面强度：表面活性剂在界面吸附，形成界面膜，当表面活性剂浓度较低时，界面上吸附的分子较少，界面强度较差，所形成的乳化液稳定性也差。继续增加表面活性剂溶液浓度，表面活性剂分子在界面上会形成一层紧密的界面膜，其强度相应增大，乳化液滴之间的凝聚所受到的阻力增大，形成的乳化液稳定性好。③界面电荷的产生：如果加入的表面活性剂是离子型表面活性剂，液滴表面上吸附的表面活性剂分子的亲水端是带电离子，使液滴相互接近时产生排斥力，从而防止了液滴聚集。

将水和油在混合器中搅拌时，由于界面不断分裂，界面面积急剧增大，界面能形成极大的力，凝聚的速度也急剧加快。但由于表面活性乳化剂向油-水界面吸附，乳化剂的疏水基一端溶入油中，亲水基一端留在水中，定向排成一层保护层，降低了油水两界面上的界面张力，降低了油在水中分散所需要的功，从而达到油与水乳化的目的。另外，乳化剂分子膜将液滴包住，防止了碰撞的液滴彼此合并，同时由于形成的表面双电子层具有排斥作用，防止了液滴的凝聚，从而保护了乳化液的稳定性。

2. 水合物缩核生长物理模型

在乳化油体系中，油和水的比例决定了气–水交界面积、CH_4 消耗量、反应速率和水合物结晶数量等因素。图 3.26 给出了不同油-水比条件下，液相区的油-水分布状态。图 3.26(a)中，液相区为油性质，具有中等大小的气-水交界面积、较低的 CH_4 消耗量、最快的反应速率和较少的水合物结晶数量；图 3.26(b)中，液相区为油性质，具有较大的气-水交界面积、较高的 CH_4 消耗量、最快的反应速率和最多的水合物结晶数量；图 3.26(c)中，液相区为水性质，具有最大的气-水交界面积、较高的 CH_4 消耗量、较慢的反应速率和较多的水合物结晶数量；图 3.26(d)中，液相区为水性质，具有较小的气-水交界面积、较低的 CH_4 消耗量、最慢的反应速率和较少的水合物结晶数量。

其中，图 3.26(a)和图 3.26(b)的气相区和液相区为气-油交界面，促进了 CH_4 气体向液相区传质过程，大大缩短了诱导时间；图 3.26(c)和图 3.26(d)的气相区和液相区为气-水交界面，由于 CH_4 在水中的溶解度远小于其在油中的溶解度，导致 CH_4 气体向液相区的传质过程相对缓慢，诱导时间较长。因此，选用图 3.26(b)中的油-水比体系，能有效促进水合物的生长过程。

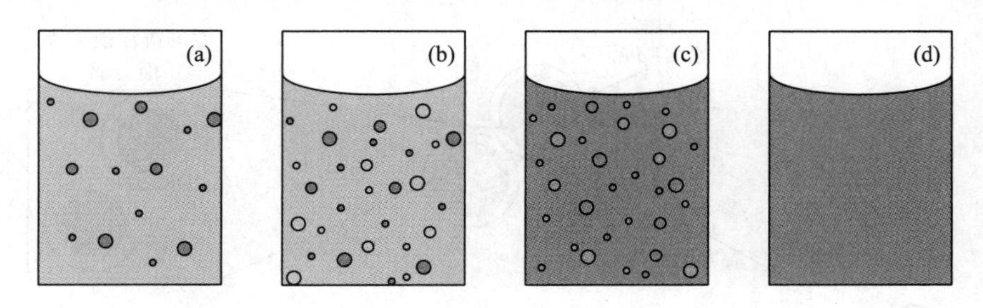

图 3.26　不同油-水比条件下的液相区分布状态

图 3.27 为单个乳化液滴的水合物壳生长过程。液滴经过水合物诱导期在其表面覆盖一层很薄的水合物小颗粒；经过成核期，水合物小颗粒将完全覆盖液滴表面，形成一层水合物薄膜，称为水合物壳；生长期中，CH_4 通过扩散作用穿过水合物壳，与水核继续形成水合物，水合物壳的厚度不断增加，直到液滴完全转化为水合物为止。

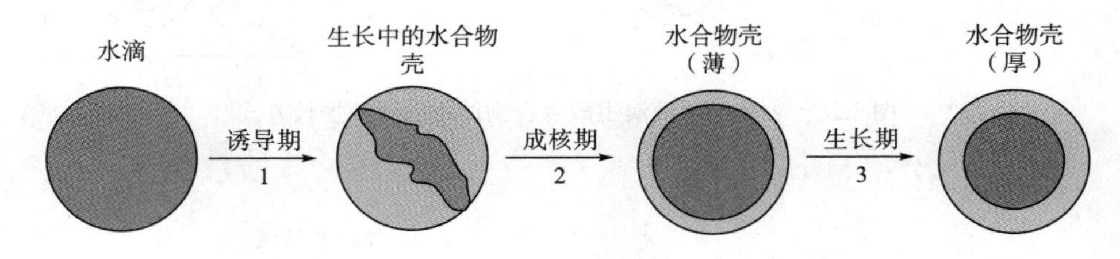

图 3.27　乳化油中单个液滴的水合物外壳生长过程示意图

在乳化液滴不断向水合物转化的过程中，始终伴随着水合物的聚集和结块过程。如图 3.28 所示，液滴转化为水合物过程的两种生长方式：①聚集和结块；②生成独立的水合物颗粒。当部分液滴处于诱导期时，初步形成的水合物壳的界面排斥力较弱，水合物会聚集在一起，进而结块并共同形成块状水合物；当液滴处于成核期时，水合物壳的空间排斥能力很强，水合物将保持独立形态，继续形成水合物直到完全转化为止。

油包水乳化液中，油是连续相，乳化水滴是分散相，反应釜中各相之间 CH_4 浓度的变化趋势如图 3.29 所示。为了简化模型，气相区和油–液两相区的扩散过程看作单膜扩散。当气-油界面处于平衡状态时，CH_4 浓度存在一定的浓度梯度，由气相向油相逐渐递减。液滴外表面到水核外表面区域，逐渐生长的水合物壳将限制 CH_4 从油-液两相区向液滴扩散，导致水核中 CH_4 浓度随着水合物的生长急剧下降。随着水合物薄膜的形成和生长，水合物外壳将更加限制液滴与乳化油之间的传热传质，使得水合物壳的进一步生长只能消耗液滴的累积 CH_4 量，进而形成缩核过程。

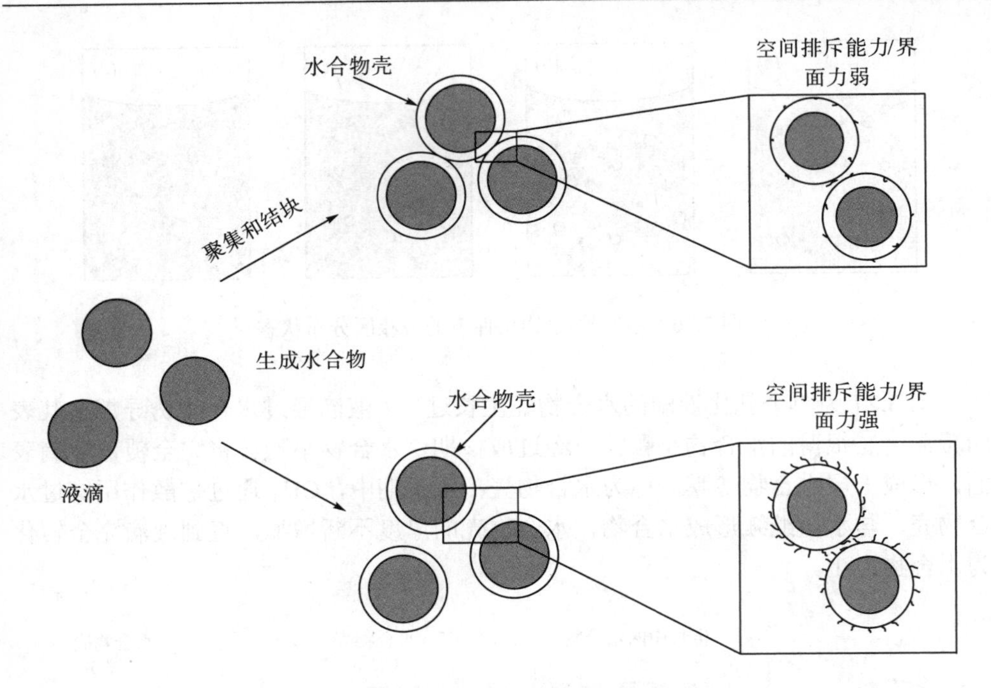

图 3.28 乳化油中液滴生成水合物过程的两种生长方式

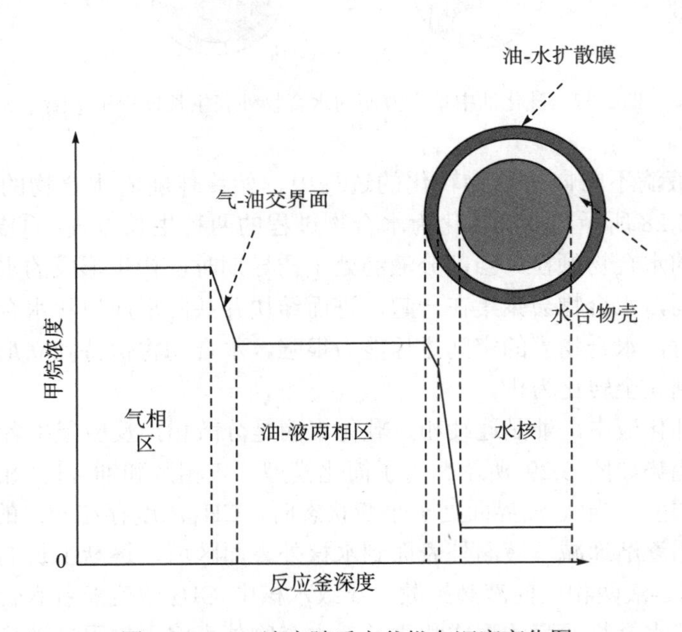

图 3.29 CH_4浓度随反应釜纵向深度变化图

3. 油-液两相区 CH_4 溶解度

根据薛海涛等[47, 48]提出的工业常用地面油 CH_4 溶解能力经验模型，对 CH_4 在乳化油中的溶解度进行计算，具体公式如下：

$$\begin{cases} R_s = 22400 K P \rho_o X_T / (1+\alpha K P) M_T \\ \ln K = 481.741 \dfrac{1}{T} - 18.3874 \\ \alpha = 0.0002763\tau - 0.06333 \end{cases} \tag{3.50}$$

式中，R_s 为气油比；ρ_o 为原油的密度；X_T 为烃的重量分数；M_T 为烃的平均分子量。K 的标定采用绝对温度 T，α 的标定采用标准温度 τ。

$$S_o = R_s / 22400 \tag{3.51}$$

其中，S_o 表示 CH_4 气体在乳化油中的溶解度。当油-液两相区处于平衡态时，乳化油中的 CH_4 溶解度达到饱和，CH_4 浓度为

$$C_{CH_4,o} = S_o = \frac{n_{CH_4,o}}{V_o} \tag{3.52}$$

式中，V_o 为原油的体积；$n_{CH_4,o}$ 为乳化油中溶解的 CH_4 物质的量。

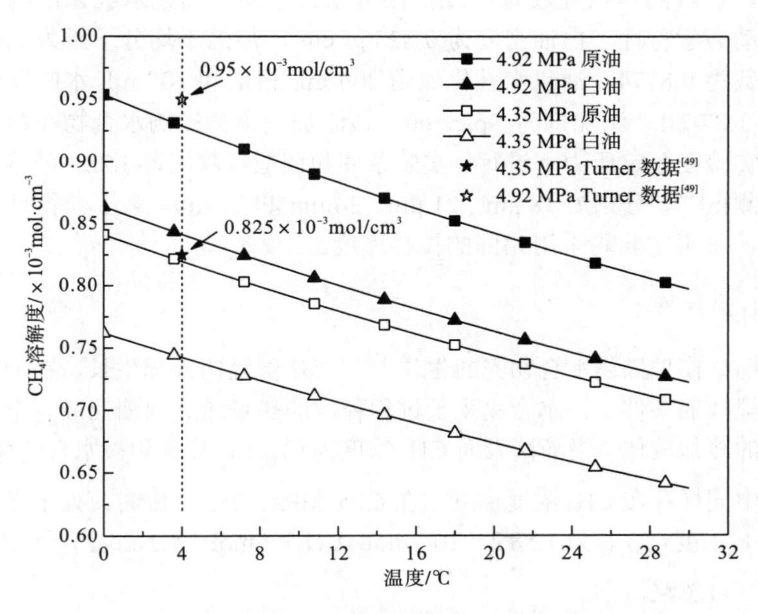

图 3.30　CH_4 气体在白油和原油中的溶解度

采用与 Turner 模型[49]相同的工况(温度 277.2 K，压力分别为 4.35 MPa 和 4.92 MPa)计算出 CH_4 在原油中的溶解度 S_o 随温度的变化关系，如图 3.30 所示。本

模型与 Turner 计算 4.35 MPa 下原油中 CH_4 浓度的结果分别为 0.819×10^{-3} mol/cm^3 和 $(0.820 \pm 0.005) \times 10^{-3}$ mol/cm^3；4.92 MPa 下的结果分别为 0.930×10^{-3} mol/cm^3 和 $(0.950 \pm 0.03) \times 10^{-3}$ mol/cm^3。两种模型计算结果偏差较小，主要是由于选用原油的平均分子量与实际使用的原油分子量有细微差别，且 Turner 模型中 $k_{g\text{-}o}$ 参数是通过实验数据回归计算获得的，本身存在一定误差，不能普遍适用于其他工况下的水合物生成预测。因此，本模型与 Turner 模型的计算结果呈现较好的一致性。同时，预测了不同压力条件下 CH_4 气体在白油中的溶解度，CH_4 的溶解度随着温度的升高而降低。另外，相同压力条件下，CH_4 气体在白油中的溶解度略低于其在原油中的溶解度。

4. 乳化液滴形成水合物的动力学模型

由于本章模拟工作与课题组的乳化油实验工作同时进行，旨在将实验数据与模拟数据相结合，深度揭示和分析乳化油体系下的水合物生长机理和特性，故模型中所需的实验装置相关参数及物料参数按照本课题组实际使用的实验装置和物料给出。根据 Turner 等[46]的最佳油水比测试数据，水的体积分数为 35%的组分下乳化液的诱导时间最短且初始生长率最高。采用工业白油的物性参数模拟原油，在水的体积分数为 35%的组分条件下研究油包水乳化液滴形成气体水合物的动力学特性，白油密度为 0.825 g/ cm^3，烃的平均分子量为 253.36，烃的重量分数为 0.8774。油包水乳化液由 200 mL 白油和 107 mL 水配制而成，即油水比为 1.87∶1，添加剂为 Span-60，该添加剂不会影响水合物在白油中的生成特性。实验在恒定压力下进行，实验条件和模型参数见表 3.22，液滴半径采用 FBRM 法测得[46]，分别为 18 μm、21 μm、24 μm 和 27 μm。为了获得理论模型的修正系数，每组实验均采用相同的搅拌速度。

1) CH_4 消耗量

采用缩核模型描述水合物壳的生长[50]，忽略液滴向外部生长。在油包水乳化体系存在搅拌的条件下，水合物生长过程释放的热量通过周围油液完全传递给低温恒温槽的冷却液体。当液滴表面 CH_4 浓度为 $C_{CH_4,h}$，并开始被水合物膜覆盖时，水合物壳中同样存在 CH_4 浓度梯度。在 6.05 MPa、283.2 K 时，处于平衡态的水相区的 CH_4 浓度 $C_{CH_4,W}$ 为 1.585×10^{-3} mol（CH_4）/ mol（水），远小于 CH_4 在油中的溶解度，可忽略。

对 CH_4 分子通过油-水/水合物界面进出水滴/水合物壳的扩散过程建立平衡方程：

$$\begin{cases} \zeta_{CH_4,d} 4\pi r^2 |_{in} - \zeta_{CH_4,d} 4\pi r^2 |_{out} - \zeta_{CH_4,d} 4\pi (r+\Delta r)^2 = 0 \\ \dot{\zeta}_{CH_4,d} = n_{CH_4,d} / A_d \end{cases} \tag{3.53}$$

式中，r 是液滴半径，$\zeta_{CH_4,d}$ 是通过表面积为 A_d 的液滴的 CH_4 扩散量。对方程(3.53)从 $\Delta r \to 0$ 求极限，并对水合物壳使用菲克扩散定律，得到关于 r 的浓度函数：

$$\begin{cases} \dfrac{d(\zeta_{CH_4,d} r^2)}{dr} = 0 \\ \zeta_{CH_4,d} = -D_{CH_4,h} \dfrac{dC_{CH_4,d}}{dr} \end{cases} \Rightarrow \frac{d}{dr}\left(r^2 \frac{dC_{CH_4,d}}{dr}\right) = 0 \tag{3.54}$$

式中，$D_{CH_4,h}$ 表示 CH_4 通过水合物壳的扩散率；$C_{CH_4,d}$ 是半径为 r 的液滴中的 CH_4 浓度。对实验数据进行拟合，用回归方法可求出每组数据对应的扩散率，进而计算平均值，具体数据见表 3.22。

表 3.22　实验条件和模型计算参数

水分含量/ vol%	温度/ K	压力/ MPa	液滴平均半径 / 10^{-6} m	$D_{CH_4,h}$ / (cm^2/s)
35	277.2	4.35	18	1.37×10^{-12}
			21	1.41×10^{-12}
			24	1.44×10^{-12}
			27	1.49×10^{-12}
		4.92	18	1.47×10^{-12}
			21	1.53×10^{-12}
			24	1.58×10^{-12}
			27	1.63×10^{-12}

表中 $D_{CH_4,h}$ 将作为理论模型的修正系数，通过对多组实验数据的拟合得出，$D_{CH_4,h}$ 的最终平均值为 $(1.49 \pm 0.6) \times 10^{-12}$ cm^2/s。

将方程(3.54)与边界条件结合。在液滴外表面，$r = r_d$，$C_{CH_4,d} = C_{CH_4,0}$；在水核外表面，$r = r_c(t)$，$C_{CH_4,d} \approx 0$。

$$\frac{C_{CH_4,d}}{C_{CH_4,0}} = \frac{r - r_c}{r_d - r_c} \frac{r_d}{r} \tag{3.55}$$

根据质量守恒定律，水合物在液滴中的生长过程表示为

$$0+0+n_{CH_4,d} 4\pi r_c^2 = \frac{d\left(\dfrac{4}{3}\pi r^3 \rho_h \theta_{g\text{-}h}\right)}{dt} \tag{3.56}$$

ρ_h 为水合物的密度，$\theta_{g\text{-}h}$ 是 1 mol 水合物中所包含的 CH_4 物质的量。式(3.56)简化为

$$\frac{dr_c}{dt} = \frac{n_{CH_4,d}}{\rho_h \theta_{g\text{-}h}} \tag{3.57}$$

联立方程(3.55)、(3.56)和(3.57)，得出水核半径随时间的变化关系：

$$\frac{\mathrm{d}r_c}{\mathrm{d}t}=\frac{D_{CH_4,h}C_{CH_4,0}}{\rho_h\theta_{g\text{-}h}}\frac{r_d}{r_c(r_c-r_d)} \tag{3.58}$$

当 $t=0$ 时，$r_c=r_d$；可得出水合物壳厚度 r_d-r_c 随时间变化的方程，结合水合物壳中 CH_4 气体物质的量方程，

$$\begin{cases}1-3\left(\dfrac{r_c}{r_d}\right)^2+2\left(\dfrac{r_c}{r_d}\right)^3=\dfrac{6D_{CH_4,h}C_{CH_4,0}}{\rho_h r_d^2\theta_{g\text{-}h}\mathrm{t}}\\ n_{CH_4,h}=\dfrac{4}{3}\pi\rho_h\theta_{g\text{-}h}(r_d^3-r_c^3)\end{cases} \tag{3.59}$$

得出 t 时刻水合物壳生长所消耗的 CH_4 量 $n_{CH_4,h}$，

$$\begin{cases}n_{CH_4,h}=\dfrac{1}{3}\pi r_d^3\rho_h\theta_{g\text{-}h}[4-\dfrac{1}{2}(\varphi^{\frac{1}{3}}+\varphi^{-\frac{1}{3}}+1)]^{\frac{1}{3}}\\ \varphi=\dfrac{12D_{CH_4,h}C_{CH_4,o}}{\rho_h r_d^2\theta_{g\text{-}h}}\left(\mathrm{t}+\sqrt{\mathrm{t}^2-\dfrac{\rho_h r_d^2\theta_{g\text{-}h}}{6D_{CH_4,h}C_{CH_4,o}}\mathrm{t}}\right)-1\end{cases} \tag{3.60}$$

方程(3.60)表示乳化油生成水合物所消耗的 CH_4 量随时间的变化关系，$n_{CH_4,h}$ 表示半径为 r_d 的液滴在 t 时刻所转化的水合物中 CH_4 物质的量。

2)反应速率和水合物转化率

对方程(3.60)求导，得出水合物的反应速率：

$$\frac{\mathrm{d}n}{\mathrm{d}t}=4\pi r_d D_{CH_4,h}C_{CH_4,O}\left[\left(1-n_{CH_4,h}\middle/\frac{4}{3}\pi r_d^3\rho_h\theta_{g\text{-}h}\right)^{-\frac{1}{3}}-1\right]^{-1} \tag{3.61}$$

对油包水乳化体系采用平均液滴半径进行计算，乳化油中总水合物转化率等于单独液滴的水合物转化率。假设所有液体水在反应终了时均转化为水合物，根据方程(3.59)计算出水合物的转化率 η_h：

$$\eta_h=\frac{n_{CH_4,h}}{\dfrac{4}{3}\pi r_d^3}=\rho_h\theta_{g\text{-}h}\left(1-\frac{r_c}{r_d}\right)^3 \tag{3.62}$$

方程(3.60)可预测出：当油液中 CH_4 浓度为 $C_{CH_4,o}$ 时，所消耗气体物质的量 $n_{CH_4,h}$ 与时间 t 的关系。尽管方程(3.50)给出了计算 $C_{CH_4,o}$ 的模型，但是乳化油中 CH_4 浓度不断变化，取决于乳化液的初始 CH_4 浓度、CH_4 从气相区向油-液两相区的扩散率，以及水合物生成过程从乳化油中吸收的 CH_4 量。

5. 结果与讨论

1) 不同半径液滴的 CH_4 消耗量

图 3.31 给出了白油-水乳化液中不同液滴半径的 CH_4 消耗量、水合物储气量(单位体积的天然气水合物在标准状态下所储存的气体体积)和白油中 CH_4 浓度的变化情况。乳化液的 CH_4 浓度由方程(3.50)、方程(3.51)、方程(3.52)给出，CH_4 消耗量由方程(3.59)给出。模型计算采用液滴平均尺寸，假设水合物壳的初始厚度从 0 开始稳定增长，当完整水合物壳形成时，其本身具有一定的厚度[47]。

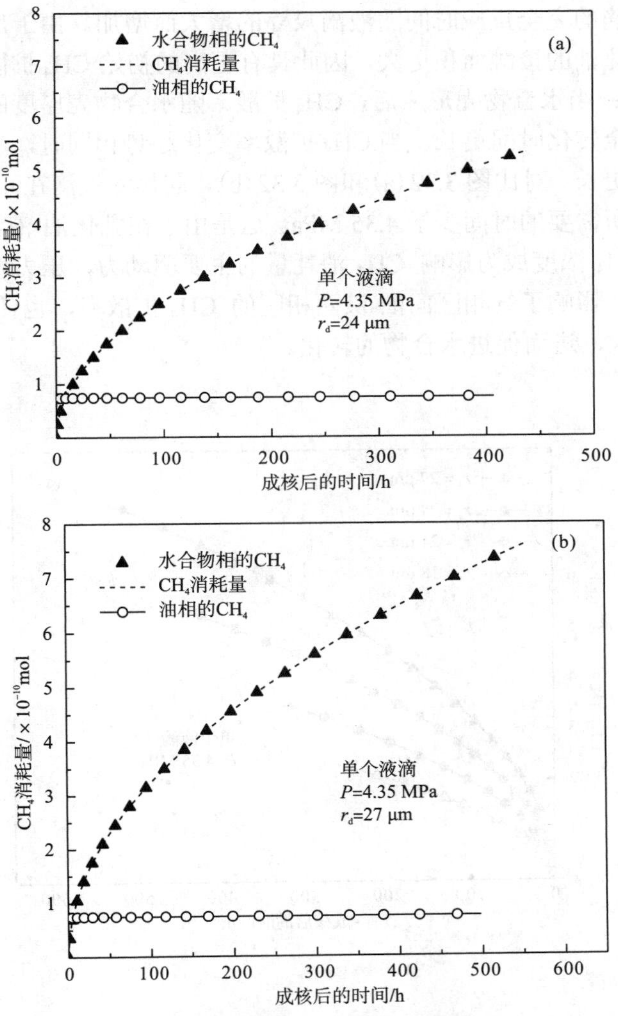

图 3.31　不同尺寸液滴转化时的 CH_4 消耗量(277.2 K 和 4.35 MPa)

由图 3.31(a)和图 3.31(b)可知，当水合物壳生成后，尺寸较小的液滴完全转化为水合物所需时间小于尺寸较大的液滴，其原因主要是大尺寸液滴的水核体积较大，完全转化所需 CH_4 量更多，而随着水合物壳的逐渐形成和生长，其厚度不断增加，对 CH_4 的扩散过程产生阻力，使得 CH_4 通过水合物壳进入水核区域的扩散量逐步减小，单位时间内的 CH_4 扩散率降低。因此，水核完全转化为水合物所需的时间更长。

2)不同压力下液滴的 CH_4 消耗量

图 3.32 给出了水的体积分数为 35%组分的乳化油单个液滴在不同压力下 CH_4 消耗量与液滴半径的变化关系。当压力恒定时，CH_4 消耗量随液滴尺寸的减小而降低，单个液滴的完全反应时间随液滴尺寸的增大而增加。由于反应初始阶段大尺寸液滴与乳化油的接触面积更大，因此具有更高的初始 CH_4 扩散率和更大的初始 CH_4 消耗量；当水合物壳形成后，CH_4 扩散率随水合物壳厚度的增加而减小，使得水核的完全转化时间更长。当 CH_4 扩散率变化趋势相同时，半径大的液滴完全转化的时间更长。对比图 3.32(a)和图 3.32(b)，同尺寸液滴在 4.92 MPa 下完全转化为水合物所需要的时间少于 4.35 MPa。这是由于在乳化油-液滴/水合物界面，乳化油中的 CH_4 浓度成为影响 CH_4 消耗量的主要驱动力，压力增加使得气相区 CH_4 浓度增加，影响了气相区向油-液两相区的 CH_4 扩散率，也使油-液两相区的 CH_4 溶解度增大，进而促进水合物的转化。

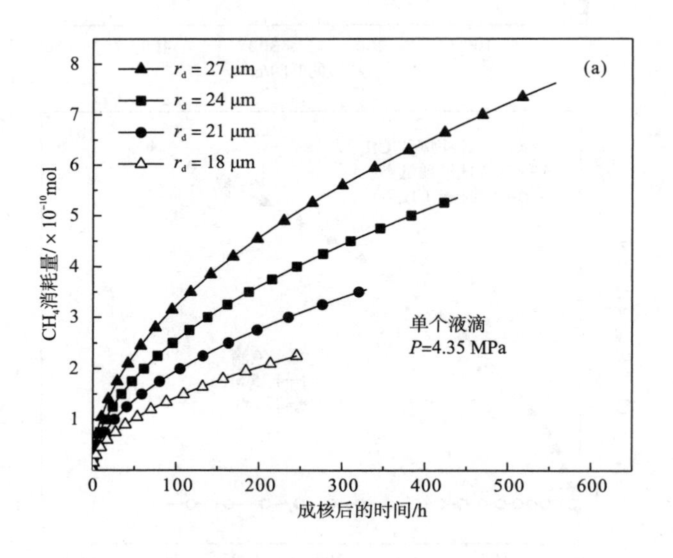

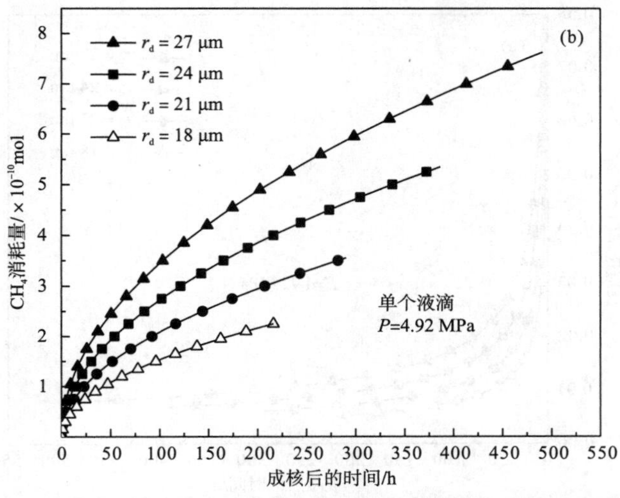

图 3.32　水合物生长过程中单个液滴的 CH_4 消耗量与液滴半径的关系

3) 不同压力下液滴的反应速率

图 3.33 给出了不同尺寸液滴的水合反应速率随时间的变化关系。反应起始阶段，液滴与乳化油完全接触，CH_4 扩散量大，导致水合物生成速率大；随着液滴表面水合物壳的形成和增长，从油相区通过水合物壳进入水核的 CH_4 扩散量逐渐减少，导致水合物-水的反应界面得不到充分的 CH_4 补给，同时水滴内部溶解的 CH_4 逐渐被消耗，最终使得反应速率降至最低。对比图 3.33(a) 和 3.33(b) 可知，在压力的影响下，CH_4 浓度成为主要驱动力，相同尺寸的液滴在 4.92 MPa 下完全转化的时间少于 4.35 MPa。需要注意的是，CH_4 在水中的溶解度远小于白油中的溶解度，因此水合物壳阻碍 CH_4 扩散是反应速率降低的主要因素。

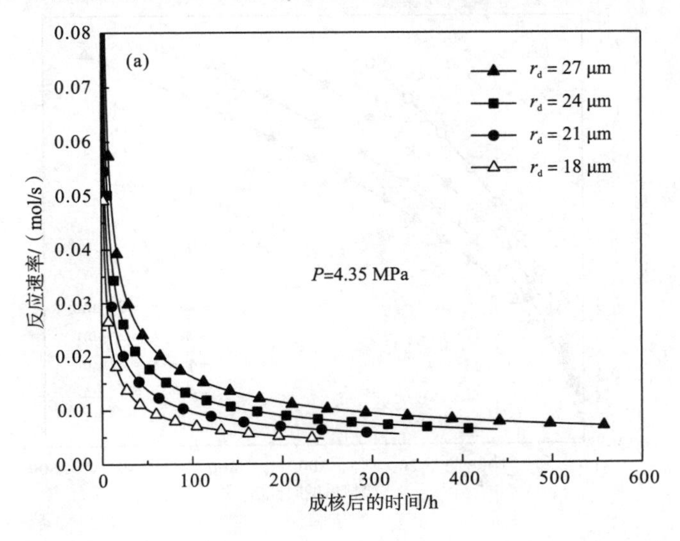

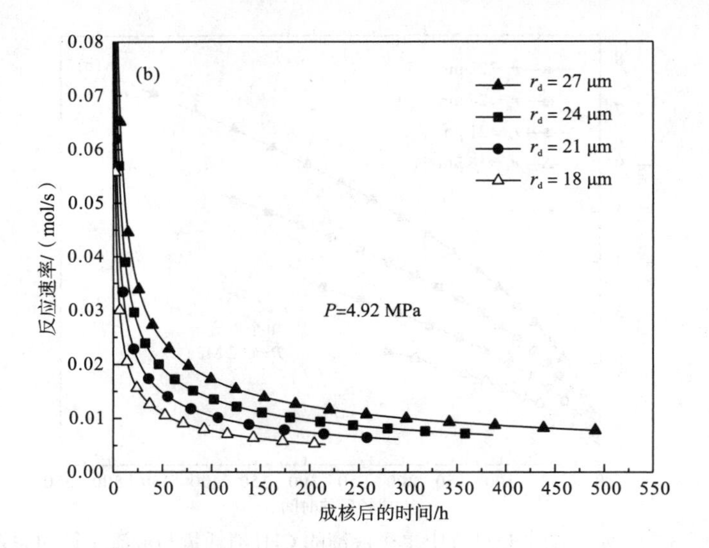

图 3.33　不同半径液滴的反应速率随时间的变化关系

4）不同压力下液滴的水合物转化率

图 3.34 为单个乳化液滴的水合物转化率随时间的变化情况。如图所示，在同一时刻，水合物转化率随着液滴半径的增加而减小，这主要是由于相同体积的水被均匀乳化，液滴半径小，则乳化液滴数量多，因此比表面积更大，完全转化为水合物所需的时间短。对比图 3.34(a)和图 3.34(b)，当系统压力升高后，在相同时间内水合物转化率随着液滴半径的增大而减小。由于乳化油中 CH_4 饱和溶解度随着压力的升高而增大，导致液滴与乳化油的浓度差增大，CH_4 的扩散率大，因此相同尺寸的液滴在 4.92 MPa 下的转化率高于 4.35 MPa。

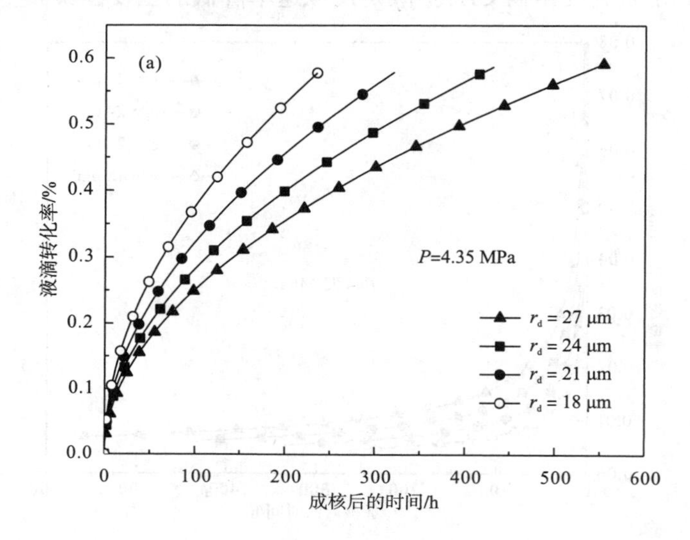

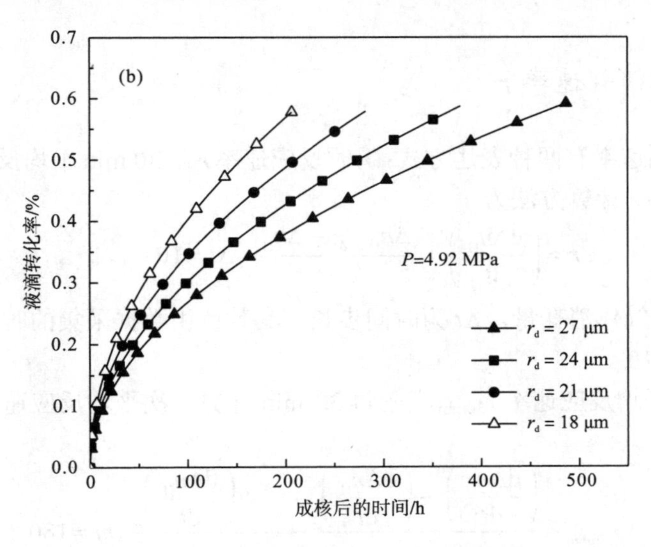

图 3.34　不同半径液滴的水合物转化率

3.3.2　宏观动力学评价

为了明确添加剂对水合物法提纯低浓度煤层气的促进效果，揭示促进机理，需要对动力学实验特征参数进行定量计算，其中包括气体消耗量、气体消耗速率、CH_4 回收率、分离因子、分解焓等，具体计算方法如下。

1. 气体消耗量Δn_{H}

气体消耗量表示气体溶解和水合物生长过程所捕捉的低浓度煤层气的气体摩尔量，其计算方法为气相中原料气体初始摩尔量减去反应结束后气相中剩余的气体摩尔量，表达式如下：

$$\Delta n_{\mathrm{H}} = \sum_{i=1}^{3} \Delta n_i = \sum_{i=1}^{3} \left[\left(\frac{PV}{zRT} \right)_{i,0} - \left(\frac{PV}{zRT} \right)_{i,t} \right] \tag{3.63}$$

式中，数字 3 表示低浓度煤层气 3 种组分；t 表示水合物反应进行的时间；P、V、T、z 分别表示 t 时刻对应的气相压力、体积、温度和气体压缩因子，其中压缩因子 z 可由 Pitzer 关联式计算出：

$$z = 1 + B^0 \frac{P_r}{T_r} + \omega B^1 \frac{P_r}{T_r} \tag{3.64}$$

式中，B^0 与 B^1 可通过 Abbott 公式计算。

2. 气体消耗速率 r

气体消耗速率有两种表达方式：瞬时反应速率 r 和 30 min 平均反应速率 $r_{30\min}$。瞬时反应速率 r 计算方法为

$$r=\left(\frac{\mathrm{d}\Delta n_{\mathrm{H}}}{\mathrm{d}t}\right)_t=\frac{\Delta n_{\mathrm{H},t+\Delta t}-\Delta n_{\mathrm{H},t}}{\Delta t},\Delta t=10\ \mathrm{s} \tag{3.65}$$

式中，Δn_{H} 为气体消耗量，Δt 为时间步长，其数值由数据采集的时间间隔决定，本研究中 Δt=10 s。

30 min 平均反应速率 $r_{30\min}$ 表示每 30 min 计算一次平均反应速率，具体计算方法为

$$r_{30\min}=\frac{\left(\frac{\mathrm{d}\Delta n_{\mathrm{H}}}{\mathrm{d}t}\right)_1+\left(\frac{\mathrm{d}\Delta n_{\mathrm{H}}}{\mathrm{d}t}\right)_2+\cdots+\left(\frac{\mathrm{d}\Delta n_{\mathrm{H}}}{\mathrm{d}t}\right)_m}{m},m=180 \tag{3.66}$$

3. CH_4 回收率 R_{CH_4} 与分离因子 S

目标气体的回收率（CH_4 recovery, R_{CH_4}）与分离因子（separation factor, S）等定量评价参数可评价水合物法分离混合气的分离效率。CH_4 回收率的计算方法为

$$R_{CH_4}=\frac{\Delta n_{CH_4}}{n_{CH_4}^{\mathrm{feed}}}\times 100\% \tag{3.67}$$

式中，Δn_{CH_4} 为反应过程 CH_4 的摩尔消耗量；$n_{CH_4}^{\mathrm{feed}}$ 为原料气体中 CH_4 摩尔量。

CH_4 分离因子 S 越大，表明 CH_4 提纯效果越好，其计算公式为

$$S=\frac{\Delta n_{CH_4}(n_{N_2}^{\mathrm{gas}}+n_{O_2}^{\mathrm{gas}})}{n_{CH_4}^{\mathrm{gas}}(\Delta n_{N_2}+\Delta n_{O_2})} \tag{3.68}$$

式中，Δn_{CH_4}、Δn_{N_2}、Δn_{O_2} 分别表示反应过程消耗的 CH_4、N_2、O_2 摩尔量；$n_{CH_4}^{\mathrm{gas}}$、$n_{N_2}^{\mathrm{gas}}$、$n_{O_2}^{\mathrm{gas}}$ 分别表示为反应结束时刻气相空间剩余的 CH_4、N_2、O_2 摩尔量。

4. 分解焓

分解焓可根据相平衡数据，由克劳修斯-克拉贝隆方程计算得出：

$$\frac{\mathrm{d}\ln P}{\mathrm{d}(1/T)}=-\frac{\Delta H}{zR} \tag{3.69}$$

式中，P、T 分别表示相平衡压力与温度；ΔH 表示分解焓；z 表示压缩因子；R 表示气体常数。

主要参考文献

[1] 樊栓狮. 天然气水合物储存与运输技术[M]. 北京：化学工业出版社, 2005.

[2] Barrer R M, Stuart W I. Ion exchange and the thermodynamics of intracrystalline sorption. I. Energetics of occlusion of argon and nitrogen by faujasite-type crystals [J]. Proceedings of the Royal Society of London, 1959, 249: 464-483.

[3] van der Waals J H, Platteeuw J C. Clathrate Solutions[M]. Amsterdam：Advances in Chemical Physics, 1959.

[4] Parrish W R, Prausnitz J M. Dissociation pressures of gas hydrates formed by gas mixtures[J]. Industrial & Engineering Chemistry Process Design and Development, 1972, 11(3): 27-35.

[5] Holder G D, Gorbin G, Papadopoulos K D. Thermodynamic and molecular properties of gas hydrates from mixtures containing methane, argon and krypton[J]. Industrial & Engineering Chemistry Fundamentals, 1980, 19(3): 282-286.

[6] John V T, Papadopoulos K D, Holder G D. A generalized model for predicting equilibrium conditions for gas hydrates[J]. Aiche Journal, 1985, 31(2): 252-259.

[7] Ng H J, Robinson D B. The measurement and prediction of hydrate formation in liquid hydrocarbon-water systems[J]. Industrial & Engineering Chemistry Research Fundamentals, 1976, 15(4): 293-297.

[8] 杜亚和, 郭天民. 天然气水合物生成条件的预测 I .不含抑制剂的体系[J]. 石油学报(石油加工), 1988, 4(3): 82-92.

[9] 杜亚和, 郭天民. 天然气水合物生成条件的预测 II .注甲醇体系[J]. 石油学报(石油加工), 1988, 4(4): 67-76.

[10] Chen G J,Guo T M. Thermodynamic modeling of hydrate formation based on new concepts[J]. Fluid Phase Equilib,1996, 122(1-2): 43-65.

[11] Ma Q L, Chen G J, Guo T M. Modelling the gas hydrate formation of inhibitor containing systems [J]. Fluid Phase Equilib, 2003, 205(2): 291-302.

[12] Zhang S X, Chen G J, Ma C F, et al. Measurement and calculation of hydrate formation conditions for gas mixtures containing hydrogen[J]. Journal of Chemical Industry and Engineering,2003, 54(1): 24-28.

[13] Riboiro J C P, Lage P L C. Modelling of hydrate formation kinetics: state-of-the-art and future directions[J]. Chemical Engineering Science, 2008, 63(8): 2007-2034.

[14] 史博会, 宫敬. 流动体系天然气水合物生长研究进展[J]. 化工机械, 2010, 37(2): 249-256.

[15] Jhaveri J, Robinson D B. Hydrate in methane-nirogen system[J]. Canadian Journal of Chemical Engineering, 1965, 43(2):75-78.

[16] Sloan Jr E D, Koh C A. Clathrate hydrates of natural gases[M]. Boca Raton: CRC Press, 2008.

[17] Ballard A L, Sloan E D. The next generation of hydrate prediction I. Hydrate standard states and incorporation of spectroscopy[J]. Fluid Phase Equilibria, 2002, 194: 371-383.

[18] Holder G D, Gorbin G, Papadopoulos K D. Thermodynamic and molecular properties of gas hydrates from mixtures containing methane, argon and krypton[J]. Industrial & Engineering Chemistry Fundamentals, 1980, 19(3): 282-286.

[19] Holderbaum H, Gmehling G. PSRK: A group contribution equation of state based on UNIFAC[J]. Fluid Phase Equilib, 1991, 70(2-3): 251-265.

[20] Fischer K, Gmehling J. Further development, status and results of the PSRK method for the prediction of vapor-liquid equilibria and gas solubilities[J]. Fluid Phase Equilibria, 1996, 121(1-2):185-206.

[21] Heidemann R A, Prausnitz J M. Equilibrium data for wet-air oxidation and thermodynamic properties of saturated combustion gases[J]. Industrial & Engineering Chemistry Process Design & Development, 1977, 16(3): 375-381.

[22] Krichevsky I R, Kasarnovsky J S. Thermodynamical calculations of solubilities of nitrogen and hydrogen in water at high pressures[J]. Journal of the American Chemical Society, 1935, 57(11): 2168-2171.

[23] Dendy Sloan S E. Clathrate hydrates of natural gases[M]. Second Edition. New York：Marcel Dekker, 1998.

[24] Sander B O, Jorgensen S S, Rasmussen P. Gas solubility calculations. I. Unifac[J]. Fluid Phase Equilib, 1983, 11(2): 105-126.

[25] Tzirakis F, Stringari P, von Solms N, et al. Hydrate equilibrium data for the CO_2+N_2 system with the use of tetra-n-butylammonium bromide（TBAB）, cyclopentane（CP）and their mixture[J]. Fluid Phase Equilibria, 2016, 408: 240-247.

[26] Zhong D L, Daraboina N, Englezos P. Recovery of CH_4 from coal mine model gas mixture（CH_4/N_2）by hydrate crystallization in the presence of cyclopentane[J]. Fuel, 2013, 106(4): 425-430.

[27] Zhong D L, Ding K, Yang C, et al. Phase equilibria of clathrate hydrates formed with CH_4+ N_2+ O_2 in the presence of cyclopentane or cyclohexane[J]. Journal of Chemical and Engineering Data, 2012, 57(12): 3751-3755.

[28] Ripmeester J A, Ratcliffe C J. Low-temperature cross-polarization/magic angle spinning carbon-13 NMR of solid methane hydrates: structure, cage, occupancu, and hydration number[J]. Journal of Chemical Physics, 1988, 92(2): 337-339.

[29] Jeffrey G A. Water structure in organic hydrates[J]. Accounts of Chemical Research, 1969, 2(11): 344-352.

[30] Kamata Y, Oyama H, Shimada W, et al. Gas separation method using tetra-n-butyl ammonium bromide semi-clathrate hydrate[J]. Japanese Journal of Applied Physics, 2004, 43(1): 362-365.

[31] Kim S, Baek I H, You J K, et al. Guest gas enclathration in tetra-n-butyl ammonium chloride（TBAC）semiclathrates: Potential application to natural gas storage and CO_2 capture[J]. Applied Energy, 2015, 140: 107-112.

[32] Makino T, Yamamoto T, Nagata K, et al. Thermodynamic stabilities of tetra-n-butyl ammonium chloride + H_2, N_2, CH_4, CO_2, or C_2H_6 semiclathrate hydrate systems[J]. Journal of Chemical and Engineering Data, 2010, 55(2): 839-841.

[33] Aladko L S, Dyadin Y A, Rodionova T V, et al. Clathrate hydrates of tetrabutylammonium and tetraisoamylammonium halides[J]. Journal of Structural Chemistry, 2002, 43(6): 990-994.

[34] Hashimoto S, Sugahara T, Moritoki M, et al. Thermodynamic stability of hydrogen plus tetra-n-butyl ammonium bromide mixed gas hydrate in nonstoichiometric aqueous solutions[J]. Chemical Engineering Science, 2008, 63(4): 1092-1097.

[35] Oyama H, Shimada W, Ebinuma T, et al. Phase diagram, latent heat, and specific heat of TBAB semiclathrate hydrate crystals[J]. Fluid Phase Equilibria, 2005, 234(1-2): 131-135.

[36] Oshima M, Kida M, Nagao J. Thermal and crystallographic properties of tetra-n-butylammonium bromide plus tetra-n-butylammonium chloride mixed semiclathrate hydrates[J]. Journal of Chemical and Engineering Data, 2016, 61(9): 3334-3340.

[37] Sun Z G, Liu C G, Zhou B, et al. Phase equilibrium and latent heat of tetra-n-butylammonium chloride semi-clathrate hydrate[J]. Journal of Chemical and Engineering Data, 2011, 56(8): 3416-3418.

[38] Smith J M, Van Ness H C, Abbott M W. Introduction to chemical engineering thermodynamics[M]. New York:Mcgraw-Hill,2001.

[39] Kim S, Baek I H, You J K, et al. Phase equilibria, dissociation enthalpies, and Raman spectroscopic analyses of N_2 + tetra-n-butyl ammonium chloride (TBAC) semiclathrates[J]. Fluid Phase Equilibria, 2016, 413: 86-91.

[40] Fan S S, Li Q, Nie J H, et al. Semiclathrate Hydrate phase equilibrium for CO_2/CH_4 gas mixtures in the presence of tetrabutylammonium halide (bromide, chloride, or fluoride) [J]. Journal of Chemical & Engineering Data, 2013, 58(11): 3137-3141.

[41] Zhong D L, Ye Y, Yang C. Equilibrium conditions for semiclathrate hydrates formed in the CH_4 + N_2 + O_2 + tetra-n-butyl ammonium bromide systems[J]. Journal of Chemical and Engineering Data, 2011, 56(6): 2899-2903.

[42] Tohidi B, Danesh A, Todd A C, et al. Equilibrium data and thermodynamic modelling of cyclopentane and neopentane hydrates[J]. Fluid Phase Equilib, 1997, 138(1-2): 241-250.

[43] Tohidi B, Danesh A, Burgass R W, et al. Equilibrium data and thermodynamic modelling of cyclohexane gas hydrates[J]. Chemical Engineering Science, 1996, 51(1): 159-163.

[44] Mohammadi A H, Richon D. Phase equilibria of binary clathrate hydrates of nitrogen plus cyclopentane/cyclohexane/methyl cyclohexane and ethane plus cyclopentane/cyclohexane/methyl cyclohexane[J]. Chemical Engineering Science, 2011, 66(20):4936-4940.

[45] Galfre A, Fezoua A, Ouabbas Y, et al. In carbon dioxide hydrates crystallisation in emulsion[J]. Chemical Engineering Science, 2011, 66(20):4936-4940.

[46] Turner D J, Miller K T, Sloan E D. Methane hydrate formation and an inward growing shell model in water-in-oil dispersions[J]. Chemical Engineering Science, 2009, 64(18): 3996-4004.

[47] 薛海涛, 刘灵芝. 天然气在大庆原油中的溶解度[J]. 大庆石油学院学报, 2001, 25(2): 12-15.

[48] 薛海涛，卢双舫，付晓泰. 甲烷、二氧化碳和氮气在油相中溶解度的预测模型[J]. 石油与天然气地质，2005, 26(4): 444-449.

[49] Turner D J, Miller K T, Sloan E D. Direct conversion of water droplets to methane hydrate in crude oil[J]. Chemical Engineering Science, 2009, 64(23): 5066-5072.

[50] Zhong D L, Yang C, Liu D P, et al. Experimental investigation of methane hydrate formation on suspended water droplets[J]. Journal of Crystal Growth, 2011, 327(1): 237-244.

第 4 章　溶液搅拌体系的提纯实验研究

4.1　实 验 装 置

4.1.1　气体水合物高压实验装置

用于气体水合物法提纯低浓度煤层气的高压实验装置主要由高压可视反应釜、低温恒温槽、气体管路系统和数据采集系统四个部分组成，图 4.1 为实验装置示意图，图 4.2 为实验装置实物图[1]。

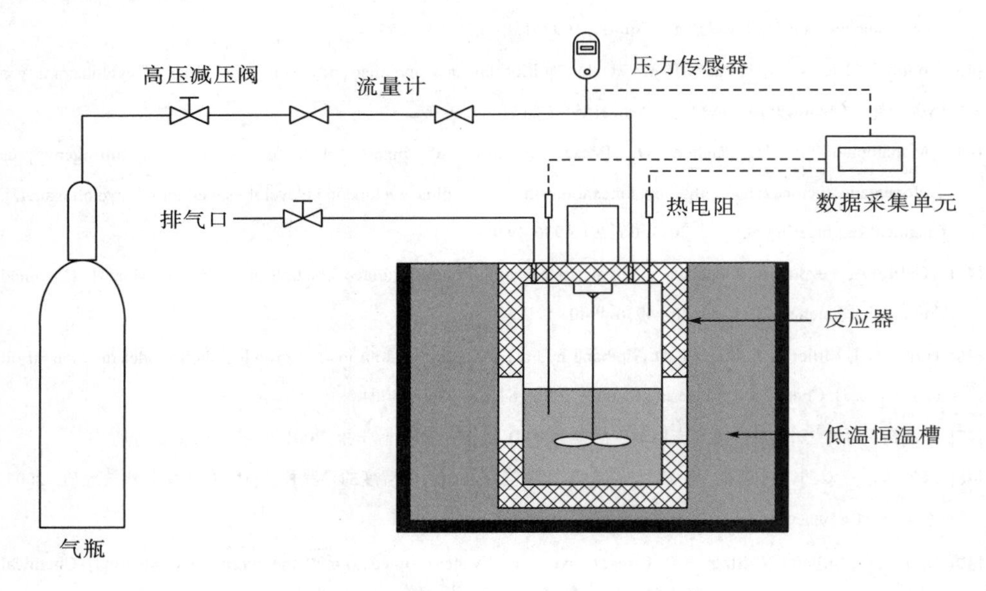

图 4.1　低浓度煤层气提纯的实验装置示意图

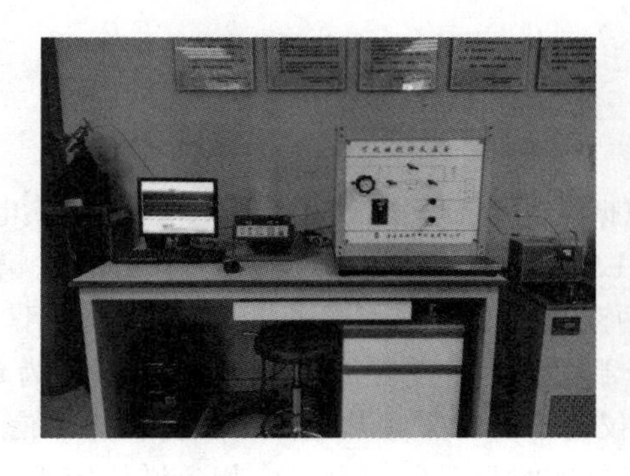

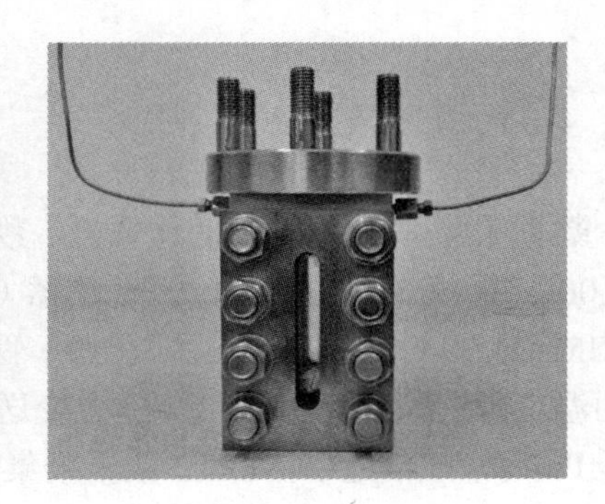

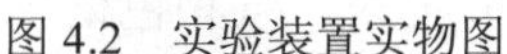

图 4.2　实验装置实物图

图 4.3　高压可视反应釜

1. 高压可视反应釜

高压可视反应釜是用于合成与分解气体水合物的压力容器，必须能承受较高的压力并具有一定的耐腐蚀能力。为了能实时观察气体水合物的生成与分解情况，反应釜必须可视。实验用的高压可视反应釜如图 4.3 所示，由 304 不锈钢制成，内部为空心圆柱体，有效工作容积为 600 mL，最高可承受压力 20 MPa。反应釜前后两面安装了对称的耐高压石英玻璃视窗，后侧视窗用于布置光源，前侧视窗用于观察反应釜内气体水合物的结晶与生长情况；进、排气管路分别布置在反应釜的左右两侧。反应釜顶部装有磁力搅拌装置，搅拌装置由外接电磁搅拌电机驱动，转速调节为 0～1000 rpm，主要用于搅拌溶液，强化水合物生成与分解过程的热质传递。两支 PT100 热电阻安装在反应釜顶部，用于测量反应内的气体和液体温度。

2. 低温恒温槽

低温恒温槽为水合物生成/分解实验提供稳定的低温环境。实验过程中将反应釜浸入低温恒温槽，保证实验所需的温度条件。低温恒温槽的工作介质为 20%酒精水溶液，能为反应釜提供 0℃以下的温度。低温恒温槽由宁波天恒仪器厂生产，型号为 THD-1030，工作温度为−10～99℃，温度控制精度为 0.1℃。

3. 气体管路系统

气体管路系统主要包括高压气瓶、高压减压阀、不锈钢管路、高压针阀等。高压气瓶为气体水合物实验提供气源，气瓶最高压力 13 MPa，容量为 15 L。高压减压阀安装在气瓶与反应釜之间，用于调节反应釜压力。气体管路和高压针阀购于美国世伟洛克公司，用于连接气瓶与反应釜，并保证进气、排气操作能正常进行。

4. 数据采集系统

数据采集系统主要包括计算机、数据采集仪（Agilent 34970A，美国）、热电阻（Pt100，重庆川仪）、压力变送器（EJA430A，日本横河）以及气相色谱仪（SHIMADZU GC-2014，日本岛津）。两支热电阻分别用于测量反应釜内气相与液相的温度，测量精度为±0.1℃，压力变送器用于测量反应釜内气相压力，量程为 0～10 MPa，测量精度为±6 kPa。数据采集仪用于实时采集热电阻与压力传感器信号，并将测量的温度、压力数据传送至计算机实时显示并记录。气相色谱仪用于分析实验前和实验结束时各气体的组分，测量精度为摩尔分数±0.1%，如图 4.4 所示。

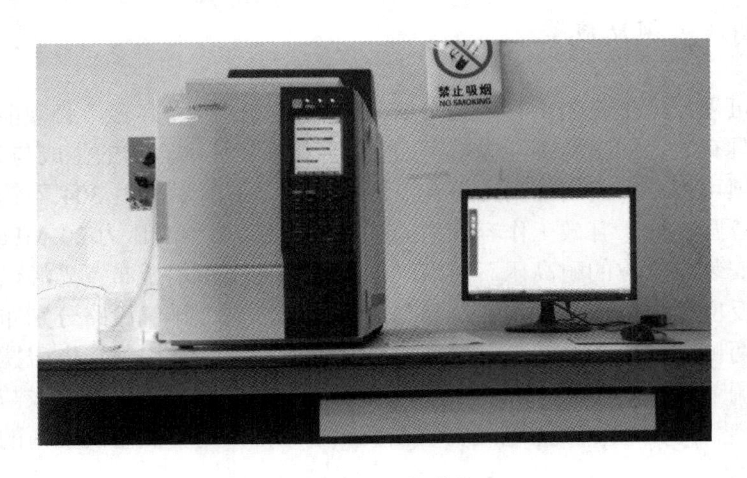

图 4.4　气相色谱仪

4.1.2　高压显微可视实验装置

高压可视显微实验装置用于观察气体水合物晶体生长的微观形貌，也可用于气体水合物相平衡与宏观动力学实验研究，如图 4.5 所示。实验装置主要由全透明高压反应器、体视显微镜、数据采集系统、低温恒温水浴系统、供气和管路系统组成。全透明高压反应器材质为蓝宝石，有效容积 100 mL，最高承压 10 MPa。显微系统的核心为尼康（Nikon）SMZ1270 体视显微镜，配备双臂分叉 LED 冷光源，最高分辨率 1μm，能对水合物的结晶、生长、分解过程的图像进行拍摄。数据采集系统包括硬件与软件部分，软件采用美国 GE 公司智能平台的 Proficy HMI/SCADA-iFIX LE 数据采集软件，硬件部分包括美国 GE 公司的高性能 CPU 、背板、电源、模拟量与开关量输入模块。

两支热电偶（美国欧米茄工程公司）从反应釜顶部插入釜中，分别测量气相和液相温度，测量精度为±0.1℃。反应釜内压力由压力变送器(EJX430A，日本横河电机公司)测量，量程 0～16 MPa，测量精度为±4 kPa。供气和管路系统采用美国世伟洛克(Swagelok)高压管件、阀门与接头。

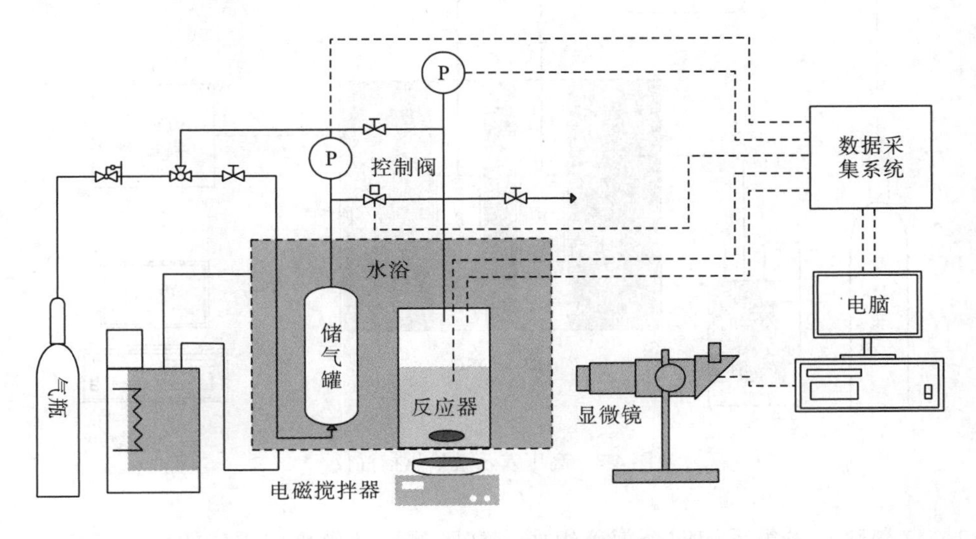

图 4.5　高压可视显微实验装置示意图

4.1.3　高压差示微量热扫描仪

高压差示微量热扫描仪(HP-MicroDSC Ⅶ，法国塞塔拉姆)用于测量气体水合物的相平衡条件以及气体水合物分解焓，如图 4.6 所示。图 4.7 给出了高压差示微量热扫描仪系统示意图，系统由低温恒温水浴、高压管路系统、高压差示微量热

图 4.6　高压差示微量热扫描仪

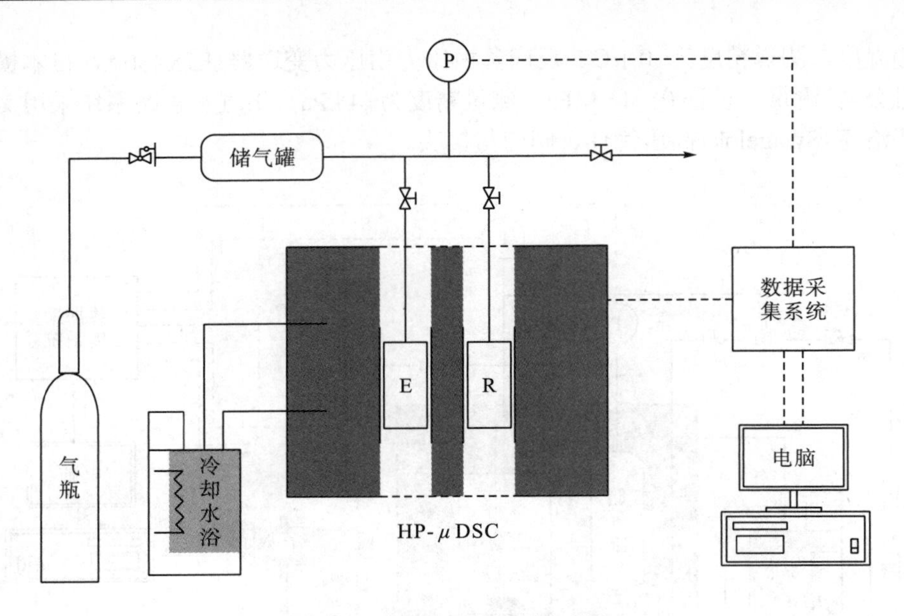

图 4.7 高压差示微量热扫描仪

扫描仪和数据采集系统四个部分组成。高压差示微量热扫描仪的高压反应器由C276 合金制造，分为参考池(reference cell)和样品池(sample cell)，具有防污染和抗腐蚀能力。样品池容积为 0.33 mL，最高可承受 40 MPa 压力，工作温度为 228～393 K。高压差示微量热扫描仪的测量精度为±0.02 μW。气体管路系统主要由高压气瓶、高压减压阀、不锈钢管路、储气罐、阀门等组成，其中储气罐的作用是保证实验过程中样品池的压力恒定，容积为 20 mL，低温恒温水浴为样品池和参考池提供设定的恒温环境。

4.2 实 验 材 料

所采用的实验材料主要包括如下。

(1) 实验气体：低浓度含氧煤层气(各组分摩尔分数为 30% CH_4 + 60% N_2 + 10% O_2)，低浓度煤层气(30% CH_4 + 70% N_2)，采购于重庆嘉润气体有限公司，气体组分测量精度为摩尔分数 0.05%。

(2) 化学试剂：TBAC 的纯度为 96%，SDS 的纯度为 85%，均购于成都科龙化工试剂厂。

(3) 去离子蒸馏水，电阻率为 18.2 MΩ·cm，购自重庆市东方化玻有限公司。

4.3　实验方法与实验步骤

4.3.1　相平衡实验步骤

采用定容升温法[2]测定了低浓度煤层气在不同溶液生成水合物的相平衡条件，实验步骤如下：

(1) 清洗反应釜。用去离子蒸馏水将反应釜清洗 3 次后吹干。

(2) 配制溶液。配制 260 mL 溶液，注入反应釜，将反应釜密封后浸入低温恒温槽中，连接进、排气管路并关闭进、排气阀门。

(3) 检漏。打开高压气瓶阀门，调节高压减压阀至合适压力，缓慢打开进气阀，向高压反应釜内注入实验气体至 1 MPa，用检漏液检查管路接口是否存在漏气，若存在漏气，则排气后重新连接管路；若不存在漏气情况，则排气后进行下一步操作。

(4) 吹扫。向反应釜内充入 0.5 MPa 实验气体，保持约 30 s 后排放。重复 3 次，确保反应釜内无空气残留。

(5) 开启水浴。打开低温恒温槽电源开关，将恒温槽温度设定为实验温度 T，打开制冷循环并开启数据采集仪，2 h 后观察反应釜内气、液相的温度变化。

(6) 进气。待反应釜内气、液相温度稳定至实验温度后，向反应釜充注实验气体至实验压力 P。由于在较短时间内注入高压气体将造成反应釜内气相温度上升，待反应釜内气相温度降至设定温度且不再发生变化后开启搅拌器，设定转速。实时记录反应釜中气相压力并观察反应釜内的水合物生成情况。

(7) 当观察到反应釜内生成白色水合物晶体后，逐步升高低温恒温槽温度，每次升温 0.2 K，并保持 2 h，观察水合物的分解情况并做好记录。

(8) 当观察到反应釜液相中仅存微量水合物时，将升温幅度调节为 0.1 K/次，并保持 4 h。当升温后发现水合物完全分解，此时对应的温度和压力即为该体系气体水合物生成的相平衡条件。

(9) 关闭数据采集仪并导出数据，对反应釜残留的上层气体进行采样，将剩余气体排出，拆卸反应釜并清洗，为下一次实验做好准备。

(10) 用气相色谱仪分析采集的上层气组分，处理实验数据，实验结束。

4.3.2　动力学实验步骤

在不同溶液体系开展低浓度煤层气提纯的动力学实验步骤如下：

(1) 清洗反应釜。用蒸馏水将反应釜清洗 3 次后吹干。

(2)配制溶液。配制 260 mL 溶液并注入反应釜中，将反应釜盖密封，然后将反应釜浸没在低温恒温槽内，连接进、排气管路并关闭进、排气阀。

(3)检漏。打开高压气瓶阀门，调节高压减压阀至合适压力，缓慢打开进气阀，向高压反应釜注入 1 MPa 实验气体，用检漏液检查排气管路的接口是否漏气，若存在漏气情况，则排气后重新连接管路；若不存在漏气情况，则排气后进行下一步操作。

(4)吹扫。向反应釜充入 0.5 MPa 的实验气体，等待约 30 s 后排放。重复 3 次，确保反应釜内无空气残留。

(5)开启水浴。打开低温恒温槽电源开关，将低温恒温槽的温度设置为实验温度 T，打开制冷循环并开启数据采集仪，2 h 后观察反应釜内气相和液相的温度变化情况。

(6)进气。待反应釜内气相、液相温度稳定在实验温度后，向反应釜充注实验气体至实验压力 P。由于在较短时间内注入高压气体将造成反应釜内气相温度上升，待反应度内气相温度恢复到设定温度且不再变化后，开启搅拌器，调节转速。同时，重新开启数据采集仪，实时记录反应釜内压力、气相和液相温度，反应持续 12 h。

(7)待压力不再发生明显变化后，关闭数据采集仪并导出数据，采集反应釜上层空间气体。

(8)打开排气阀，迅速排出上层空间剩余气体，当压力降为常压后，关闭排气阀。

(9)将恒温槽温度设定为 20 ℃，开启搅拌，使水合物快速分解。约 2 h 后，当气相压力不再发生明显变化时，采集水合物分解气样品。打开排气阀将剩余气体排出，拆卸反应釜并清洗，为下一次实验好做准备。

(10)用气相色谱仪分析上层气和分解气的气体组分，处理实验数据，实验结束。

(11)为了检验实验的重复性，一般情况下，在相同实验条件下进行 3 次重复实验。

4.3.3 HP-MicroDSC 的实验步骤

采用 HP-MicroDSC 开展了低浓度煤层气在 TBAC 溶液形成半笼型水合物的热力学特性和分解动力学特性实验，具体实验步骤如下：

(1)清洗样品池。用蒸馏水反复清洗样品池，然后用热风枪将其吹干。

(2)填充溶液。配制实验所需的 TBAC 溶液，然后用微量注射器吸取 TBAC 溶液 2 mg，并缓慢注入样品池内。

(3)安装样品池。将样品池密封后安装到 DSC 指定位置，连接气体管路。

(4) 吹扫。向样品池通入 0.5 MPa 实验气体，保持约 30 s 后排放。重复 3 次，确保釜内无空气残留。

(5) 进气。从储气罐注向样品池充注低浓度煤层气至实验压力。

(6) 开启恒温水浴。打开恒温水浴的电源开关，开启数据采集系统，恒温水浴的初始温度为室温 293.2 K。

(7) 降温。调节 HP-MicroDSC 的样品池温度，使其以 0.3 K/min 的速度从 293.2 K 降至 253.2 K，温度降至 253.2 K 后保持 3 h，确保气体水合物完全生成。

(8) 升温。调节 HP-MicroDSC 的样品池温度，使其以 0.3 K/min 的速度从 253.2 K 升温至 303.2 K，使气体水合物分解，测量分解吸热参数。

(9) 导出实验数据，对实验结果进行分析。

(10) 为了检验实验结果的重复性，在相同的实验条件下重复进行 3 次实验。实验结束。

4.4　TBAB 溶液体系的提纯实验研究

4.4.1　过冷度对 CH_4 回收率的影响

根据相平衡实验结果(图 3.13)，当 TBAB 溶液摩尔分数为 0.29% ($w = 0.05$)，0.62% ($w = 0.10$) 和 1.38% ($w = 0.20$) 时，低浓度煤层气在 $P = 4.0$ MPa 对应的相平衡温度 T_{eq} 分别为 283.75 K、286.05 K 和 288.35 K。基于不同 TBAB 浓度下的相平衡点研究了系统过冷度($\Delta T_{sub} = T_{exp} - T_{eq}$)、TBAB 浓度对 CH_4 回收率(R)和分离因子(S)的影响。

如图 4.8 所示，当过冷度 ΔT_{sub} =7 K 时，CH_4 的回收率最高，分离效果最好；对于 3 种 TBAB 浓度而言，当 ΔT_{sub} =7 K 时，1.38% TBAB 对应的 CH_4 回收率最高。另外，在 0.29% TBAB 新配置溶液中(fresh solution)，过冷度 ΔT_{sub} 为 5 K、7 K 和 9 K 时所对应的 CH_4 回收率分别为 20.6%、25.0%和 19.1%；而在 0.29% TBAB 记忆溶液中(memory solution)，过冷度 ΔT_{sub} 为 5.0K, 7.0K 和 9.0K 所对应的 CH_4 回收率为 20.7%、24.3%和 18.6%，表明新配置溶液对煤层气中 CH_4 的回收效果更好。

同时，研究了系统过冷度 ΔT_{sub} 对 TBAB 水合物分解气中 CH_4 浓度的影响。如图 4.9 所示，TBAB 水合物分解气中 CH_4 的浓度受过冷度的影响较小，基本保持在摩尔分数 40%，表明与 N_2、O_2 相比，TBAB 水合物优先捕集了低浓度煤层气中的 CH_4 组分。通过研究还发现，经过三级提纯后(即第二级的反应气体为第一级分解气，第三级反应气体为第二级分解气)，CH_4 摩尔分数能从 30%提高到 93%。因此，只要对水合物法提纯过程进行合理优化，低浓度煤层气经过三级分离提纯后可转化为可直接使用的天然气资源(CH_4摩尔分数高于90%)，输送至用户端。

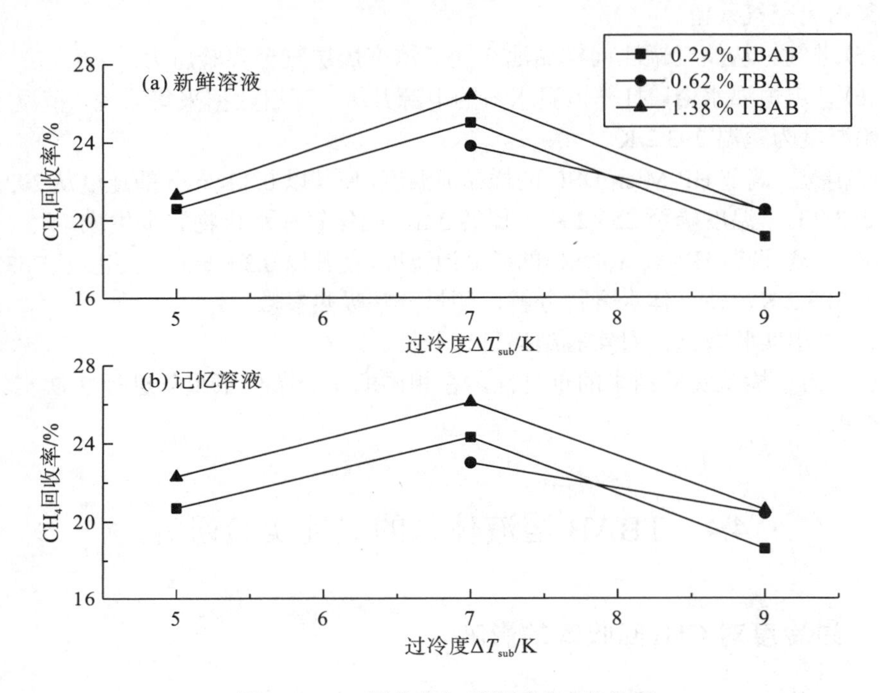

图 4.8　CH_4回收率与系统过冷度的关系

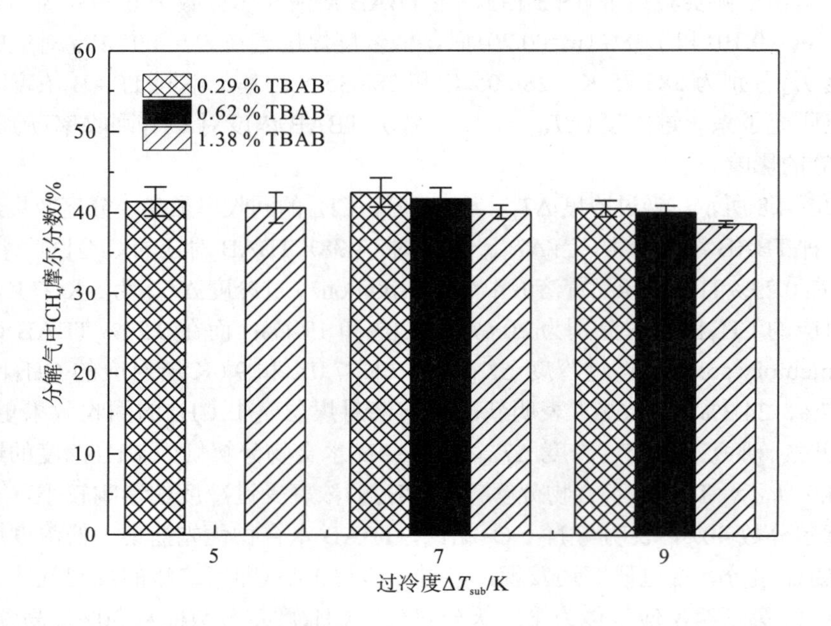

图 4.9　TBAB 水合物分解气中的CH_4摩尔分数

4.4.2　反应模式对 CH_4 回收率的影响

化学反应过程包含间歇反应(batch)、半间歇反应(semi-batch)和连续反应(continuous)三种模式。对于气体水合物研究而言，受实验条件限制，目前很难构建连续的反应系统，主要采用间歇反应和半间歇反应两种模式开展研究。

采用摩尔分数 30% CH_4 + 70% N_2 混合气体作为低浓度煤层气的模型气，研究了不同反应模式对 CH_4 分离特性的影响。实验系统能在半间歇反应和间歇反应两种模式下工作。所谓半间歇反应模式，即在反应过程中反应器的压力和温度保持恒定，当反应器内由于水合物形成导致压力下降后，立即通过控制系统向反应器供气，保持反应器压力恒定。所谓间歇反应模式，即保持反应器在恒定温度下工作，将反应器与储气罐隔离，在反应开始时将反应器调节到设定温度与压力，随着反应的进行，反应器内温度保持恒定，但是系统压力随着气体水合物的形成会降低直至反应结束。实验系统主要由储气罐(R)、反应器(CR)、低温恒温槽和数据采集系统四部分组成，具体见参考文献[3]。

表 4.1 给出了采用半间歇反应模式分离低浓度煤层气中 CH_4 的实验条件，其中实验压力 P_{exp}=3.9 MPa，实验温度 T_{exp}=277.15 K，TBAB 摩尔分数为 0.29%，反应驱动力 ΔP＝3.5 MPa ($\Delta P = P_{exp} - P_{eq}$)，实验结果见表 4.2。

表 4.1　TBAB 半笼型水合物在半间歇反应模式提纯低浓度煤层气的实验条件

实验序号	溶液状态	TBAB 摩尔分数 /%	T_{exp} / K	P_{exp} / MPa	P_{eq} / MPa	ΔP / MPa	t_{ind} /min	气相 CH_4 摩尔分数 /%
1	新鲜溶液	0.29	277.15	3.9	0.4	3.5	87.0	25.1
2	记忆溶液						10.3	25.1
3	新鲜溶液						57.3	25.2
4	记忆溶液						6.7	25.3
5	新鲜溶液						48.3	25.1
6	记忆溶液						29.3	25.2

表 4.2　TBAB 半笼型水合物在半间歇反应模式提纯低浓度煤层气的实验结果

实验序号	溶液状态	结晶点的气体消耗量 /mol	单位摩尔水的最终气体消耗量 /mol	CH_4 回收率 /%	分离因子 (S)
1	新鲜溶液	0.0006	0.0060	25.0	9.9
2	记忆溶液	0.0002	0.0063	25.2	8.6
3	新鲜溶液	0.0007	0.0064	25.0	8.1
4	记忆溶液	0.0001	0.0061	24.4	8.3
5	新鲜溶液	0.0008	0.0067	25.7	7.8
6	记忆溶液	0.0006	0.0064	25.0	7.9

气体消耗量、反应器内气相和液相的温度变化如图 4.10 所示。水合物诱导时间(induction time, t_{ind})为溶液温度在实验开始后突然升高所对应的时间。由于气体水合物结晶为放热反应，而热量不能立即传输至被冷却介质，导致反应器内液体温度在水合物结晶点突然升高。由图可见，气体消耗量根据曲线的斜率变化可分为三个阶段：第一阶段为气体溶解阶段，从实验开始时刻($t = 0$ min)至结晶点(诱导时间)；第二阶段为气体水合物的快速生长阶段，从水合物结晶点至中间位置(总气体消耗量的 90%)，曲线斜率在这一阶段明显大于第一阶段和第三阶段，气体消耗量快速增加；第三阶段从中间位置直至实验结束，由于气体水合物在第二阶段大量生成，并在气-液界面聚集，阻碍了气体分子向气-液反应界面的传递，导致气体消耗量在这一阶段几乎不变。需要注意的是，由于记忆溶液经历了水合物的结晶与生长，因此与新配置溶液相比，气体消耗量的变化曲线未观察到水合物结晶的第一阶段(气体溶解阶段)。

采用间歇反应模式分离低浓度煤层气中 CH_4 的实验条件和实验结果如表 4.3 所示，实验条件与表 4.1 相同，实验初始压力 P_{exp}=3.9 MPa，实验温度 T_{exp}=277.15 K，TBAB 摩尔分数为 0.29%，反应初始驱动力 ΔP＝3.5 MPa ($\Delta P= P_{exp}-P_{eq}$)。由图 4.11 可见，间歇反应模式的气液温度和气体消耗量曲线随时间的变化趋势与半间歇反应模式相似，但是新配置溶液在结晶时刻的温升［图 4.11(a)］大于记忆溶液［图 4.11(b)］。气体消耗量曲线同样由 3 个阶段组成，即气体溶解阶段、水合物快速生成阶段和反应结束阶段。

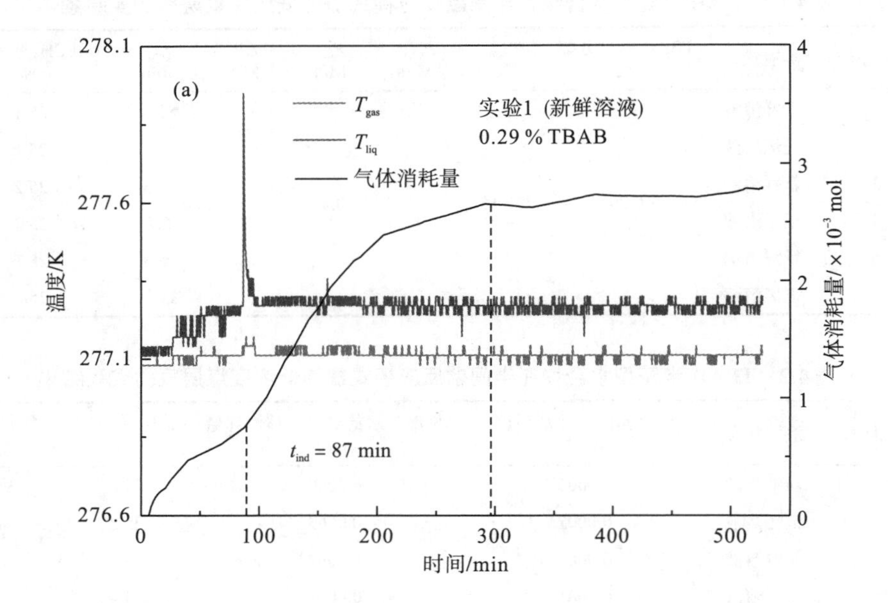

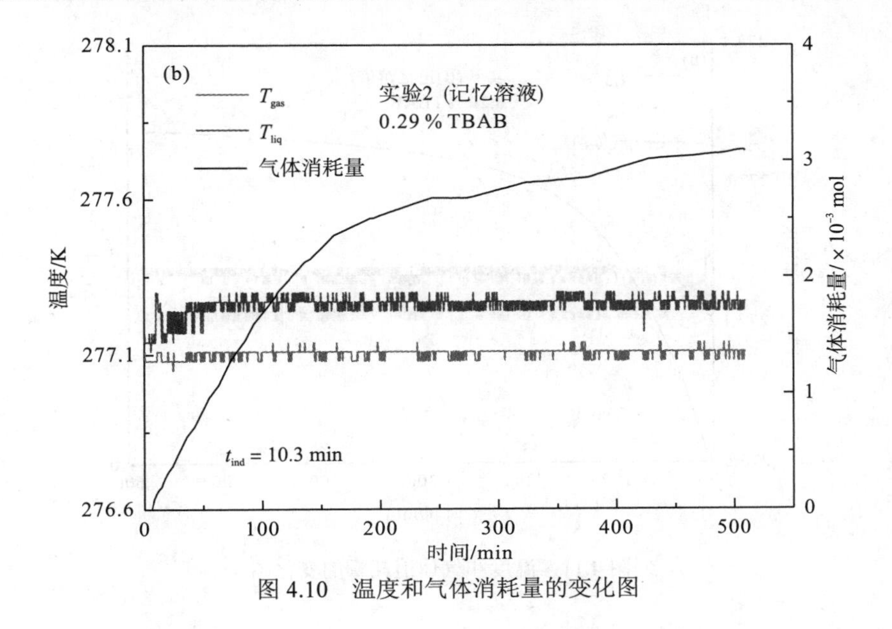

图 4.10　温度和气体消耗量的变化图

表 4.3　TBAB 半笼型水合物在间歇反应模式分离低浓度煤层气的实验结果

实验序号	溶液状态	t_{ind} /min	单位摩尔水的最终气体消耗量 /mol	CH_4 回收率 /%	分离因子(S)
7	新鲜溶液	49.0	0.0056	23.8	8.8
8	记忆溶液	36.3	0.0057	22.6	6.9
9	新鲜溶液	45.7	0.0056	20.7	5.4
10	记忆溶液	7.3	0.0055	20.1	5.2
11	新鲜溶液	13.7	0.0055	22.1	7.3
12	记忆溶液	7.7	0.0054	20.6	6.0

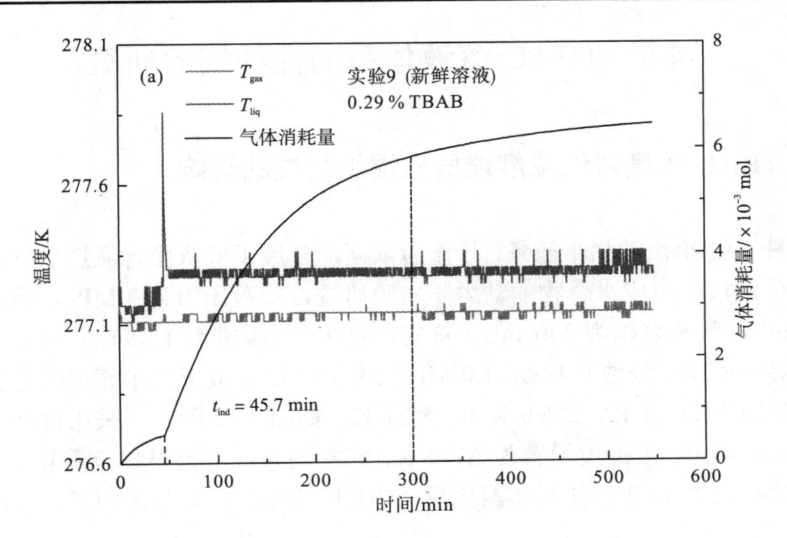

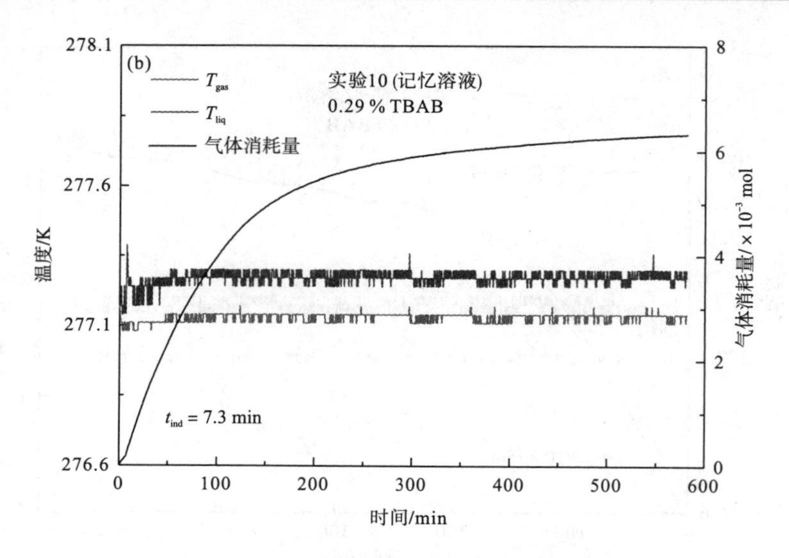

图 4.11 温度和气体消耗量的变化图

在 TBAB 溶液体系开展低浓度煤层气提纯实验的研究结果表明：与间歇反应模式相比，TBAB 半笼型水合物在半间歇反应模式能更有效地分离低浓度煤层气中的 CH_4。在间歇反应模式下获得的气体平均消耗量小于半间歇反应模式，即 TBAB 半笼型水合物在间歇反应模式的生成量小于半间歇反应模式。当反应模式由半间歇转换为间歇模式时，CH_4 回收率从 25.1%下降到 21.7%，CH_4 分离因子从 8.8 减小到 6.6，其原因主要是在间歇反应模式下反应器内的气体压力随着反应的进行逐渐降低，且气相的 CH_4 含量不断减小，导致 TBAB 半笼型水合物的生成量减少，使得进入 TBAB 半笼型水合物的 CH_4 分子量减少。

4.5 TBAC 溶液体系的提纯实验研究

4.5.1 TBAC 浓度对低浓度煤层气提纯特性的影响

以图 4.12 给出的相平衡条件[4]作为依据，开展了低浓度含氧煤层气在不同浓度 TBAC 溶液中生成水合物的动力学实验研究，实验压力为 3 MPa，溶液体积均为 260 mL，气相容积为 340 mL。首先，对相平衡数据进行多项式拟合，得出低浓度煤层气在摩尔分数 0.49%、1.0%和 3.3% TBAC 溶液形成半笼型水合物的相平衡温度分别为 283.2 K、286.0 K 和 287.7 K，如图 4.12 所示。采用过冷度作为水合物生成驱动力，过冷度设置为 ΔT=8 K，在相同条件下每组实验重复 3 次，每次实验持续时间为 12 h，其气体消耗量、CH_4 回收率、CH_4 分离因子、反应速率等动力学特征参数为 3 组实验结果的平均值，实验条件和实验结果如表 4.4 所示。

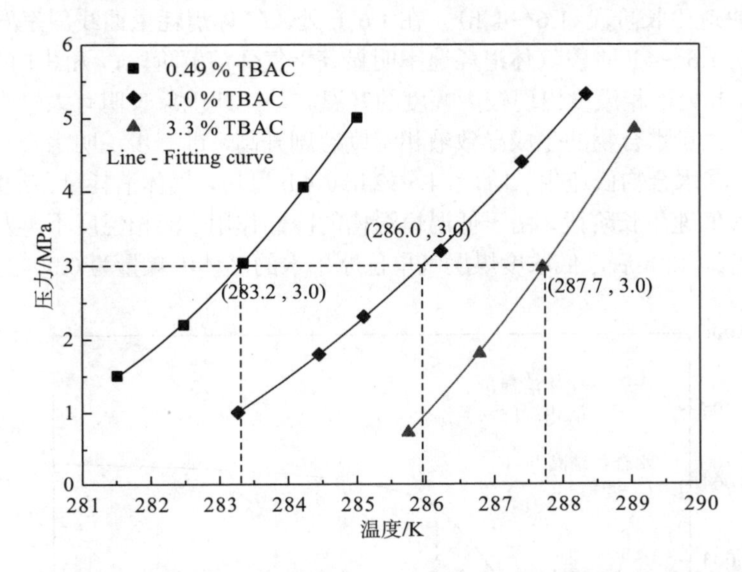

图 4.12　低浓度煤层气在不同浓度 TBAC 溶液中生成水合物的相平衡曲线

表 4.4　低浓度煤层气在不同浓度 TBAC 溶液的提纯实验结果

实验序号	T_{exp} /K	TBAC 摩尔分数/%	t_{ind} /min	实验结束时刻 Δn_H / mol	单位摩尔水的 $\Delta n_{H, normalized}$/mol	$x^H_{CH_4}$ 摩尔分数/%	R_{CH_4} /%	分离因子 S	$\sigma_{uncertainty}$ /%
1	275.2	0.49	95	0.0569	0.0043	42.0	16.2	1.80	0.45
2			20	0.0552	0.0042	42.5	15.8	1.84	0.45
3			130	0.0568	0.0043	42.8	16.5	1.87	0.45
4	278.0	1.0	42	0.0541	0.0044	40.0	15.0	1.63	0.45
5			120	0.0549	0.0045	42.2	16.0	1.81	0.45
6			90	0.0570	0.0047	41.1	16.0	1.72	0.45
7	279.7	3.3	6	0.0499	0.0054	37.2	14.0	1.45	0.44
8			10	0.0522	0.0057	37.9	15.0	1.48	0.45
9			6	0.0499	0.0054	37.2	14.7	1.42	0.44

图 4.13 为低浓度煤层气在摩尔分数 0.49% TBAC 溶液中生成水合物时气体消耗过程以及液相温度随时间的变化曲线图(表 4.4，实验 1)。由图 4.13 可见，气体水合物反应过程分为典型的三个阶段：①气体溶解和诱导成核阶段(0～1.6 h)。向反应釜注入低浓度煤层气后，在搅拌作用下气体开始快速溶解，并与水分子在低温条件下形成水合物晶核，该过程所经历的时间被认为是水合物生成的诱导时间

(t_{ind})。由图 4.13 的温度曲线可见，在气体溶解阶段，液相温度未发生明显变化。②水合物快速生长阶段(1.6～4 h)。在 1.6 h 处，气体消耗量曲线斜率发生明显变化，表明在 1.6～4 h 阶段气体消耗速率明显高于气体溶解阶段，从图中的温度曲线发现在 1.6 h 处液相温度出现较大幅度的升温波动，此现象表明有大量水合物在该阶段生成，大量水合物的生成导致液相温度急剧升高，进一步说明水合反应为放热反应过程。③水合物低速生长阶段(4～12 h)。4 h 以后，气体消耗量曲线趋于平稳，水合物进入低速生长阶段，由于低温恒温槽的冷却作用，液相温度不再发生明显变化。反应持续 12 h 后，低浓度煤层气单位摩尔水的气体消耗量为 0.0043 mol。

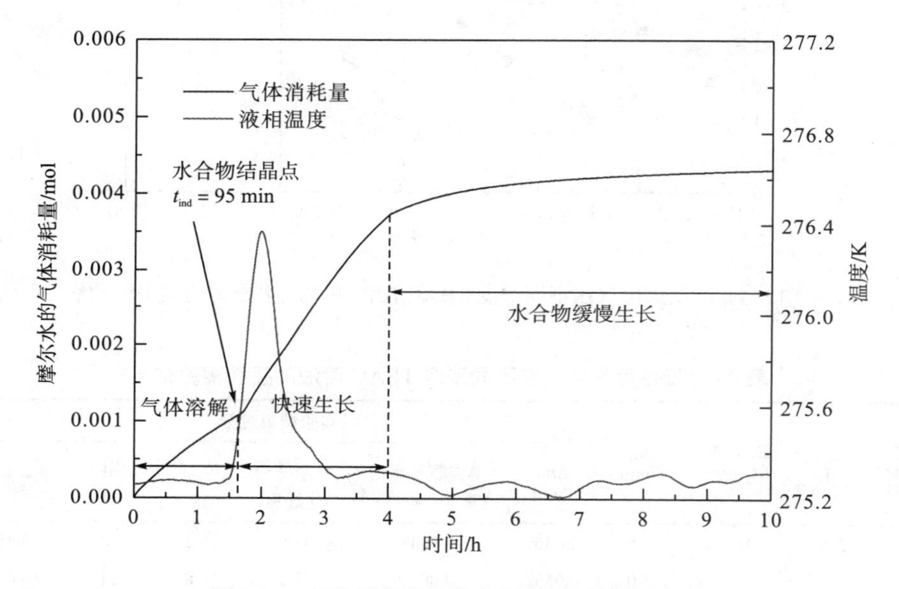

图 4.13 气体消耗量与液相温度随时间的变化

观察表 4.4 中的诱导时间，发现低浓度煤层气在摩尔分数 0.49% TBAC 和 1.0% TBAC 体系生成水合物的诱导时间较长，最长达到 130 min，且存在较大的随机性，而在摩尔分数 3.3% TBAC 体系的诱导时间较短，3 次实验测得的结果均小于 10 min，实验结果表明 TBAC 半笼型水合物越接近化学计量浓度，其成核速度越快。

图 4.14 比较了低浓度煤层气在摩尔分数 0.49%、1.0%和 3.3% TBAC 溶液中生成水合物的气体消耗量，实验条件与实验结果见表 4.4。由图 4.14 可见，在实验初期(0～4 h)，即诱导阶段和水合物快速生长阶段，摩尔分数 0.49% TBAC 溶液的气体消耗速率最慢，TBAC 半笼型水合物化学计量(摩尔分数 3.3%)在 0～1 h 期间气体消耗速率最快，但实验后期的气体消耗速率呈相反趋势，随着 TBAC 浓度的增加，最终气体消耗量减少，其中 TBAC 半笼型水合物化学计量(摩尔分数 3.3%)的最终气体消耗量明显低于摩尔分数 0.49% TBAC 溶液体系。经过分析发现其原

因可能是：在化学计量摩尔分数下(3.3%)，溶液中的水分子全部参与形成水合物笼状结构，小孔穴数量达到最大值，因此捕集溶液中气体分子的速率最快，但大量形成的半笼型水合物会阻碍气体分子的溶解，导致后期只有少量的气体分子进入水合物笼，因此最终气体消耗量较低。

图 4.15 给出了低浓度煤层气在摩尔分数 0.49%、1.0%和 3.3% TBAC 溶液中生成水合物的单位摩尔水气体消耗量。由图可见，随着 TBAC 浓度的增加，单位摩尔水的气体消耗量增加。

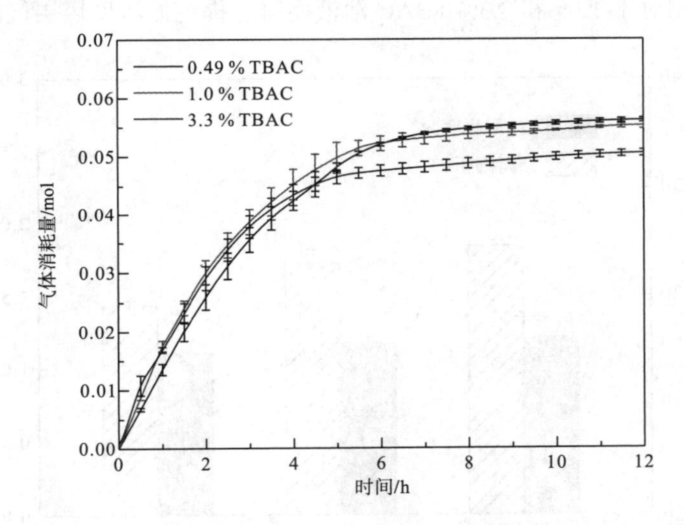

图 4.14　不同摩尔分数 TBAC 体系的气体消耗量对比

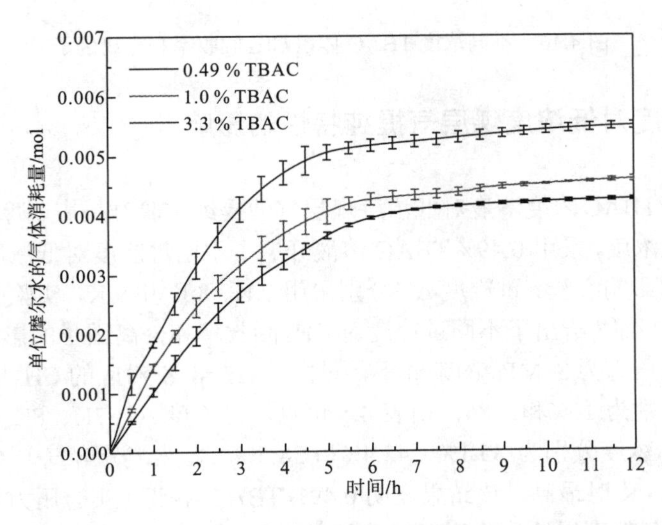

图 4.15　不同摩尔分数 TBAC 体系中单位摩尔水的气体消耗量

图4.16比较了摩尔分数0.49%、1.0%和3.3% TBAC溶液中低浓度煤层气的CH_4回收率和分离因子。由图可见，在3种TBAC浓度下，摩尔分数0.49% TBAC溶液对应的CH_4回收率和分离因子分别为16%和1.84，CH_4回收率略高于其他两种浓度体系，分离因子明显高于其他两种浓度，该结果表明随着TBAC浓度增加，N_2和O_2将更容易进入半笼型水合物，从而影响低浓度煤层气的提纯效果。由表4.4可见，摩尔分数0.49% TBAC溶液对应的水合物分解气中CH_4摩尔分数从30%提高到了42.4%，高于其他两种浓度的TBAC溶液体系。由此可见，摩尔分数0.49% TBAC溶液相对于1.0%和3.3% TBAC溶液而言，提纯低浓度煤层气的效率更高。

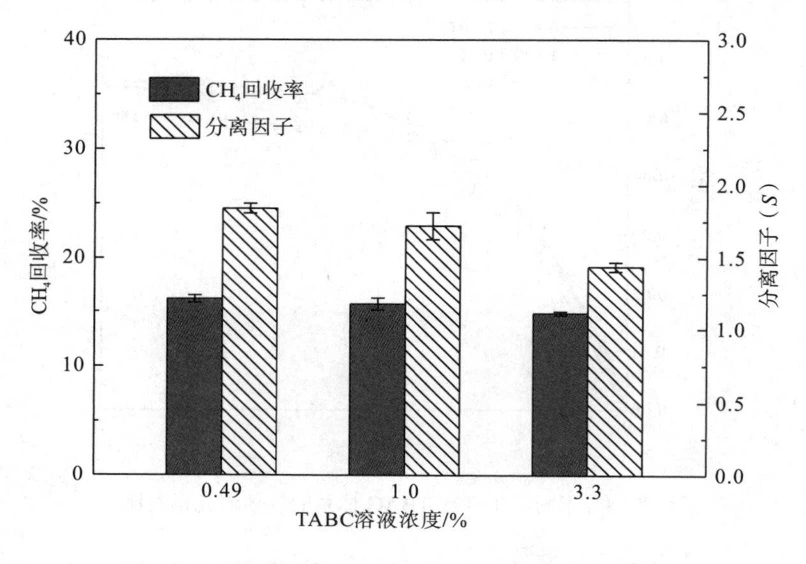

图4.16 不同浓度TBAC体系CH_4回收率和分离因子

4.5.2 过冷度对低浓度煤层气提纯特性的影响

以上3种TBAC浓度溶液对低浓度煤层气的提纯实验结果表明摩尔分数0.49% TBAC为最优浓度，采用0.49% TBAC溶液开展了不同过冷度对低浓度煤层气提纯动力学特性的影响实验。过冷度ΔT分别采用7 K、8 K和9 K，实验条件与实验结果见表4.5。图4.17给出了不同过冷度对CH_4回收率和分离因子的影响。由图4.17可见，在实验压力为3 MPa的条件下，过冷度ΔT=8 K对应的CH_4回收率和分离因子最高，分别为16%和1.84，由表4.5可见，过冷度ΔT=7K、8K和9K时分解气的CH_4摩尔浓度分别为35.1%、42.4%和38.5%，显然，分解气中CH_4摩尔浓度在过冷度ΔT=8 K时最高。该结果表明0.49% TBAC溶液在实验压力为3 MPa、过冷度ΔT=8 K条件下提纯浓度煤层气的效果最佳。

表 4.5　低浓度煤层在不同过冷度的提纯实验结果

实验序号	P_{exp} /MPa	TBAC / mol%	ΔT /K	实验结束时刻					
				t /h	单位摩尔水的 $\Delta n_{H,\ normalized}$/(mol)	CH_4 摩尔浓度 $x^{H}_{CH_4}$ /%	R_{CH_4} /%	分离因子 (S)	$\sigma_{uncertainty}$ /%
1	3.0	0.49	7	12	0.0038	35.8	14.0	1.33	0.44
2					0.0040	34.6	12.5	1.25	0.44
3					0.0039	35.0	13.5	1.30	0.44
4	3.0	0.49	8	12	0.0043	42.0	16.2	1.80	0.45
5					0.0042	42.5	15.8	1.84	0.45
6					0.0043	42.8	16.5	1.87	0.45
7	3.0	0.49	9	12	0.0043	38.0	15.0	1.63	0.45
8					0.0040	39.5	16.0	1.72	0.44
9					0.0038	38.0	15.4	1.65	0.45

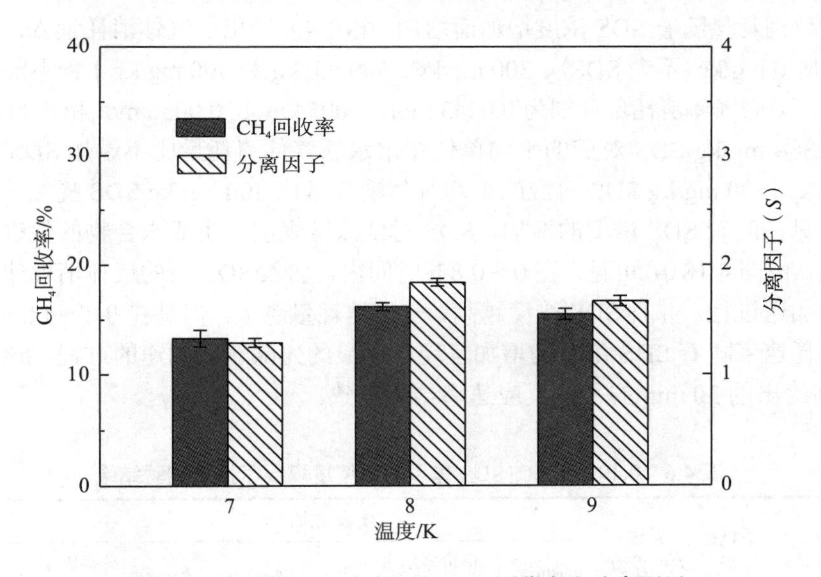

图 4.17　不同过冷度条件下的 CH_4 回收率和分离因子

4.5.3　表面活性剂对低浓度煤层气提纯特性的影响

SDS 是一种常见的水合物促进剂，属于阴离子型表面活性剂，其作用原理是 SDS 具有固定的亲水和亲油基团，在溶液的表面能定向排列，降低液体的表面张力，并且提高有机化合物的溶解性。SDS 对水合物的促进作用主要表现在以下三个方面：①降低表面张力。SDS 作为表面活性剂能定向吸附在相界面上，使界面能降低，为气体提供最佳的气液接触条件。②加强水分子间的氢键作用力。气体水合物的笼型结构是由水分子通过氢键相连构成，氢键作用力加强，使气体分子和笼型结构结合形成更稳定的晶核，促进水合物生长。③防止分散相聚集。阴离子型表面活性剂溶于水中产生带电离子，使液滴相互靠近时产生排斥力。Watanabe[5]研究了 SDS 溶液在 CH_4 气体环境中的表面张力，研究结果表明随着 SDS 浓度的增加，溶液表面张力减小，使 CH_4 向 SDS 溶液扩散能力增强，从而提高了 CH_4 的可溶性。

图 4.17 的实验结果表明，虽然在摩尔分数 0.49% TBAC 和过冷度 ΔT=8 K 实验条件下低浓度煤层气的提纯效果最好，但 CH_4 回收率和分离因子仍处于较低水平。因此，考虑在该条件下添加不同浓度 SDS 形成双添加剂体系，进一步优化水合物法提纯低浓度煤层气的动力学性能。实验使用的 SDS 浓度分别为 300 mg/kg、500 mg/kg 和 900 mg/kg，实验条件与实验结果见表 4.6。图 4.18 比较了低浓度煤层气在不同浓度 SDS+摩尔分数 0.49% TBAC 溶液中生成水合物的气体消耗量。由图可见，加入表面活性剂 SDS 后的气体消耗量明显高于不含 SDS 的气体消耗量，并且气体消耗量随着 SDS 浓度增加而增加。由表 4.6 给出的气体消耗量 Δn_H 结果可知，对应 0 mg/kg(不含 SDS)、300 mg/kg、500 mg/kg 和 900 mg/kg 4 种不同的 SDS 浓度，其平均气体消耗量分别为 0.0043 mol、0.0054 mol、0.0056 mol 和 0.0056 mol。显然，300 mg/kg SDS 对应的平均单位摩尔水的气体消耗量比不添加 SDS 时提升了 25.6%；500 mg/kg SDS 对应的平均气体消耗量比 300 mg/kg SDS 提高了 2.9%。由此可见，随着 SDS 浓度的增加，SDS 对低浓度煤层气生成水合物的促进效果有所减弱。由图 4.18(b)可见，在 0～0.8 h 时间内，加入 SDS 后的气体消耗速率存在明显的加速过程，并且 SDS 浓度越高，气体消耗量越大；但是在 0.8～4 h 时间段，气体消耗速率随着 SDS 浓度的增加呈现出明显的先减速后加速的过程，该现象与图 4.19 给出的 30 min 的平均反应速率结果一致。

表 4.6　0.49%TBAC+SDS 体系的低浓度煤层气提纯实验结果

实验序号	P_{exp} /MPa	TBAC /%	SDS /(mg/kg)	实验结束时刻					
				$t_{ind.}$/min	单位摩尔水 $\Delta n_{H,normalized}$/mol	$x_{CH_4}^{H}$ /%	R_{CH_4} /%	分离因子 S	$\sigma_{uncertainty}$ / %
1	3.0	0.49	0	95	0.0043	42.0	16.2	1.80	0.45
2				20	0.0042	42.5	15.8	1.84	0.45
3				130	0.0043	42.8	16.5	1.87	0.45
4	3.0	0.49	300	20	0.0051	44.9	20.7	2.11	0.46
5				31	0.0055	45.5	22.5	2.19	0.46
6				89	0.0056	46.4	23.3	2.29	0.46
7	3.0	0.49	500	51	0.0057	46.5	23.9	2.32	0.46
8				206	0.0054	46.2	22.4	2.26	0.46
9				90	0.0056	47.3	24.0	2.41	0.47

续表

实验序号	P_{exp} /MPa	TBAC /%	SDS /(mg/kg)	实验结束时刻 t_{ind}/min	单位摩尔水 $\Delta n_{H,normalized}$/mol	$x^{H}_{CH_4}$ /%	R_{CH_4} /%	分离因子 S	$\sigma_{uncertainty}$ / %
10	3.0	0.49	900	174	0.0055	49.9	25.0	2.72	0.47
11				138	0.0057	49.8	25.6	2.74	0.47
12				90	0.0057	49.1	25.5	2.64	0.47

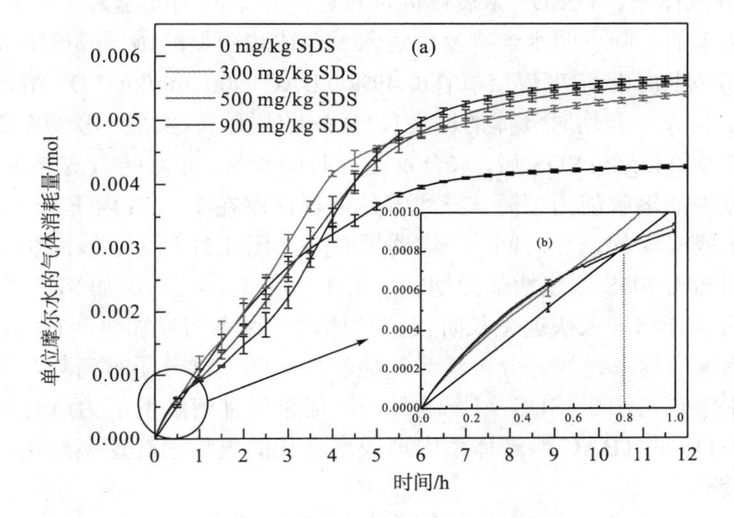

图 4.18　0.49%TBAC+SDS 体系的平均气体消耗量对比

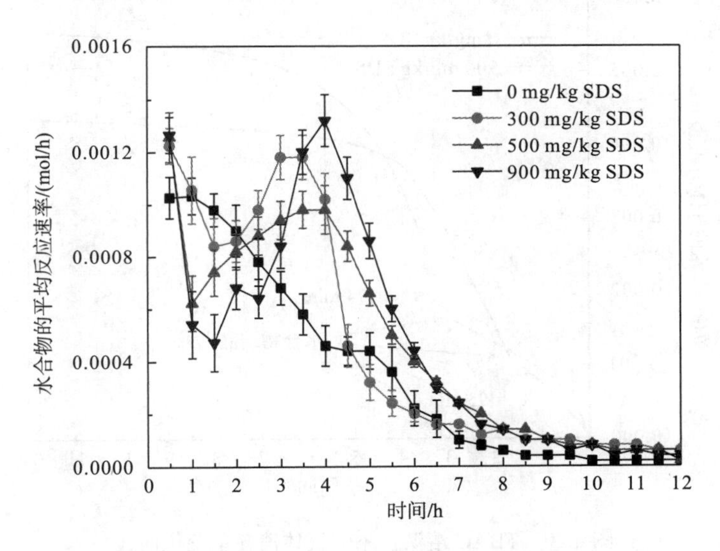

图 4.19　0.49%TBAC+SDS 体系的平均反应速率

由图 4.19 所示，添加 SDS 的 TBAC 溶液体系中第一个 30 min 平均反应速率均高于没有添加 SDS 的 TBAC 溶液体系，且 SDS 浓度越大，反应速率越快。在 0～0.8 h 时间内，气体水合物反应处于气体溶解阶段，由于添加 SDS 降低了溶液的表面张力，并且 SDS 浓度越高，溶液的表面张力越低[5]，增强了 CH_4 在 SDS 溶液的扩散能力，提高了 CH_4 的可溶性，因此在该时段内的气体消耗速率较高。随后，在 1～2h 时间段，SDS+TBAC 溶液体系的平均反应度率下降并低于没有添加 SDS 的 TBAC 溶液体系，且 SDS 浓度越高，反应速率下降幅度越大。在 1～2 h 时间段，反应速率的下降表明水合物反应进入一个比较明显的诱导成核阶段。

图 4.20 对比了低浓度煤层气在 0.49% TBAC+900 mg/kg SDS 溶液和不添加 SDS 溶液中生成水合物时气体消耗量(表 4.6 的实验 1、实验 10)，发现当 TBAC 溶液中添加 900 mg/kg SDS 后，水合物诱导时间变长，并且随着诱导时间的增加，气体在溶液中的溶解能力下降，导致气体消耗速率在 1～2 h 内下降。表 4.6 给出了水合物生成实验的诱导时间，平均诱导时间如图 4.21 所示，该图显示水合物成核诱导时间随着 SDS 浓度增加而增加。在 3～5 h 时间段，添加 SDS 的 TBAC 溶液体系中的水合物进入快速生长阶段，气体消耗速率明显加快，且 SDS 浓度越高，水合物反应速率越快。分析认为，随着溶解的气体分子被消耗，气体将进一步向溶液中溶解，由于 SDS 浓度越大，其促进气体溶解的能力越强，因此添加 900 mg/kg SDS 的 TBAC 溶液体系中形成水合物的气体消耗速率最快，且最终气体消耗量最高。

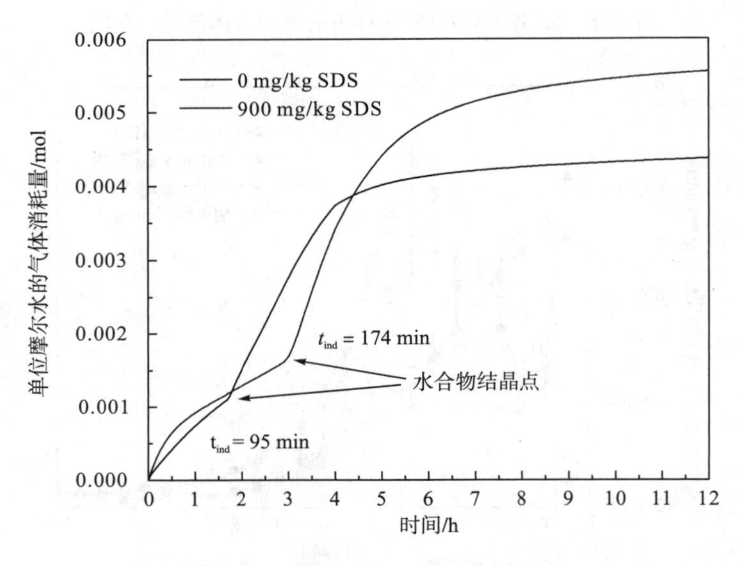

图 4.20 TBAC 溶液体系的气体消耗量变化曲线

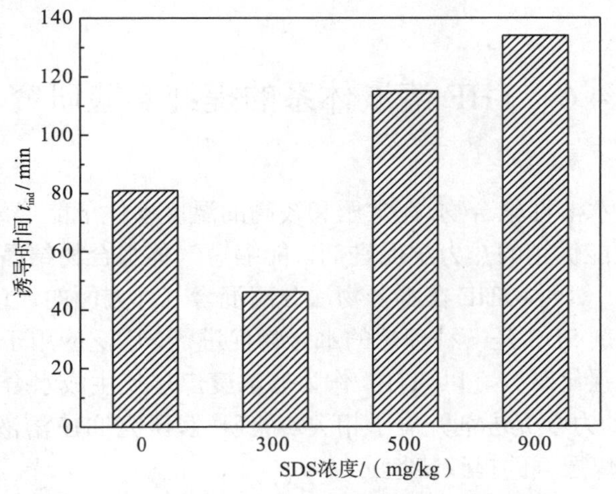

图 4.21　0.49%TBAC+SDS 体系的平均诱导时间

图 4.22 给出了采用 SDS+TBAC 溶液提纯低浓度煤层气获得的 CH_4 回收率和分离因子。如图所示，添加 SDS 后的 CH_4 回收率和分离因子明显高于不添加 SDS 的 TBAC 溶液体系，并且 CH_4 回收率和分离因子均随 SDS 浓度增加而增加，在 900 mg/kg SDS+TBAC 溶液体系中的 CH_4 回收率和分离因子分别为 25.3%和 2.7，与不添加 SDS 的 TBAC 溶液体系相比，提升效果明显。研究结果表明，SDS+TBAC 溶液体系在增加气体消耗量的同时还增强了对 CH_4 气体的选择。如表 4.6 所示，随着 SDS 浓度从 0 mg/kg 增加到 900 mg/kg，水合物分解气中 CH_4 摩尔分数从 42.4%提高到 49.6%，分解气中 CH_4 浓度最高提升了 7%。实验结果表明，在实验的 4 种 SDS 浓度中，摩尔分数 0.49% TBAC+900 mg/kg SDS 溶液体系对低浓度煤层气的提纯特性最优。

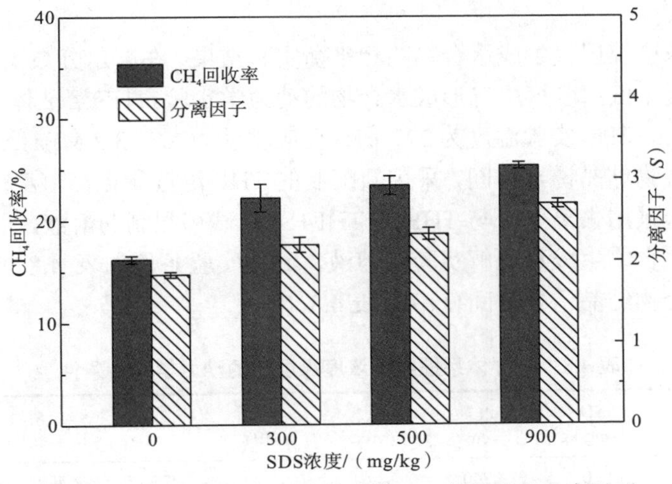

图 4.22　0.49%TBAC+SDS 体系的 CH_4 回收率和分离因子

4.6 THF 溶液体系的提纯实验研究

THF 是一种水溶性聚合物，在常压和较高的温度条件下能形成 THF 水合物[6]。THF 也是一种性能优越的热力学促进剂，能缩短气体水合物结晶诱导时间并降低水合物生成压力。然而，THF 在水合物法分离混合气体方面的促进机理尚不明确。阴离子表面活性剂 SDS 是一种理想的水合物促进剂，广泛应用于气体水合物结晶与生长的动力学强化研究。以 THF 作为低浓度煤层气生成水合物的热力学促进剂，以 SDS 作为动力学促进剂开展了相关实验研究，研究 THF 溶液体系、THF+SDS 溶液体系低浓度煤层气的提纯特性。

4.6.1 搅拌体系的动力学特性

与其他 THF 浓度相比，摩尔分数 1.0% THF 溶液对水合物法分离混合气体具有较好的促进效果[7]，以下实验均使用摩尔分数 1.0% THF 溶液。在开展动力学实验前，首先采用定容升温法测定了低浓度煤层气(各组分摩尔分数为 30.0% CH_4 + 60.0% N_2+10.0% O_2)在摩尔分数 1.0% THF 溶液体系生成水合物的相平衡数据，结果如表 4.7 所示。

表 4.7 低浓度煤层气在 1.0% THF 溶液体系形成水合物的相平衡条件

T/K	277.1	284.6	286.1	287.9	288.4	289.1
P/MPa	0.40	1.58	2.00	2.58	3.08	3.68

根据低浓度煤层气生成水合物的相平衡实验结果，在摩尔分数 1.0% THF 溶液搅拌体系开展了低浓度煤层气形成水合物的动力学实验。THF 溶液体积为 252 mL，实验压力为 3.6 MPa，实验温度为 277.1 K，反应驱动力 ΔP =3.2 MPa ($\Delta P=P_{exp}-P_{eq}$)。为了缩短水合物结晶诱导时间，采用新配制的 THF 溶液和记忆溶液进行实验。新配制的溶液即采用去离子水与 THF 或 THF+SDS 试剂配制的溶液，而记忆溶液是经历过一次水合物生成和分解实验的溶液，具体实验条件如表 4.8 所示，各组实验测定的水合物结晶诱导时间(t_{ind})见表 4.8。

表 4.8 搅拌体系提纯低浓度煤层气的动力学实验条件

实验序号	THF 摩尔分数/%	SDS /(mg/kg)	水量 /cm³	P_{exp} /MPa	ΔP /MPa	T_{exp} /K	溶液状态	t_{ind} /min
1	1.0	0	240	3.6	3.2	277.15	新鲜溶液	12.2

续表

实验序号	THF 摩尔分数/%	SDS /(mg/kg)	水量 /cm^3	P_{exp} /MPa	ΔP /MPa	T_{exp} /K	溶液状态	t_{ind} /min
2							记忆溶液	4.5
3							新鲜溶液	33.2
4							记忆溶液	5.1
5	1.0	500	240	3.6	3.2	277.15	新鲜溶液	5.2
6							记忆溶液	4.2
7							新鲜溶液	8.0
8							记忆溶液	4.5

从表 4.8 可知，与新配制的溶液相比，在记忆溶液中获得的诱导时间更短，其原因主要在于记忆溶液在前一次实验结束时水合物颗粒并未完全分解，残留了部分水合物环形结构，有利于第二次实验中水合物的结晶与生成，这与 Vysniauskas 与 Bishnoi[8]等报道的研究结果一致。Vysniauskas 与 Bishnoi 在研究中指出水的类型对水合物结晶诱导时间有显著影响，而对水合物晶体的生长无明显作用。

添加了表面活性剂 SDS 的诱导时间(实验 5～8)比未添加 SDS 实验(实验 1～4)的诱导时间更短，表明 SDS 对水合物结晶的影响明显，SDS 可大幅降低气体水合物结晶诱导时间，其主要原因在于 SDS 降低了溶液的表面张力，形成的 SDS 胶束改善了气体在溶液中的溶解特性，进而提高了水合物成核推动力，缩短了水合物成核诱导时间。需要注意的是，在相同实验条件下获得的诱导时间也存在一定的差异(实验 1 与实验 3)，表明气体水合物的结晶成核有一定的随机性，这与文献报道的结果相吻合[9]。

表 4.9 给出了各组实验(表 4.8 中实验 1～8)的气体消耗速率、气体消耗量、CH_4 回收率以及 CH_4 分离因子等实验结果。表 4.9 中 r_{30min} 表示从水合物开始结晶到 30 min 时刻对应的气体消耗速率。由表 4.9 可见，记忆溶液中的 r_{30min} 大于新配制溶液，说明气体水合物在记忆溶液中的生成速率更快。另外，添加表面活性剂 SDS 可显著提高气体水合物的生成速率，实验 1 的 r_{30min} 为 0.0006 mol/h，而实验 5 中 r_{30min} 为 0.0012 mol/h。THF+SDS 溶液体系的气体消耗量大于 THF 溶液体系的气体消耗量，例如，THF+SDS 溶液中单位摩尔水的气体消耗量平均值为 0.0975 mol(实验 5 和实验 7)，高于 THF 溶液单位摩尔水的气体消耗量平均值 0.0955 mol(实验 1 和实验 3)。

表 4.9 搅拌体系提纯低浓度煤层气的实验结果

实验序号	溶液状态	r_{30min}/(mol/h)	单位摩尔水的最终气体消耗量/mol	$x_{CH_4}^{gas}$ /%	R_{CH_4} /%	分离因子 S
1	新鲜溶液	0.0006	0.0093	24.9	34.9	3.1
2	记忆溶液	0.0012	0.0083	25.0	32.8	3.2
3	新鲜溶液	0.0007	0.0098	27.0	33.3	2.1
4	记忆溶液	0.0012	0.0086	26.9	31.0	2.3
5	新鲜溶液	0.0015	0.0098	24.3	37.3	3.2
6	记忆溶液	0.0017	0.0099	24.1	38.1	3.2
7	新鲜溶液	0.0015	0.0109	23.6	43.7	3.4
8	记忆溶液	0.0018	0.0120	25.0	42.7	2.5

表 4.9 中 $x_{CH_4}^{gas}$ 表示反应结束时反应釜上层气相的 CH_4 含量。从表中结果可见，THF+SDS 溶液体系中上层 CH_4 的平均摩尔分数为 24.3%，明显小于 THF 溶液体系中上层 CH_4 摩尔分数的平均值(25.6%)，表明在 THF+SDS 溶液体系的实验中，更多 CH_4 分子进入了气体水合物相。此外，THF+SDS 溶液体系的 CH_4 回收率最高达到了 43%(实验 7)，比 THF 溶液体系的 CH_4 回收率更高。由此可见，在 THF 溶液中添加少量表面活性剂 SDS(500 mg/kg)不仅可促进水合物结晶，还可以提高气体消耗量和 CH_4 回收率。

4.6.2 THF 溶液搅拌体系的水合物生成过程

图 4.23 给出了低浓度煤层气在摩尔分数 1.0%THF 溶液搅拌体系生成水合物的气体消耗量和液相温度变化图(表 4.8 中实验 1)。实验压力为 3.6 MPa、温度为 277.15 K，搅拌转速为 200 r/min。由图 4.23(a)可见，气体消耗量在 12.2 min 时刻突然升高，表明气体水合物在此刻开始进入快速成核阶段，即低浓度煤层气水合物诱导时间 t_{ind}=12.2 min，与此同时液相温度略有升高。图 4.23(b)为整个反应过程中气体消耗量和液相温度的变化情况，由气体消耗量曲线可清晰地看出水合物生成过程的 3 个阶段，即气体溶解阶段、水合物快速生长阶段、水合物缓慢生长阶段。第一阶段(0～12.2 min)，气体消耗量较小，主要表现为微量气体分子(CH_4、N_2、O_2)溶解于液相；第二阶段(12.2 min～31.7 h)水合物结晶成核，并进入水合物快速生长阶段，该阶段表现出气体消耗量增长较快，液相温度出现若干个波动，主要是因为水合物生成过程是一个放热过程，恒温水浴不能及时将水合热排走导致液相温度升高；第三阶段(31.7～42 h)水合物生长速度越来越慢，气体消耗曲线趋于平缓，液相温度无明显波动，表明水合物生成过程结束。

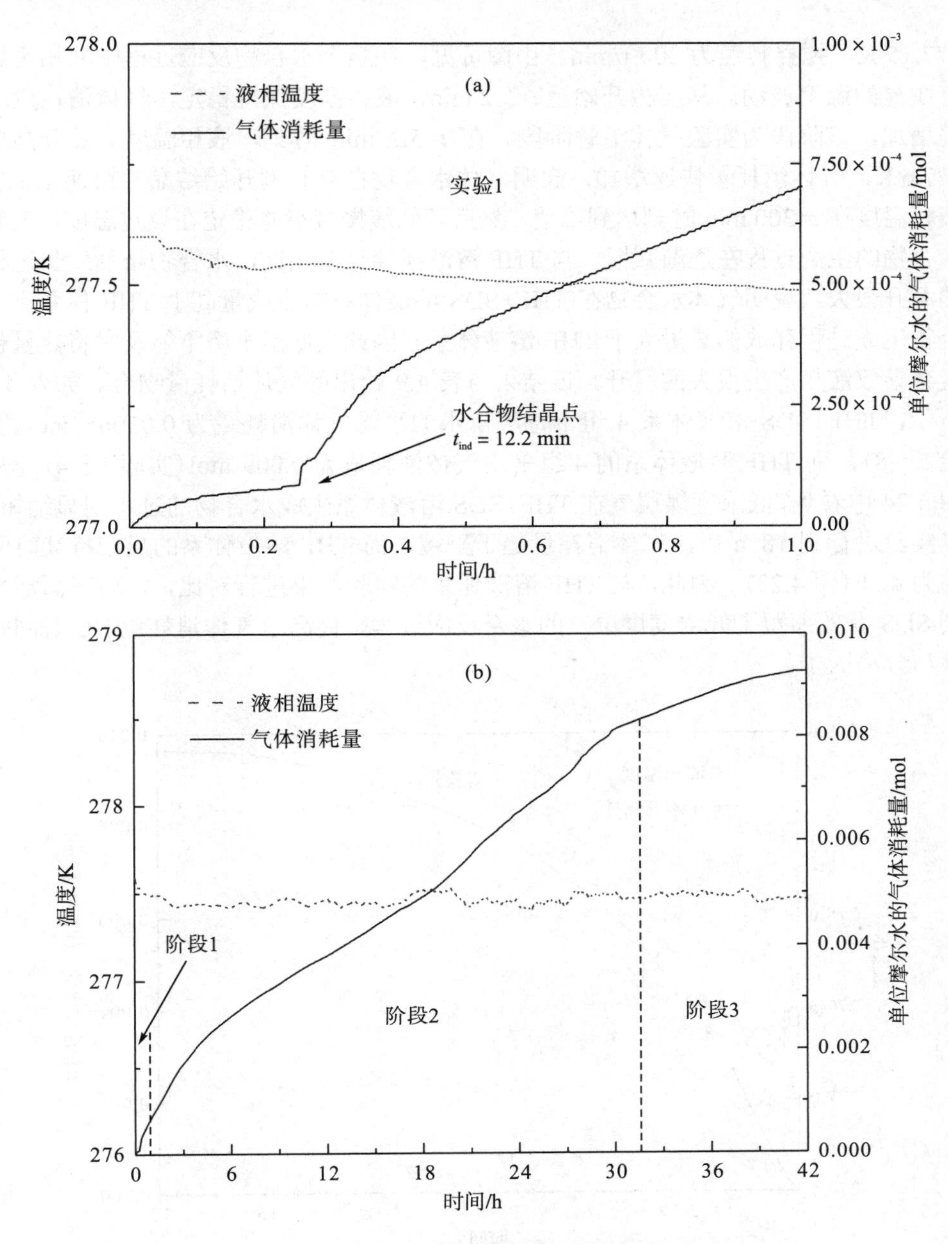

图 4.23　气体消耗量与温度随时间的变化曲线

4.6.3　THF+SDS 溶液搅拌体系的水合物生成过程

图 4.24 给出了低浓度煤层气在 THF+SDS 溶液搅拌体系（表 4.8 中实验 5）生成水合物的气体消耗量和液相温度的变化情况。实验压力为 3.6 MPa，温度为

277.15 K，搅拌转速为 200 r/min。由图可见，在整个水合物反应过程中液相区域有明显的温度波动。从实验开始至 t=5.2 min，液相温度保持稳定，气体消耗量缓慢增加，该阶段为实验气体溶解阶段。在 t=5.2 min 时刻，液相温度突然升高至 277.6 K，气体消耗量快速增加，表明气体水合物在该时刻开始结晶并快速生长。液相温度在 t=300 min 时刻达到峰值，然后开始缓慢减小并稳定在设定温度，表明水合物的生成过程在逐渐减慢。与 THF 溶液搅拌体系相比，水合物结晶生长过程的温升很大，说明气体水合物在 THF+SDS 溶液体系的生成量高于 THF 体系，水合物生成过程释放的热量大于 THF 溶液体系，因此当低温水浴不能及时将热量带走会导致液相产生很大的温升。该结果与表 4.9 给出的气体消耗量吻合。如表 4.9 所示，THF+SDS 溶液体系 4 组单位摩尔水的平均气体消耗量为 0.01065 mol(实验 5～8)，而 THF 溶液体系的 4 组平均气体消耗量为 0.009 mol(实验 1～4)。从图 4.24 中看到，低浓度煤层气在 THF+SDS 溶液体系生成水合物的过程明显缩短，当实验进行到 18 h 后，气体消耗量趋于平缓，而 THF 溶液体系的反应持续时间约为 42 h(图 4.23)。因此，与 THF 溶液体系的实验结果进行对比，发现表面活性剂 SDS 有效缩短了低浓度煤层气的水合反应过程，提高了气体消耗量、CH_4 回收率与分离因子。

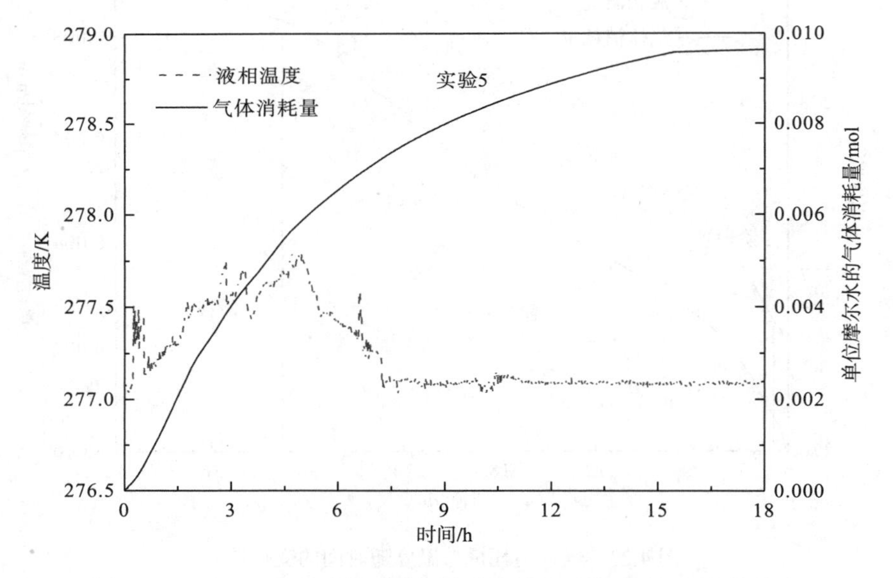

图 4.24 THF+SDS 溶液体系的气体消耗量与温度随时间的变化曲线

4.6.4 SDS 对气体消耗量的影响

图 4.25 显示了溶液搅拌体系中 SDS 对气体消耗量的影响关系。如图所示，加

入 SDS 表面活性剂后，低浓度煤层气水合物的生成过程明显缩短。在搅拌体系中加入 SDS 后水合物生成过程由 25 h 缩短至 15 h。另外，SDS 对反应过程总的气体消耗量也有显著影响。THF 溶液搅拌体系中单位摩尔水的平均气体消耗量为 0.009 mol，添加 500 mg/kg SDS 后，气体消耗量增加至 0.0103 mol(表 4.9)。

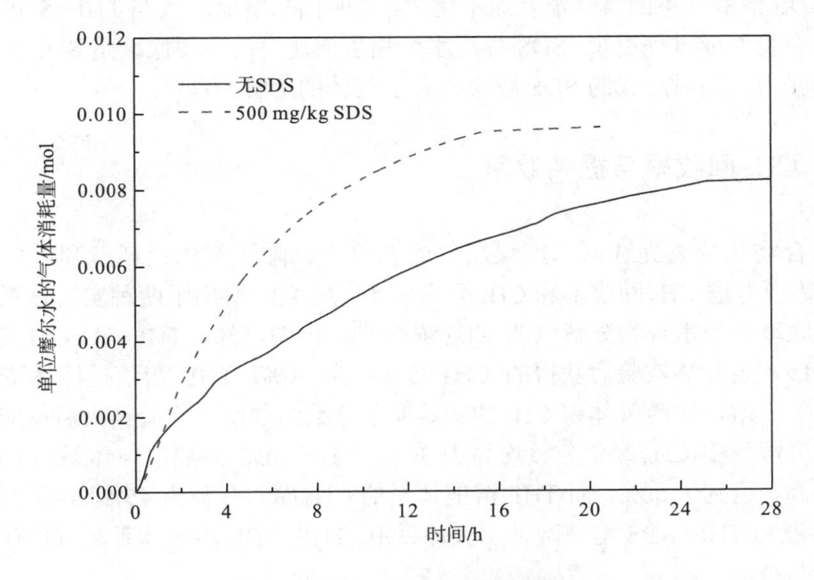

图 4.25　SDS 对气体消耗量的影响

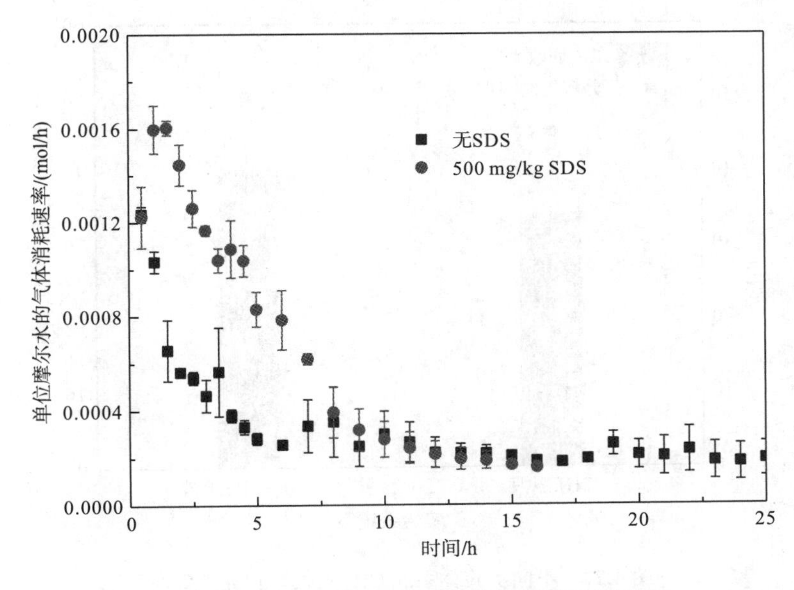

图 4.26　搅拌体系中 SDS 对气体消耗速率的影响

图 4.26 在搅拌体系比较了有 SDS 和没有 SDS 两种情况下的气体消耗速率，图中的时间零点对应水合物结晶成核点。如图所示，在水合物生成阶段的前 5 h，THF+SDS 溶液体系的气体消耗速率明显高于 THF 溶液体系，几乎是 THF 溶液体系的两倍。由此可见，添加 SDS 对气体水合物的生长过程有明显的促进作用。在 THF+SDS 溶液体系的气体消耗速率更快，表明低浓度煤层气在 THF+SDS 溶液体系的水合物生成过程更短。SDS 提高水合物生成速率的主要原因是 SDS 降低了溶液表面张力，同时形成的 SDS 胶束改善了气体的溶解特性[6]。

4.6.5 CH_4 回收率与提纯效率

水合物法分离提纯低浓度煤层气的评价指标除了气体消耗量和气体消耗速率，还需要考虑 CH_4 回收率和 CH_4 分离效率。图 4.27 给出了两种实验体系所获得 CH_4 回收率以及水合物分解气的 CH_4 浓度[10]。由图可知，THF+SDS 溶液搅拌体系在一级水合分离实验后获得的 CH_4 回收率为 40%，THF 溶液搅拌体系的 CH_4 回收率为 34%，实验气体中 CH_4 的初始摩尔分数为 30%，实验结束后反应体系的水合物分解气中 CH_4 摩尔分数均高于 30%。THF+SDS 溶液搅拌体系的 CH_4 摩尔分数最高，达到了 50%，而 THF 溶液体系的 CH_4 摩尔分数为 45%。综上所述，在 THF 溶液和 THF+SDS 溶液两种实验体系中，THF+SDS 溶液体系具有最佳的 CH_4 回收率与分离效率。

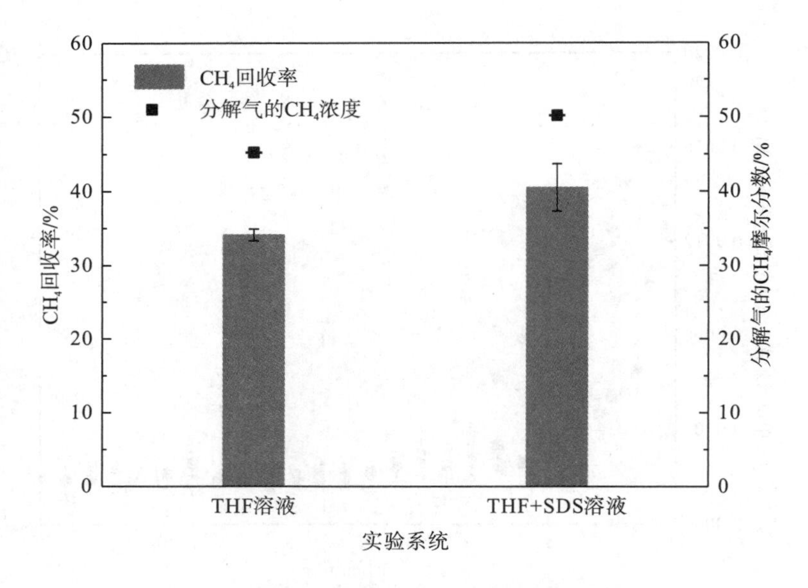

图 4.27 不同实验体系的 CH_4 回收率和提纯效率

4.7　CP 溶液体系的提纯实验研究

4.7.1　CP 溶液体系的反应动力学条件

根据测定的相平衡数据(图 3.25)，以 $T_{eq} = 283.4$ K，$P_{eq} = 0.3$ MPa 作为相平衡点，开展了反应动力学实验研究[11]，实验条件见表 4.10。表 4.10 还给出了反应结束时反应器内残留的 CH_4 含量($x_{CH_4}^{gas}$)，水合物分解气的 CH_4 含量($x_{CH_4}^{H}$)，CH_4 回收率以及分离因子。由表 4.10 可见，实验结束时反应器中混合气体剩余的 CH_4 含量($x_{CH_4}^{gas}$)低于其初始 CH_4 含量(30%)，表明在 CP-H_2O 体系 CH_4 与 N_2 相比会优先形成气体水合物，实现水合物法提纯低浓度煤层气的目的。

表 4.10　CP-H_2O 体系水合物法提纯低浓度煤层气的动力学实验结果

实验序号	CP 质量分数/%	P_{exp}/MPa	ΔP/MPa	$x_{CH_4}^{gas}$/%	$x_{CH_4}^{H}$/%	R/%	分离因子 S
1				22.2	47.5	38.9	7.9
2	13	3.8	3.5	22.2	51.8	42.0	5.2
3				22.0	49.6	40.2	7.6
4				20.0	48.4	46.6	11.0
5	13	2.6	2.3	21.0	46.3	46.3	11.0
6				20.3	46.8	45.5	10.2
7				23.8	45.2	30.6	10.9
8	4	3.8	3.5	22.7	47.4	34.3	15.1
9				23.2	46.5	33.1	11.2
10				22.1	45.3	38.2	9.6
11	4	2.6	2.3	22.4	47.4	37.5	9.0
12				21.7	44.4	39.9	10.2

4.7.2　压力对 CH_4 回收率的影响

以压差作为生长驱动力($\Delta P = P_{exp} - P_{eq}$)，$P_{exp}$ 为给定温度条件下的实验压力，P_{eq} 为相同温度条件下的水合物相平衡压力。图 4.28 给出了 ΔP=3.5 MPa 时低浓度煤层气在质量分数 13% CP 溶液中生成气体水合物的温度及气体消耗量变化情况。由图可见，在 236.3 min 时，水合物开始结晶，其气相温度突然升高，气体消耗量从 3.7×10^{-3} mol 快速增加到 9.2×10^{-3} mol。图 4.29 为水合物在反应器中的结晶生长情况，从上向下依次为低浓度煤层气-CP 界面、CP 液体、气体水合物。由图可见，水合物首先在 CP-H_2O 界面结晶生长，然后在溶液中大量生成。

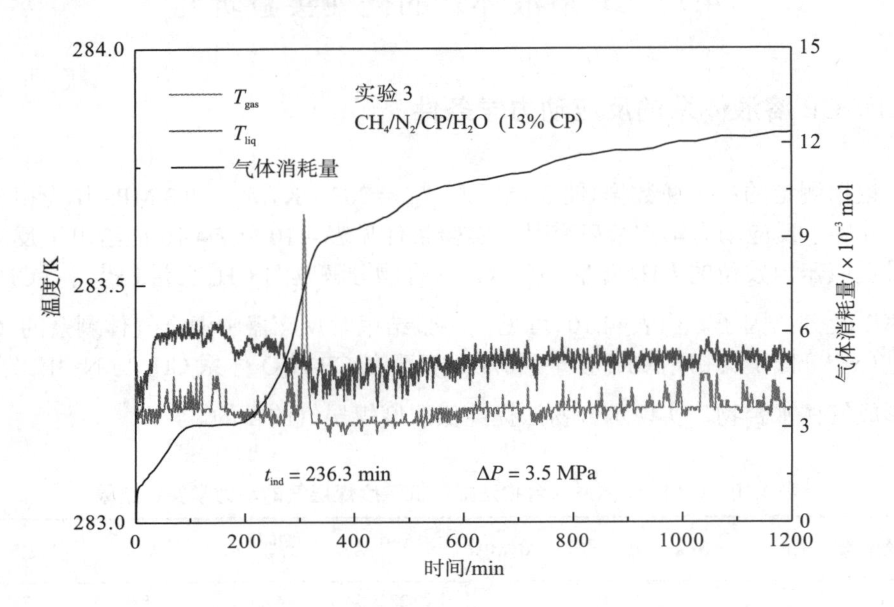

图 4.28 实验过程的气体消耗量与温度变化图

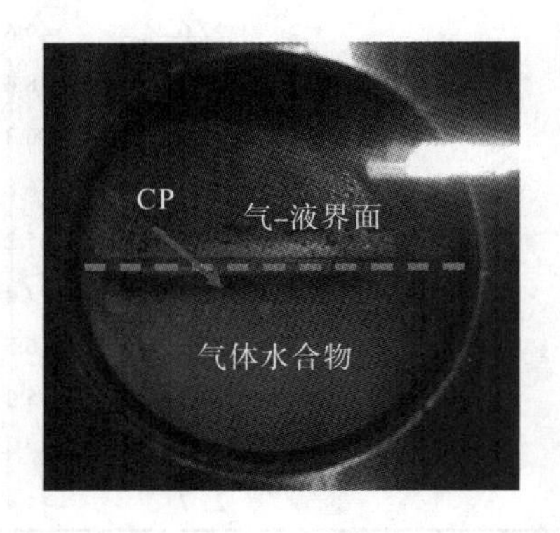

图 4.29 低浓度煤层气在 CP-H_2O 体系形成的气体水合物

图 4.30 给出了 ΔP=2.3 MPa 时，低浓度煤层气在质量分数 13% CP 溶液中生成气体水合物的情况。虽然在 210.3 min 时气体消耗量从 1.1×10^{-3} mol 快速增加到 3.2×10^{-3} mol，但未观察到气相温度大幅升高，说明水合物生成过程释放的水合热较少，即水合物生成量减少。图 4.28 和图 4.30 的比较结果表明低浓度煤层气的消耗量随着生长驱动力的增加而升高，更多气体进入了水合物相。但是从表 4.10 可见，随着压力的升高，反应器内剩余的 CH_4 含量略有升高，CH_4 回收率减小，分

离因子减小，表明随着生长驱动力的升高，N_2 与 CH_4 竞争进入水合物相，对 CH_4 回收率造成影响，导致 CH_4 回收率降低。当 CP 质量分数为 4%时，CH_4 回收率表现出相同的变化趋势(表 4.10)。

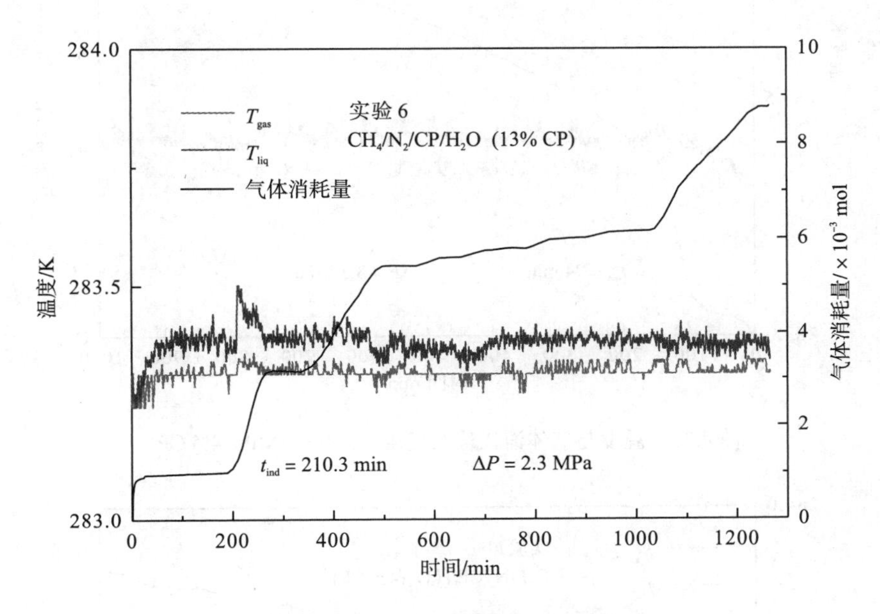

图 4.30　气体消耗量与温度变化图

4.7.3　CP 浓度对 CH_4 回收率的影响

图 4.31 给出了 ΔP=3.5 MPa 时，低浓度煤层气在质量分数 4% CP 溶液中生成气体水合物情况。在反应开始 94 min 后，气相温度突然升高，气体消耗量从 1.0×10^{-3} mol 快速升高到 3.6×10^{-3} mol。图 4.32 给出了低浓度煤层气在 ΔP=2.3 MPa，质量分数 4% CP 溶液中生成气体水合物情况。与图 4.31 的结果类似，当反应开始 98.7 min 后，气体消耗量从 1.1×10^{-3} mol 突然增加到 3.2×10^{-3} mol，表明水合物此刻在 CP-H_2O 界面开始结晶并生长。

比较图 4.28 与图 4.31，当生长驱动力相同时，低浓度煤层气的消耗量随着环戊烷浓度的增加而增大，其原因主要是 CP 与水会形成气体水合物，当 CP 浓度增加后，导致水合物生成量增大，因此可用于捕集 CH_4 的孔穴数增多。另外，由表 4.10 还可以看出在生长驱动力相同的条件下，CH_4 的回收率随着 CP 浓度的升高而增大。

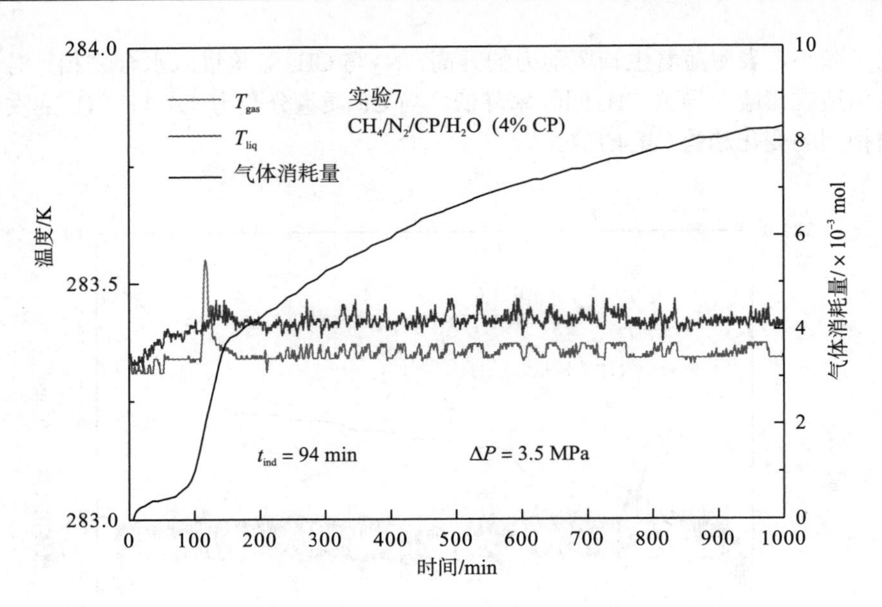

图 4.31 温度与气体消耗量的变化（ΔP=3.5 MPa, 4% CP）

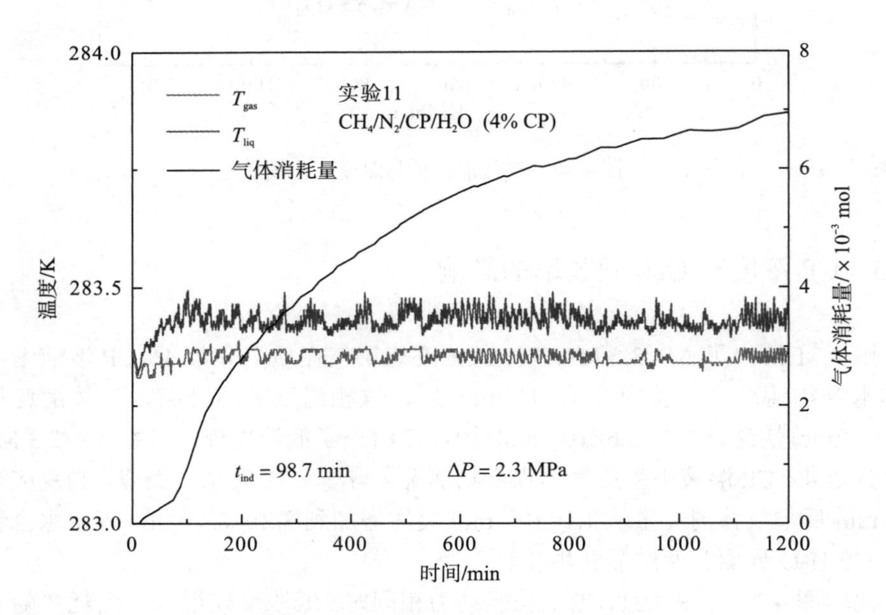

图 4.32 温度与气体消耗量的变化

4.7.4 低浓度煤层气的二级水合分离

图 4.33 给出了低浓度煤层气的 CH_4 回收率、水合物分解气的 CH_4 浓度(methane concentration)随着压力和 CP 浓度的变化情况。由图可见，在 P=2.6 MPa

的低压条件(ΔP=2.3 MPa)、质量分数 13% CP 的 CH_4 回收率最高，约为 46.1%。水合物分解气的 CH_4 摩尔分数在各实验条件下较为接近，约为 47.2%。

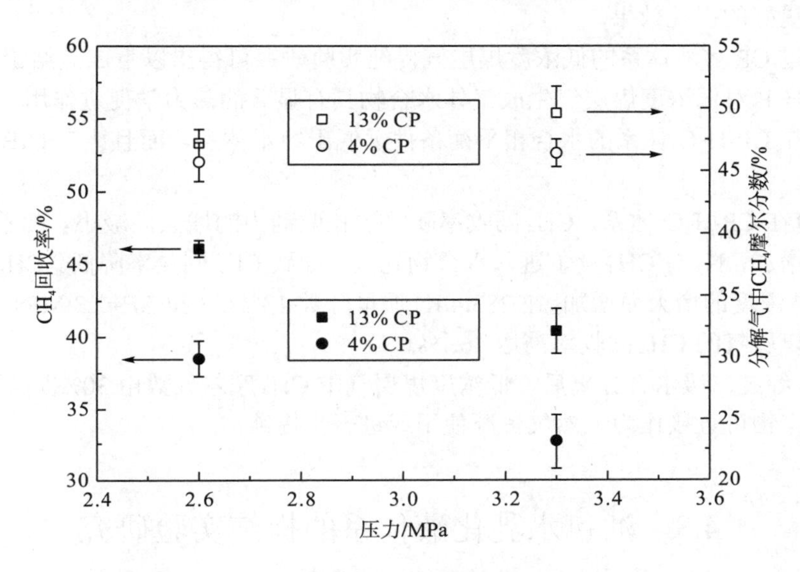

图 4.33　CH_4 回收率和水合物分解气中 CH_4 浓度

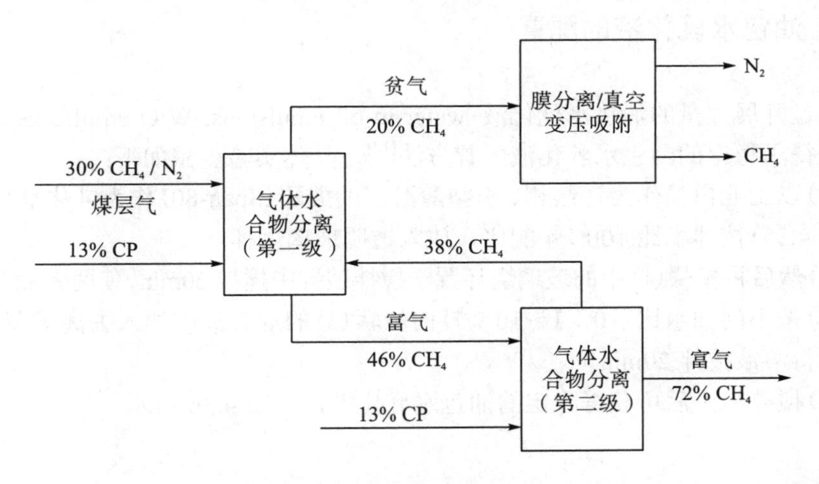

图 4.34　低浓度煤层气的提纯流程图

以低浓度煤层气在 CP-H_2O 体系进行水合分离的最优条件(283.4 K、质量分数 13% CP、P=2.6 MPa)对低浓度煤层气进行二级水合分离研究[12]。分离流程如图 4.34 所示，第一级原料气为低浓度煤层气(摩尔分数 30% CH_4+70% N_2)，第二级原料气为第一级气体水合物的分解气。经过两级水合分离后，低浓度煤层气中 CH_4 摩尔分数由 30%提高到了 72%，该气体组分已达到了天然气使用要求，可作为常规天然气资源使用，也可以进一步提纯。如图所示，对于反应过程残留的CH_4含量更低的混合气体，可采用膜分离或者真空变压吸附方法进行后续分离处理，将获得更好的提纯效果。

通过 CP 溶液体系的低浓度煤层气提纯实验研究可得出以下 3 点结论：

(1) CP 对低浓度煤层气生成气体水合物具有显著的热力学促进作用，低浓度煤层气在 CP-H_2O 体系的水合相平衡条件远低于纯水体系，而且比 TBAB 的促进效果好。

(2) 在 CP-H_2O 体系，CH_4回收率随着生长驱动力的增大而减小。随着生长驱动力的增加，N_2与CH_4竞争进入水合物孔穴，导致CH_4回收率降低。CH_4回收率随着 CP 浓度的增大而增加。在 283.4 K、质量分数 13% CP 和 ΔP=2.3 MPa 条件下，低浓度煤层气的CH_4回收率高达 46.1%。

(3) 经过二级水合分离后，低浓度煤层气中CH_4摩尔分数由 30%提高到 72%，该气体产物可直接作为天然气资源使用或进一步提纯。

4.8 油包水乳化液体系的提纯实验研究

4.8.1 油包水乳化液的配置

通过开展大量的油包水乳化液(water-in-oil emulsions, W/O emulsions)配制实验，获得了稳定的油包水乳化液配置方法[13]，具体实验步骤如下：

(1) 以工业白油作为连续相、山梨醇酐三油酸酯(Span-80)作为乳化剂(结构简式见图 4.35)按体积比 100∶4 配比，放入透明玻璃烧杯。

(2) 然后将步骤(1)中的玻璃烧杯置于搅拌装置中搅拌 20min，使两者混合均匀。

(3) 按不同油水比(10∶1～10∶7)向步骤(1)的混合液中加入去离子蒸馏水，再将所得溶液搅拌 20min。

(4) 搅拌结束后可获得稳定的油包水乳化液，如图 4.36 所示。

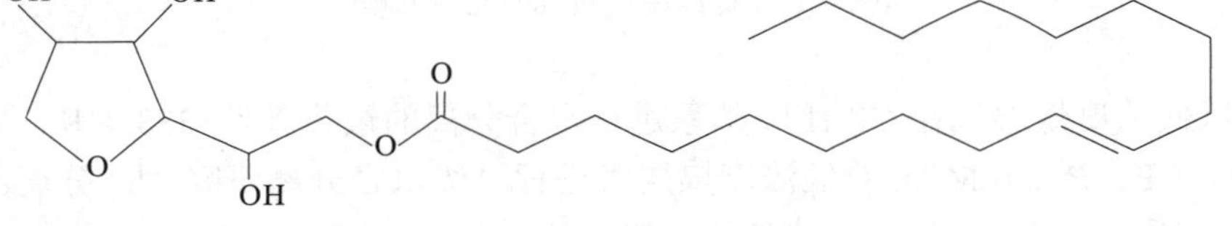

OH OH O O O OH

图 4.35 Span-80 结构简式

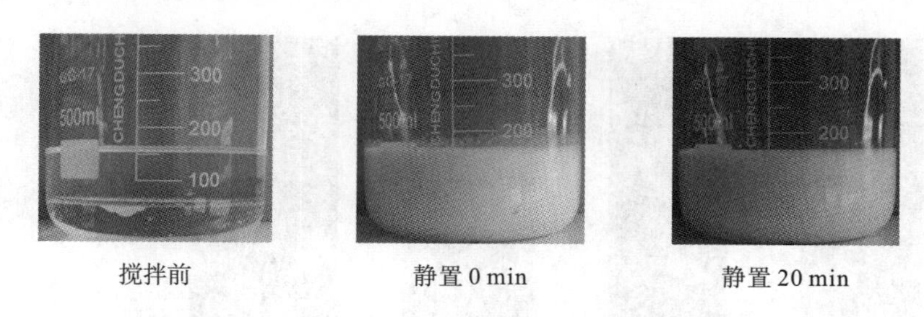

图 4.36　Span-80 作乳化剂配制的油包水乳化液(油水比=5∶3)

4.8.2　油包水乳化液的稳定性分析

油和水在不添加其他物质的情况下是不相容的，会形成油水分离现象。我们在室温常压和室温高压(3.5 MPa)条件下对油包水乳化液进行了稳定性分析，结果如图 4.37 所示，其中，图 4.37(a)为常温常压，图 4.37(b)为室温高压条件。由图可见，在不同的水油比条件下，制备的油包水乳化液静置 30 min 后出现了不同的现象。当水油比 (water oil ratio, WOR)为 10%、30%、70%时，油包水乳化液无论在常压还是在高压条件下(3.5MPa)都没有出现油水分层现象，表明 WOR=10%、30%、70%的油包水乳化液可以长期稳定的存在于常压和高压条件。当 WOR 为 80%时，乳化液无论在常压还是在高压条件下都出现了明显的油水分层现象，表明该 WOR 条件下的油包水乳化液不能长期稳定存在。图 4.37 的实验测试结果表明油包水乳化液能长期稳定存在的 WOR 范围是 10%～70%。

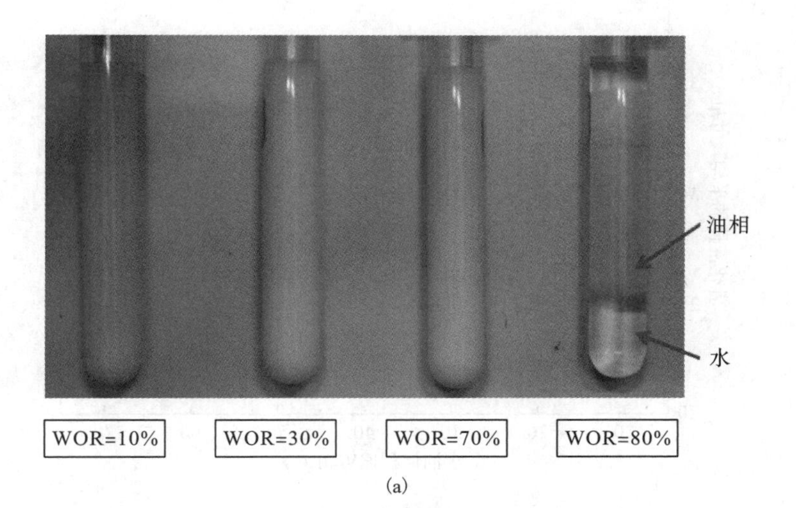

(a)

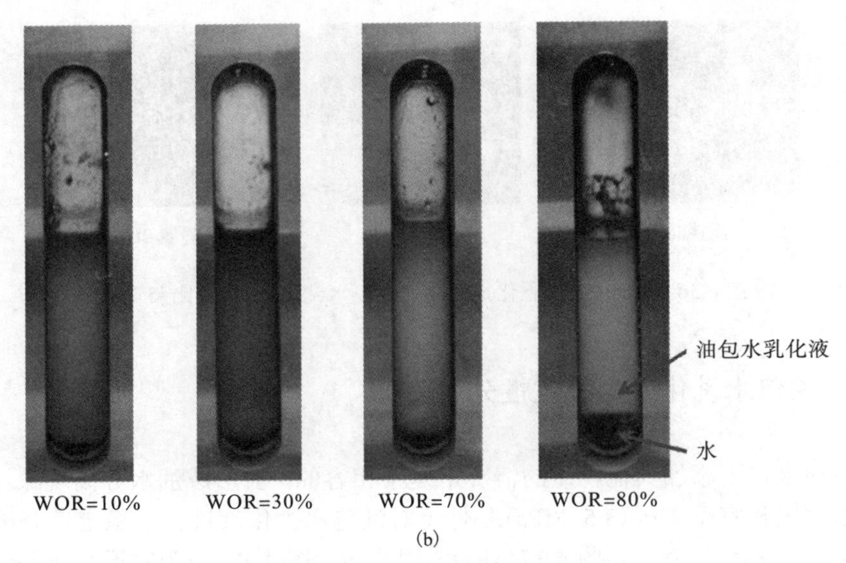

(b)

图 4.37 油包水乳化液稳定性测试

为了进一步认识油包水乳化液的稳定性，采用 Microtrac S3500 干湿两用微米激光粒度仪对油包水乳化液的粒径进行测量，结果如图 4.38 所示。由图可见，油包水乳化液的平均粒径为 20～40μm，且随着水油比的增加而增加。当 WOR=10%时，乳化液滴的平均粒径为 25.15 μm；当 WOR=70%时，乳化液滴的平均粒径为 36.98 μm。

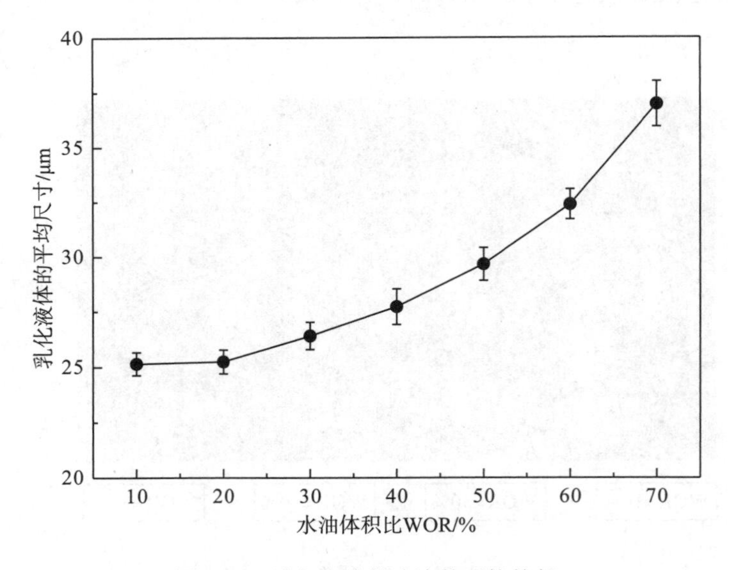

图 4.38 油包水乳化液滴的平均粒径

4.8.3　油包水乳化液体系的煤层气提纯结果与讨论

以 CP 作为热力学促进剂，研究了 WOR 和系统压力变化对低浓度煤层气（各组分的摩尔分数为 30% CH_4+60% N_2+10% O_2）提纯特性的影响。实验条件与实验结果见表 4.11 和表 4.12。由表 4.11 可见，随着 WOR 的增加，乳化液滴的粒径随之增大，乳化体系的水合物诱导时间 t_{ind} 越来越长。例如，在低压条件下，当 WOR=10%时，平均诱导时间 t_{ind} 为 7.6 min；当 WOR=70%时，诱导时间升高至 15.8 min。另外，当压力从 3.5 MPa 升高到 5.0 MPa 时，诱导时间缩短，表明高压条件下的气体水合物会更快成核结晶。从表 4.11 中还可以发现，气体水合物分解气中的 CH_4 含量高于 50%，与低浓度煤层气 30%的 CH_4 含量相比，有了明显提高，表明采用油包水乳化液提纯低浓度煤层气是可行的。

表 4.11　油包水乳化液体系的实验条件

实验序号	T_{exp}/K	P_{exp}/MPa	矿物油/cm^3	水量/cm^3	WOR/%	t_{ind}/min	$x_{CH_4}^{gas}$ /%	$x_{CH_4}^{H}$ /%
1	273.6	3.5	230	23	10	5.5	25.2	49.9
2						7.3	27.1	51.1
3						10.1	26.8	52.4
4	273.6	3.5	200	60	30	3.1	22.7	51.6
5						15.1	22.6	52.7
6						19.7	21.8	52.1
7	273.6	3.5	150	100	70	21.3	22.7	55.0
8						11.5	20.9	52.4
9						14.7	20.9	53.0
10	273.6	5.0	150	100	70	13.6	21.5	52.7
11						13.3	21.4	51.6
12						15.7	21.7	53.4

表 4.12　油包水乳化液体系的实验结果

实验序号	P_{exp} /MPa	WOR /%	r_{30min} /(mol/h)	实验时间 /h	单位摩尔水的气体消耗量/mol	CH_4 回收率 /%	分离因子 S
1	3.5	10	0.0636	19	0.0589	27.5	4.2
2			0.0745	16	0.0599	26.0	2.1
3			0.0753	19	0.0592	27.1	2.3
4	3.5	30	0.0534	17	0.0340	40.1	5.0
5			0.0518	19	0.0327	44.7	6.0

续表

实验序号	P_{exp} /MPa	WOR /%	r_{30min} /(mol/h)	实验时间 /h	单位摩尔水的气体消耗量/mol	CH_4回收率 /%	分离因子 S
6			0.0466	21	0.0322	44.8	5.0
7	3.5	70	0.0142	20	0.0221	40.1	4.6
8			0.0129	22	0.0203	41.6	5.0
9			0.0139	20	0.0218	42.7	5.1
10	5.0	70	0.0199	15	0.0315	43.7	6.3
11			0.0194	16	0.0291	44.3	6.3
12			0.0190	18	0.0290	43.6	6.0

1)油包水乳化液体系的水合物生成过程

图4.39给出了273.6K、3.5MPa、WOR为30%的乳化液体系中温度和气体消耗量随时间的变化情况，其中图4.39(a)是反应开始50min温度与气体消耗量的变化图。由图可见，当反应进行到3.1 min时，温度突然升高，该时间为水合反应的诱导时间。水合物晶体在这一时刻大量生成，释放热量，从而使得液相温度明显升高。图4.39(b)是整个反应过程中温度和气体消耗量随时间的变化图，由图可见，温度在t=3.1 min和t=193.7 min时刻急剧上升，说明在整个反应过程中水合物的结晶成核不止出现了一次，即为气体水合物的多次成核现象。

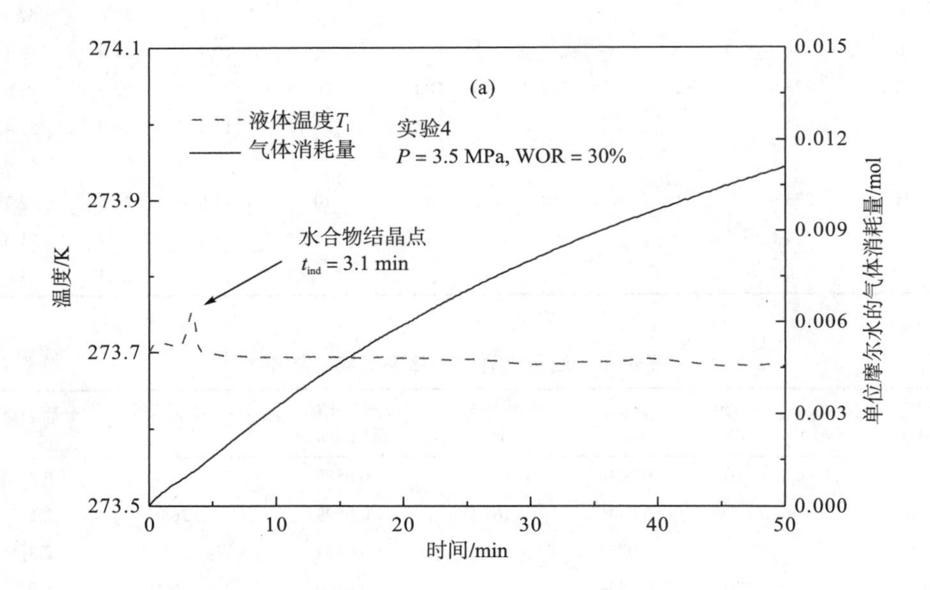

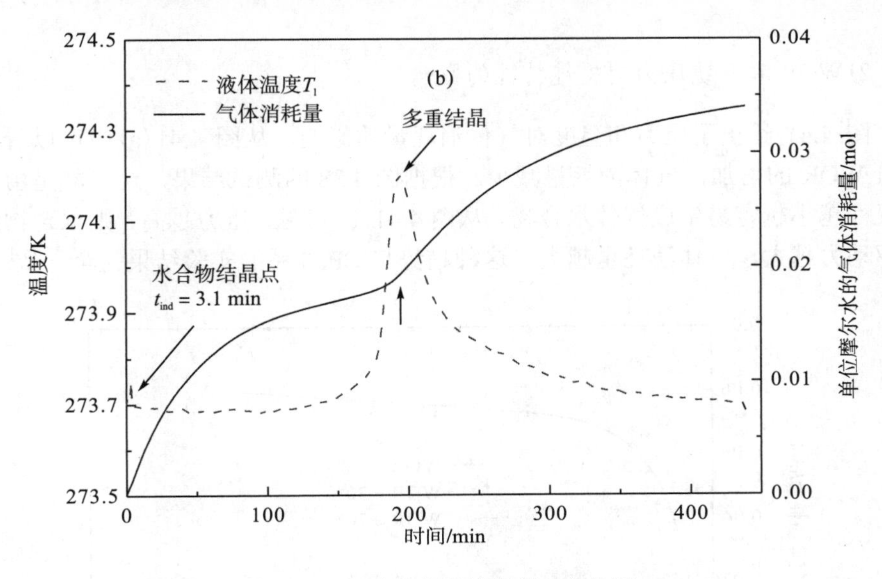

图 4.39　温度和气体消耗量的变化图

图 4.40 给出了 273.6 K、5.0 MPa、WOR70%时采用油包水乳化液进行煤层气提纯的温度和气体消耗量随时间的变化情况。由图可见，水合反应的诱导时间出现在 t=13.6 min。同样地，当反应进行到 74.3 min 时出现了水合物的成核现象。另外，通过比较图 4.39(b)和图 4.40，可以看出高压和高 WOR 条件下水合反应的诱导时间延后了约 10 min。

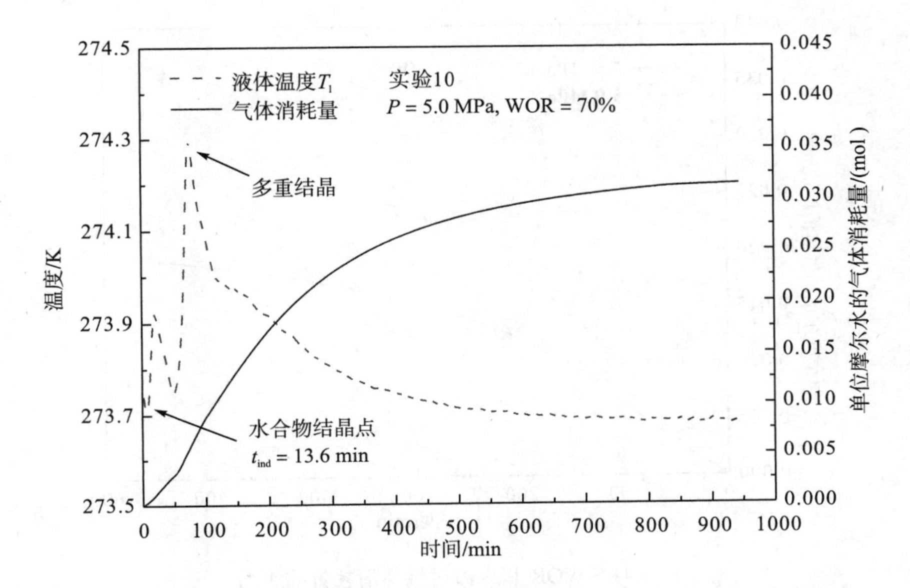

图 4.40　温度和气体消耗量的变化图(P=5.0 MPa，T=273.6 K，WOR=70%)

2) WOR 和系统压力对提纯特性的影响

图 4.41 给出了压力和温度对气体消耗量的影响。从图 4.41(a)中可以看到，随着 WOR 的增加，气体消耗量减少。根据图 4.38 的测试结果，这可能是由于液滴尺寸越小越容易生成气体水合物。从图 4.41(b)可见，压力越高，则水合物的生长驱动力越大，气体消耗量越大，这种趋势与 CP 体系的实验结果完全一致[11]。

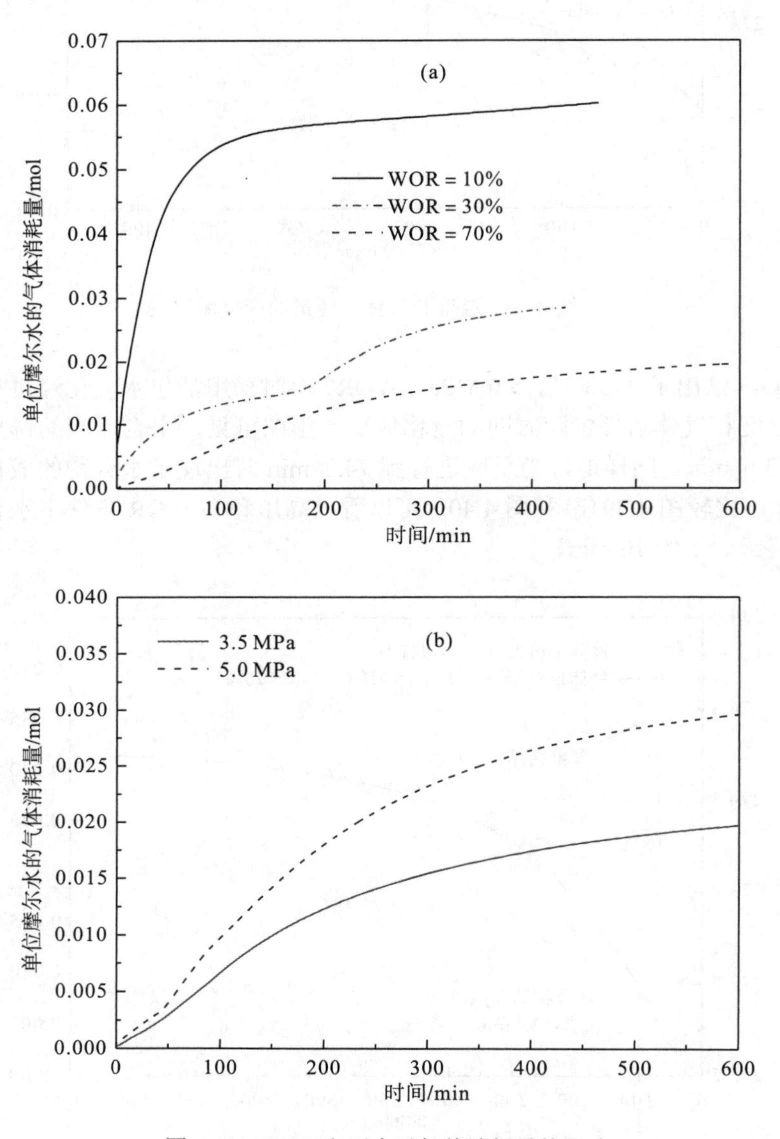

图 4.41 WOR 和压力对气体消耗量的影响

图 4.42(a)向我们展示了 WOR 对平均反应速率的影响。从图中可以看出，水合物的反应速率趋势与图 4.39、图 4.40 中温度和气体消耗量变化趋势是一致的，反应速率的变化曲线基本上可以分为三个阶段，进一步证明了油包水乳化体系中气体水合物的二次成核现象。图 4.42(a)中的反应速率在 WOR=10%，t=240 min 时接近零，这可能是由于水量较少，液相中的水被大量消耗而引起的。图 4.42(b)是压力对反应速率的影响，从图中可以看出，压力越高，反应速率越快，主要是因为更高的压力提供了更大的反应驱动力，从而使得水合反应的速度加快。

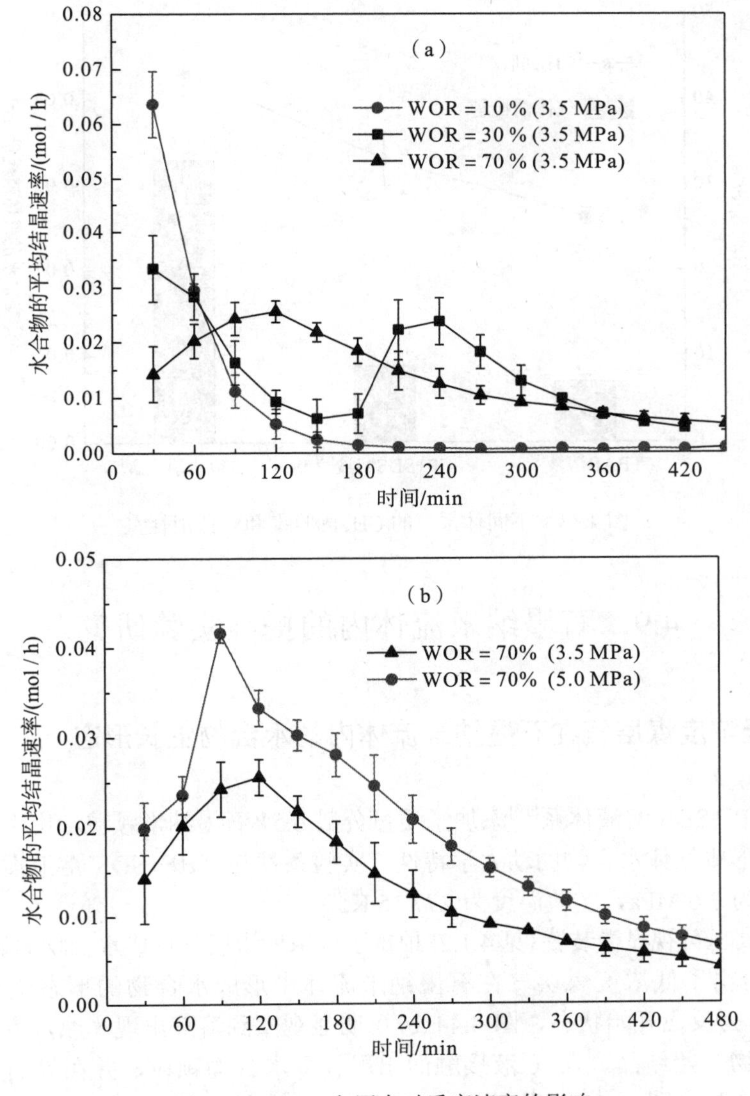

图 4.42　WOR 和压力对反应速率的影响

3)不同系统提纯特性的比较

图 4.43 给出了不同体系的 CH_4 回收率和气体消耗量对比结果，从图中可以看出油包水乳化液体系的单位摩尔水的气体消耗量最高，CH_4 回收率也是最高，CP+SDS 体系次之，而 TBAB 溶液搅拌体系的气体消耗量和 CH_4 回收率最低。由此可见，从提纯效率的角度而言，油包水乳化液体系在所有溶液搅拌体系中提纯效率最高，具有良好的工业应用前景。

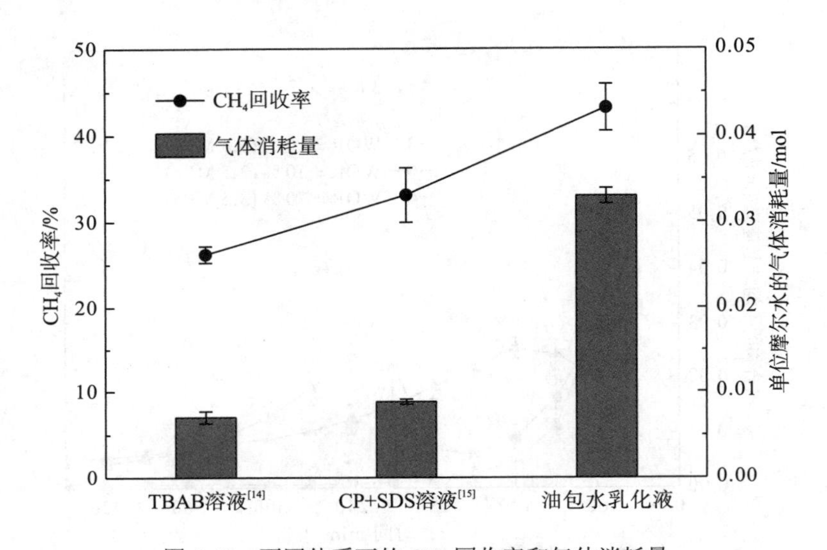

图 4.43 不同体系下的 CH_4 回收率和气体消耗量

4.9 石墨纳米流体内的提纯实验研究

4.9.1 低浓度煤层气在石墨纳米流体内的水合物生长形态

向 THF+SDS 溶液体系[10]添加了质量分数 0.5%石墨纳米颗粒，用于强化低浓度煤层气形成气体水合物的动力学特性，实验条件与 THF+SDS 溶液搅拌体系相同，压力为 3.6 MPa，实验温度为 277.15 K。

采用高压可视显微装置(见 4.1.2)拍摄了低浓度煤层气形成水合物的显微形态。图 4.44 给出了低浓度煤层气在石墨纳米流体中形成水合物的形态变化情况。图 4.44(a)为反应开始状态，图 4.44(b)可明显观察到溶液出现浑浊，表明溶液中气体水合物开始结晶，在气-液接触面出现较多水合物颗粒，并在界面形成不光滑的水合物膜。图 4.44(c)的液相中出现较多水合物，并且覆盖了反应釜内壁，气相中水合物从气-液界面开始沿着反应釜内壁向上生长，逐渐形成块状水合物。从图 4.44(d)可看出，气相和液相中的气体水合物都在增加，气相的水合物继续向上生长。图 4.44(e)相比于图 4.44(d)，最大的变化是在气相中出现须状水合物结晶，主要是由于液体的毛细作用。图 4.44(f)是水合物生成的最终形态。另外，从图 4.44(b)到图 4.44(d)只用了 2 min，说明气体水合物在这个阶段的结晶速度特别快；从图 4.44(d)到图 4.44(e)用了 3 h，表明水合物生成速度在减慢；从实验开始到最终状态需要 24 h。

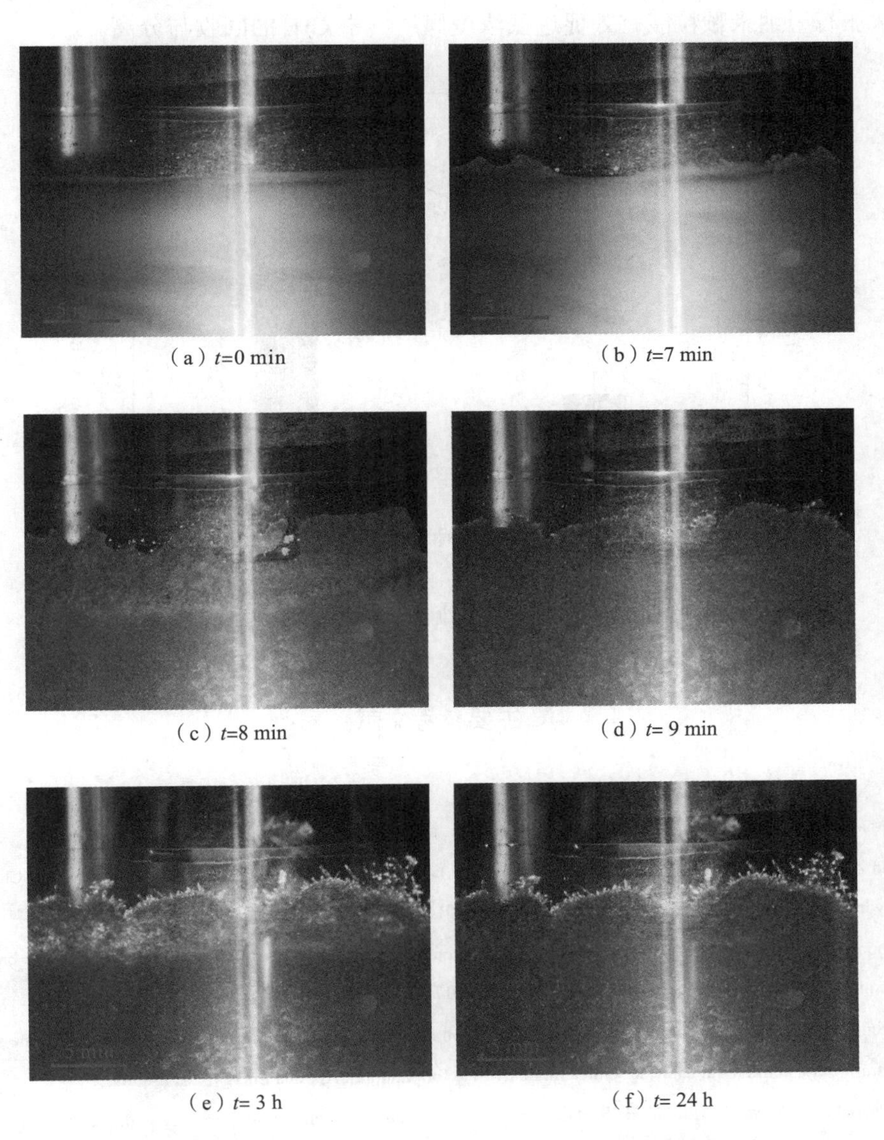
(a) t=0 min　(b) t=7 min

(c) t=8 min　(d) t= 9 min

(e) t= 3 h　(f) t= 24 h

图 4.44　低浓度煤层气在石墨纳米流体内的水合物显微生长图

4.9.2 石墨纳米流体体系的 CH_4 提纯效率

图 4.45 给出了 THF+SDS 溶液体系与石墨纳米流体体系的 CH_4 回收率和分离因子。由图可知，THF+SDS 溶液搅拌体系的 CH_4 回收率为 39%，添加石墨纳米颗粒后，溶液体系的 CH_4 回收率达到了 50%。此外，向 THF+SDS 溶液搅拌体系添加纳米石墨颗粒后，分离因子由 3 升高到 6。由此可见，向 THF+SDS 溶液体系中添加石墨纳米颗粒能有效促进低浓度煤层气中 CH_4 的回收与分离。

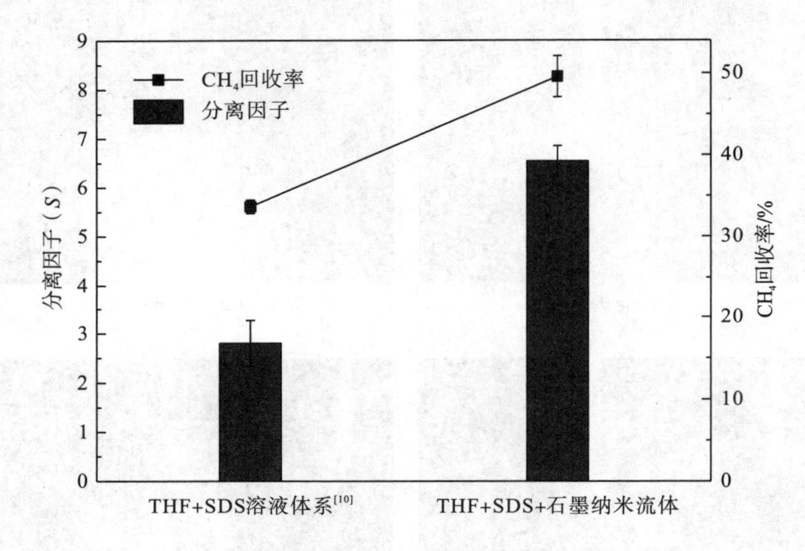

图 4.45 不同体系 CH_4 回收率与分离因子的对比

主要参考文献

[1] 孙栋军. 水合物法提纯低浓度煤层气的实验研究[D]. 重庆: 重庆大学, 2015.

[2] Sun Z G, Liu C G, Zhou B, et al. Phase equilibrium and latent heat of tetra-n-butylammonium chloride semi-Clathrate hydrate [J].Journal of Chemical & Engineering Data, 2011, 56(8): 3416-3418.

[3] Zhong D L, Englezos P. Methane separation from coal mine methane gas by tetra-n-butyl ammonium bromide semiclathrate hydrate formation[J]. Energy & Fuels, 2012, 26(4): 2098-2106.

[4] Zhong D L, Wang W C, Zou Z L, et al. Investigation on methane recovery from low-concentration coal mine gas by tetra-n-butyl ammonium chloride semiclathrate hydrate formation[J]. Applied Energy, 2017, 8: 69.

[5] Watanabe K, Niwa S, Mori Y H. Surface tensions of aqueous solutions of sodium alkyl sulfates in contact with methane under hydrate-forming conditions[J]. Journal of Chemical & Engineering Data, 2005, 50(5): 1672-1676.

[6] Sun Q, Chen G J, Guo X Q, et al. Experiments on the continuous separation of gas mixtures via dissolution and hydrate formation in the presence of THF [J]. Fluid Phase Equilibria, 2014,361: 250-256.

[7] 张保勇, 吴强, 朱玉梅. THF 对低浓度瓦斯水合化分离热力学条件促进作用[J]. 中国矿业大学学报, 2009, 38(2): 203-208.

[8] Vysniauskas A, Bishnoi P R. A kinetic study of methane hydrate formation[J]. Chemical Engineering Science, 1983, 38(7): 1061-1072.

[9] Skovborg P, Ng H J, Rasmussen P, et al. Measurement of induction times for the formation of methane and ethane gas hydrates[J]. Chemical Engineering Science, 1993, 48(3):445-453.

[10] Zhong D L, Lu Y Y, Sun D J, et al. Performance evaluation of methane separation from coal mine gas by gas hydrate formation in a stirred reactor and in a fixed bed of silica sand[J]. Fuel, 2015, 143: 586-594.

[11] Zhong D L, Daraboina N, Englezos P. Recovery of CH_4 from coal mine model gas mixture (CH_4/N_2) by hydrate crystallization in the presence of cyclopentane[J]. Fuel, 2013, 106(4): 425-430.

[12] 钟栋梁, 何双毅, 严瑾, 等. 低甲烷浓度煤层气的水合物法提纯实验[J]. 天然气工业, 2014, (8): 123-128.

[13] Zhong D L, Ding K, Lu Y Y, et al. Methane recovery from coal mine gas using hydrate formation in water-in-oil emulsions[J]. Applied Energy, 2016, 162: 1619-1626.

[14] Zhong D L, Ye Y, Yang C, et al. Experimental investigation of methane separation from low-concentration coal mine gas ($CH_4/N_2/O_2$) by tetra-n-butyl ammonium bromide semiclathrate hydrate crystallization[J]. Industrial & Engineering Chemistry Research, 2012, 51(45): 14806-14813.

[15] Zhong D L, Ding K, Yan J, et al. Influence of cyclopentane and SDS on methane separation from coal mine gas by hydrate crystallization[J]. Energy & Fuels, 2013; 27(12): 7252-7258.

第 5 章　多孔介质体系的提纯实验研究

5.1　实 验 装 置

在多孔介质体系开展水合物法提纯低浓度煤层气的实验装置与第 4 章溶液搅拌体系所用的实验装置相同，主要由可视化高压反应釜、气体管路系统、低温恒温槽与数据采集系统四部分组成，实验装置如图 4.1 和图 4.2 所示。

5.2　实 验 样 品

所用的实验材料如下：

(1) 实验气体：低浓度煤层气的模拟气由摩尔分数为 30% CH_4、60% N_2 和 10% O_2 组成，购于重庆嘉润气体有限公司。

(2) 多孔介质：石英砂购自南京化学试剂有限公司，粒径为 0.3～0.9 mm；煤炭购自重庆中梁山煤电有限公司，粒径为 0.5～3 mm。采用比表面/孔径分析仪 (Micromeritics ASAP 2010，美国) 分别对石英砂和粉煤颗粒的比表面积、粒径、孔径、孔容等参数进行测定，测试结果如表 5.1 和表 5.2 所示。

表 5.1　石英砂特性参数

石英砂特性	数值
粒径范围/mm	0.3～0.9
平均孔径/nm	1227
孔容/(cm^3/g)	0.000732
比表面积/(m^2/g)	0.0239
密度/(g/cm^3)	1.54
吸水饱和度/(cm^3/g)	0.256

表 5.2　煤炭颗粒特性参数

煤炭颗粒特性	数值
粒径范围/mm	0.5～3.0
平均孔径/nm	6.4
孔容/(cm^3/g)	0.0063
比表面积/(m^2/g)	3.933
密度/(g/cm^3)	0.941
吸水饱和度/(cm^3/g)	0.281

(3) 化学试剂：热力学促进剂 THF，纯度 99%，购自成都科龙化工试剂厂；表面活性剂 SDS，纯度 95%，购自成都科龙化工试剂厂。

(4) 实验用水：去离子蒸馏水，电阻率为 18.2 MΩ·cm，购自重庆东方化玻有限公司。

5.3　实验方法与步骤

5.3.1　溶液配制与材料准备

针对水合物法提纯低浓度煤层气时水合物结晶时间长、生成水合物的温度和压力条件苛刻、CH_4 回收率不高等问题，在石英砂体系、煤炭颗粒体系开展了水合物法分离低浓度煤层气的实验研究，重点研究了表面活性剂、多孔介质饱和度等因素对气体消耗量、水合物生成速率、CH_4 回收率等参数的影响关系，采用 THF 作为水合物实验的热力学促进剂。

(1) THF+SDS 溶液的配置。所用 THF+SDS 溶液为摩尔分数 1.0%THF 与 500 mg/kg SDS 的混合溶液。首先量取 500 mL 去离子水，用电子天平精确称取 0.25 g SDS 试剂，倒入定量去离子水中，用搅拌装置以 150 rpm 的转速搅拌 30 min，使 SDS 分子胶束均匀溶解于水中。从 500 mL SDS 溶液中量取实验所需溶液体积(240 mL、100 mL、90 mL、72 mL、54 mL、36 mL 等)，THF 溶液的配制方法与 SDS 溶液的配置方法类似。

(2) 石英砂的准备。购买的石英砂颗粒为瓶装 500 g 规格，实验开始前对石英砂进行饱和度测量，分三次对不同质量的石英砂颗粒(20 g、30 g、50 g)进行饱和度测量，然后对测量结果进行平均，得出石英砂颗粒的吸水饱和度为 0.256 cm^3/g。

开展 100%饱和度实验所需石英砂质量为 390 g，用电子天平分 4 次称量，每次称取 97.5 g。

(3) 煤炭颗粒的准备。煤炭购置于重庆中梁山煤电公司，首先用金属筛网筛选 0.5～3 mm 煤炭颗粒，并用烘干设备烘干，采用 2 L 规格瓶装并密封。在实验开始前，测量单位质量煤炭颗粒在完全浸润状态下的吸水量，分 3 次对不同质量的煤炭颗粒(20 g、30 g、50 g)进行饱和度测试，得出煤炭颗粒的吸水饱和度为 0.281 cm^3/g。

5.3.2 水合物生成动力学实验步骤

与溶液搅拌体系相比，低浓度煤层气在多孔介质体系生成水合物的过程不需要机械强化措施，因此可节省搅拌能耗。在实验开始前，首先将搅拌电机、搅拌叶片等部件拆卸并移走。多孔介质与溶液填充反应釜的过程分多步进行，将多孔介质、溶液分为 4 等份，填充一层多孔介质后注入一份溶液，使溶液均匀润湿多孔介质，重复四次，直至多孔介质与溶液全部转移至反应釜中，如图 5.1 所示。

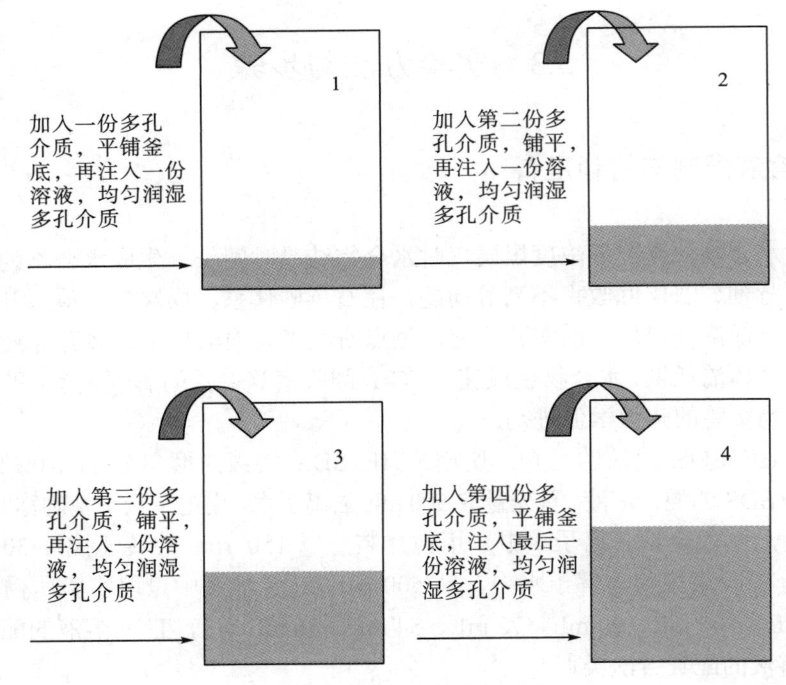

图 5.1 多孔介质的填充方法

1) 石英砂颗粒体系(含 THF 或 THF+SDS 溶液)

实验分别用 THF 溶液和 THF+SDS 溶液将石英砂配置成饱和的多孔介质体系。THF 溶液和 THF+SDS 溶液的配制方法与搅拌体系相同(见第 4 章)。配置石英砂饱和体系以及动力学实验的具体步骤如下：

(1) 石英砂饱和度实验测试结果显示，使得 390 g 石英砂处于饱和状态所需溶液量为 104.6 mL。故配置摩尔分数 1.0% THF 溶液或者摩尔分数 1.0% THF+500 mg/kg SDS 溶液，取 104.6 mL 用于实验。

(2) 将石英砂分成 4 等份，每份 97.5 g。将配置好的摩尔分数 1.0% THF 溶液或摩尔分数 1.0%THF+SDS 溶液也分成 4 等份，每份 26.1 mL。然后，将一份石英砂放入反应釜，并均匀注入一份 THF 或 THF+SDS 溶液。重复 4 次，直至 THF 溶液或 THF+SDS 溶液均匀润湿石英砂床。将反应釜密封并置于低温恒温槽中，并连接进、排气管路。

(3) 检漏。向高压反应釜内充入 1.2 MPa 的实验气体，用检漏液检查排气管路各接口处是否存在漏气，检查完毕，排气。

(4) 吹扫。向反应釜内充入 0.7 MPa 的实验气体，保持 30 s 后排放。重复三次，确保釜内无空气残留。

(5) 开启低温恒温槽至设定的实验温度 T。

(6) 开启数据采集仪，并向反应釜中注入实验气体至设定压力 P(3.6MPa)，待反应釜内气液两相温度稳定后(加压会造成釜内温度上升，停止进气后，温度与压力均下降，压力低于设定值)，再补充少量气体至设定压力，实时记录反应釜中的气相压力。

(7) 当压力温度不再变化时(保持 4 h)，反应釜内水合物生成完毕，导出数据，并采集反应结束后反应釜气相的气体样品。

(8) 打开排气阀门，排气流量不宜过大，否则会将含气泡的液体排出管外(SDS 是一种发泡剂)，待反应釜气相压力降至常压后关闭排气阀。

(9) 设定恒温槽温度为 20℃，高于水合物的相平衡条件，使体系温度升高，促进水合物完全分解，采集水合物分解气。

(10) 用气相色谱仪对采集的样品气体进行组分分析并记录数据，实验结束。

2) 煤炭颗粒体系(含 THF 溶液)

低浓度煤层气在粉煤颗粒体系的分离与提纯实验主要考察了粉煤颗粒的饱和度对吸附-水合反应过程的影响。每组实验采用的粉煤颗粒为 320 g，开展了煤炭颗粒体系 4 种饱和度(40%、60%、80%、100%)实验，对应的 THF 溶液用量为 36 mL、54 mL、72 mL 和 90 mL。

具体实验步骤如下：

(1) 用去离子蒸馏水将反应釜清洗干净并吹干。

(2) 用电子天平称量 320 g 粉煤颗粒并分成 4 等份，配制与饱和度对应的 THF 溶液量。

(3) 检漏。向高压反应釜内充入 1.2 MPa 的实验气体，用检漏液检查排气管路各接口处是否存在漏气，检查完毕，排气。

(4) 吹扫。向反应釜内充入 0.7 MPa 的实验气体，保持 30 s 后排放。重复 3 次，确保釜内无空气残留。

(5) 开启低温恒温槽至设定的实验温度 T。

(6) 开启数据采集仪，并向反应釜中注入实验气体至设定压力 P(3.6 MPa)，待釜内气液两相温度稳定后(加压会造成釜内温度上升，停止进气后，温度与压力均下降，压力低于设定值)，再补充少量气体至设定压力，实时记录反应釜中气相压力。

(7) 当压力温度不再变化时(保持 4 h)，反应釜内水合物生成完毕，导出数据，并采集反应结束后反应釜气相的气体样品。

(8) 打开排气阀门，排气流量不宜过大，否则会将含气泡的液体排出管外(SDS 是一种发泡剂)，将反应釜气相压力降至常压并关闭排气阀。

(9) 设定恒温槽温度为 20℃，高于水合物的相平衡条件，使体系温度升高，促进水合物完全分解，采集水合物分解气。

(10) 用气相色谱仪对采集的样品气体进行组分分析并记录数据，实验结束。

5.4 石英砂体系的动力学特性

采用与搅拌体系相同的实验装置开展实验，研究了低浓度煤层气在石英砂体系形成水合物的动力学特性，所用的溶液有 THF 和 THF+SDS 两种，石英砂在实验过程中处于饱和状态(100%)。实验压力和实验温度与溶液搅拌体系相同，压力为 3.6 MPa，温度为 277.15 K。石英砂的颗粒特性如表 5.1 所示。

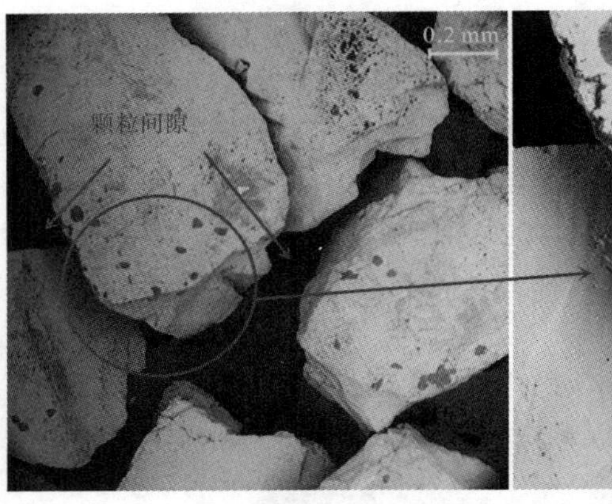

图 5.2 石英砂的扫描电镜图像

图 5.2 给出了干燥石英砂的扫描电镜图像。从图中可以看出，石英砂颗粒形状并不规则，因此水合物在石英砂体系的结晶为非均相结晶。另外，石英砂颗粒之间存在明显的间隙空间，可为石英砂体系内部的气体和液体传输提供良好条件。与溶液搅拌体系相比，石英砂体系提供了巨大的气-液接触面积(如表 5.1 所示，测得的石英砂比表面积为 0.0239 m^2/g)，这些因素均可促进水合物的结晶与生长。

表 5.3 给出了低浓度煤层气在石英砂体系生成水合物的实验结果。实验 1～4 为石英砂+THF 体系，实验 5～8 为石英砂+THF+SDS 体系。与溶液搅拌体系实验类似，分别采用新配制溶液和“记忆溶液”开展了相关实验。为了避免偶然因素造成的实验误差，在同一实验条件下进行了两组实验。由表可知，在石英砂+THF 体系，新配制溶液的水合物诱导时间为 4.5 min(实验 1)和 6.0 min(实验 3)，比记忆溶液的诱导时间长(实验 2 的 2.4 min，实验 4 的 4.8 min)，表明在多孔介质体系亦存在水合物结晶生长的“记忆效应”。石英砂+THF+SDS 体系的平均诱导时间 4.6 min，比石英砂+THF 体系的平均诱导时间 5.3 min 略短，表明在多孔介质中添加 SDS 同样可以缩短水合物结晶诱导时间。

表 5.3　低浓度煤层气在饱和石英砂体系生成水合物的实验结果

实验序号	SDS /(mg/kg)	实验状态	t_{ind} /min	r_{5min} /(mol/h)	单位摩尔水的气体消耗量 /mol	$x_{CH_4}^{gas}$ /%	甲烷回收率 R/%	分离因子 S
1	0	新鲜溶液	4.5	0.0032	0.0069	27.4	15.6	5.4
2		记忆溶液	2.4	0.0023	0.0079	28.8	11.5	2.4
3		新鲜溶液	6.0	0.0028	0.0061	28.6	11.9	2.4
4		记忆溶液	4.8	0.0030	0.0069	27.4	15.5	5.3
5	500	新鲜溶液	4.8	0.0112	0.0073	28.5	13.2	2.4
6		记忆溶液	1.8	0.0320	0.0082	28.4	14.0	2.1
7		新鲜溶液	4.3	0.0193	0.0068	28.0	13.2	3.1
8		记忆溶液	0.8	0.0302	0.0069	28.0	13.1	3.1

表 5.3 中 r_{5min} 表示水合物结晶 5 min 时刻的气体消耗速率。由表可见，石英砂+THF 体系中 r_{5min} 的平均值为 0.0028 mol/h，而石英砂+THF+SDS 溶体系中的 r_{5min} 平均值为 0.0192 mol/h，后者为前二者的 6.8 倍，表明 SDS 对水合物生成速率的促进作用在石英砂体系更显著。但是石英砂+THF 体系与石英砂+THF+SDS 体系的气体消耗量、CH_4 回收率、CH_4 分离因子等特性参数无明显差异。而且，与 THF 溶液或 THF+SDS 溶液搅拌体系相比，其气体消耗量、CH_4 回收率、CH_4 分离因子均更低，其原因可能是：通过分析石英砂颗粒性质与 SEM 电镜图像可知，

石英砂颗粒内的孔隙空间(平均孔径为 59.5 nm，孔隙率为 0.000732 cm^3/g)与颗粒间空隙相比微乎其微，因此液相主要分布在颗粒之间的空隙中。实验开始之初，大量异相成核发生于不规则的颗粒表面(颗粒间的空隙)，而不是石英砂颗粒内部孔隙。这种成核方式使得水合物膜会在气-固-液界面生长并覆盖气-固-液界面，阻碍气体输运至石英砂床内部，导致无法生成更多的气体水合物，进而降低了水合物生成速率与最终生成的水合物量。

5.4.1 石英砂/THF 体系的水合物生成过程

图 5.3 为低浓度煤层气在石英砂+THF 体系生成水合物的气体消耗量和固液相温度变化曲线图(表 5.3 的实验 1)。饱和石英砂床温度在整个水合物反应过程中保持稳定，无明显波动，气体消耗量在 4.5 min 时刻开始迅速增加，1 h 后气体消耗量的变化趋于平缓。从 t=4 h 时刻至 t=16 h 的 12 h 内，单位摩尔水的气体消耗量仅增加 0.0026 mol，占总气体消耗量的 38%，16 h 后气体消耗量基本无变化，表明水合反应结束。

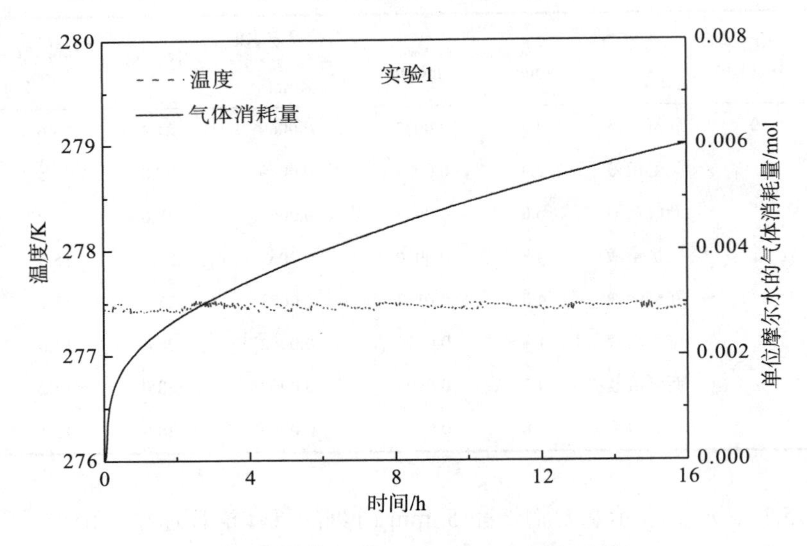

图 5.3 气体消耗量与温度随时间变化曲线

5.4.2 石英砂+THF+SDS 体系的水合物生成过程

图 5.4 为低浓度煤层气在石英砂+THF+SDS 体系生成水合物的气体消耗量和固液相温度变化曲线图(表 5.3 的实验 5)。从图中可看出，在实验开始后的 0.25 h，

发现石英砂床温度从 277.7 K 快速升高至 279.5 K，对应的气体消耗量也开始快速增加，表明气体水合物在该时刻开始结晶生长。约 0.5 h 后，气体消耗量的变化趋于平缓，表明气体水合物在经历快速生长阶段后进入缓慢生长阶段。实验开始约 2 h 后，气体消耗量几乎不再增加，表明水合物生长过程结束。与 THF+SDS 溶液搅拌体系的溶液温升类似，造成石英砂床温度快速上升原因是水合物生成热无法及时传递至低温水浴。由于石英砂导热系数比液体小，且石英砂+THF+SDS 体系中水合物生成速率更快，导致石英砂的温度上升幅度更大。

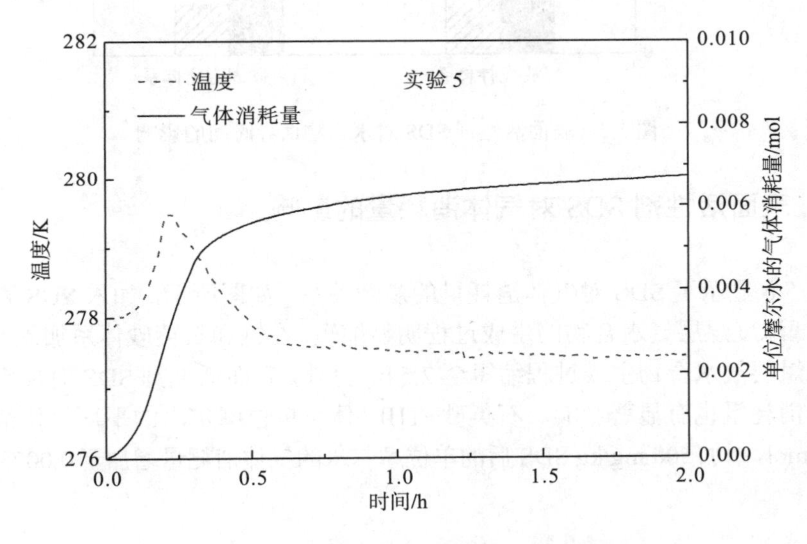

图 5.4　气体消耗量与温度随时间变化的曲线

5.4.3　表面活性剂 SDS 对诱导时间的影响

通过研究发现，在石英砂体系中表面活性剂 SDS 同样是影响水合物法提纯低浓度煤层气反应过程的一个重要因素。图 5.5 对比了搅拌体系(stirred reactor)和石英砂体系(fixed bed of silica sand)中水合物生成过程中的诱导时间。由图可知，THF 溶液搅拌体系平均诱导时间为 22.7 min，添加 500 mg/kg SDS 后，诱导时间缩短为 4.8 min；石英砂+THF 体系的平均诱导时间为 5.3 min，添加 500 mg/kg SDS 的诱导时间缩短为 3.6 min。由此可见，无论是 THF 溶液搅拌体系还是石英砂体系，添加 SDS 后均缩短了水合物的诱导时间，促进了气体水合物的快速结晶。

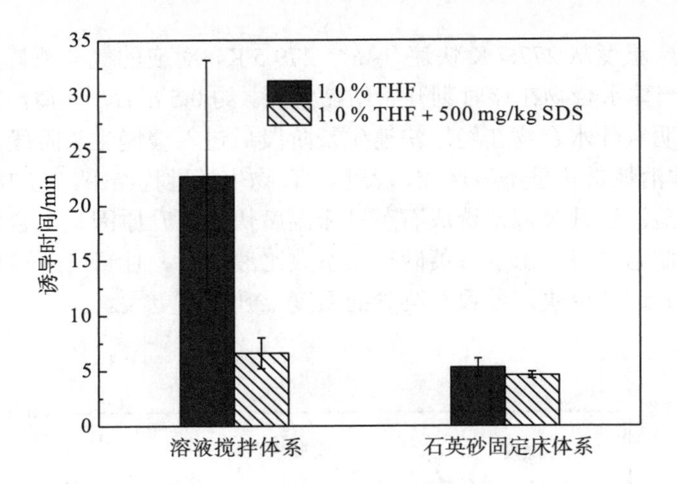

图 5.5　表面活性剂 SDS 对水合物诱导时间的影响

5.4.4　表面活性剂 SDS 对气体消耗量的影响

图 5.6 显示了 SDS 对气体消耗量的影响关系。如图所示，加入 SDS 表面活性剂后，低浓度煤层气水合物的生成过程明显缩短。在饱和石英砂体系加入 SDS 后，低浓度煤层气水合物生成过程缩短至 2.5 h。另外，表面活性剂 SDS 对反应过程总的气体消耗量也有显著影响。石英砂+THF 体系单位摩尔水的平均气体消耗量为 0.0065 mol，添加 500 mg/kg SDS 后的单位摩尔水的气体消耗量增加至 0.0073 mol（见表 5.3）。

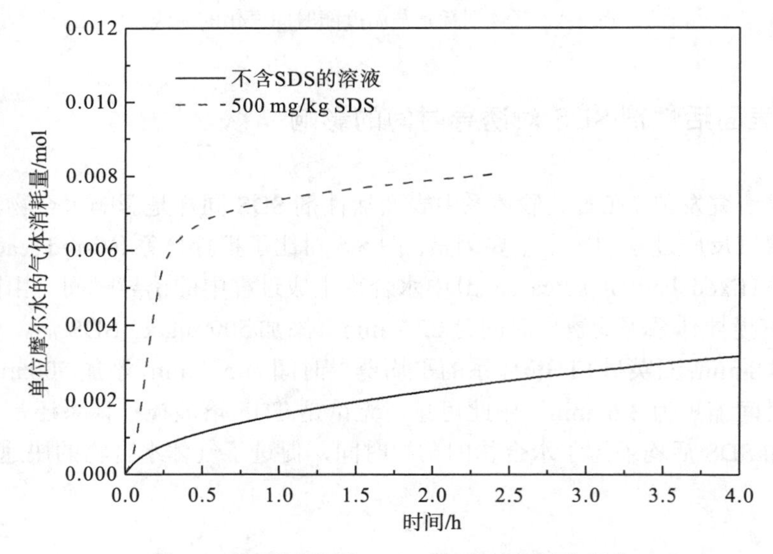

图 5.6　表面活性剂 SDS 对气体消耗量的影响

5.5　煤炭颗粒体系的动力学特性

以上实验结果表明，虽然石英砂体系缩短了气体水合物的诱导时间，但与溶液搅拌体系相比，其气体消耗量、CH_4 回收率、CH_4 分离因子却更低，对低浓度煤层气的提纯效果不好[1]。因此，采用另外一种多孔介质体系(粉煤颗粒)考察了低浓度煤层气的分离特性，重点研究了煤炭颗粒饱和度(100%、80%、60%、40%)对低浓度煤层气分离特性的影响。需要注意的是，煤炭颗粒体系的实验条件与溶液搅拌体系、石英砂体系一致，实验压力为 3.6 MPa，温度为 277.15 K，THF 溶液浓度为 1.0%。

(a)

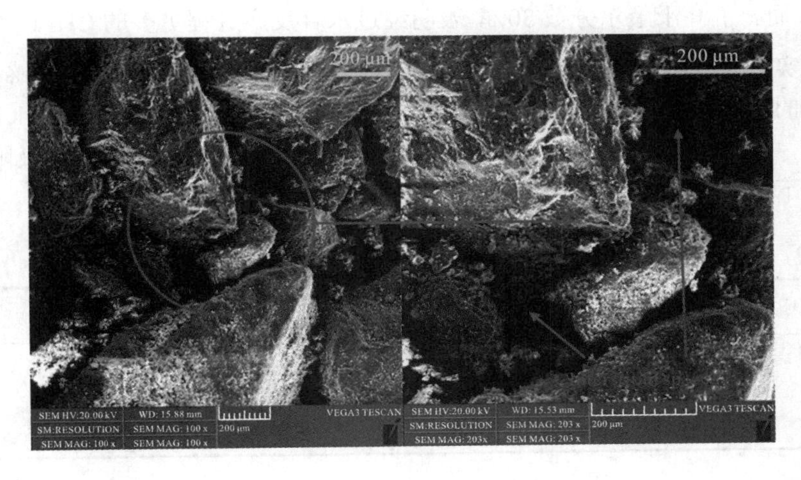

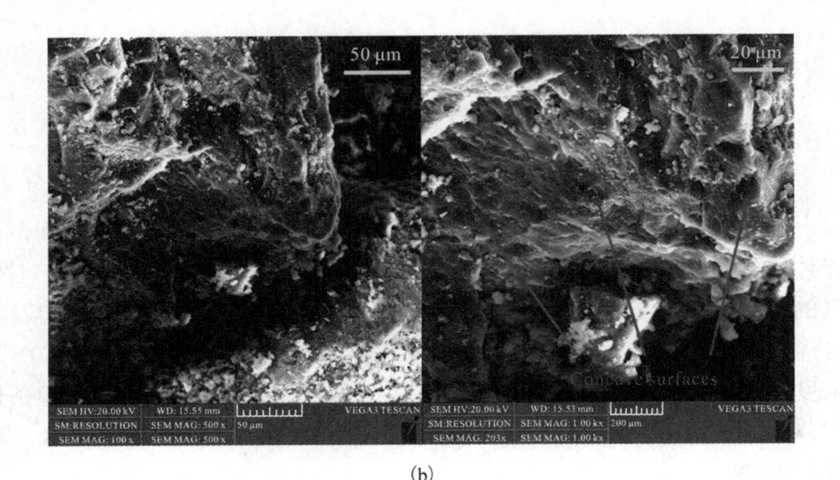

(b)

图 5.7 煤颗粒的扫描电镜图像

煤炭颗粒的特性参数见表 5.2。图 5.7 给出了干燥煤颗粒图像与扫描电镜图像。由图可见，煤颗粒形状不规则，颗粒之间存在明显的间隙空间，可为煤颗粒体系内部的气体和液体传输提供良好的传输通道。另外，颗粒表面布满微孔结构(表 5.2 测得煤颗粒比表面积为 3.933 m^2/g)，与溶液搅拌体系相比，煤颗粒体系提供了巨大的气-液接触面积，这些因素均可促进非均相结晶和水合物的生长。

由于煤炭颗粒对 CH_4 具有较强的吸附作用[2]，有利于 CH_4 在多孔介质(煤炭颗粒)表面富集，因此在该条件下发生的反应实际上是吸附作用与水合作用的耦合，我们称之为“吸附-水合反应”。每组实验使用煤炭颗粒 320 g(容积 340 mL)，反应釜气相空间为 260 mL，具体实验条件见表 5.4。表 5.4 还给出了吸附-水合反应结束时气相空间的 CH_4 浓度($x_{CH_4}^{gas}$)、水合物分解气体的 CH_4 浓度($x_{CH_4}^{H}$)以及水合物结晶诱导时间(t_{ind})。由表可知，$x_{CH_4}^{gas}$ 低于摩尔分数 30%(实验气体 CH_4 的初始浓度)，而 $x_{CH_4}^{H}$ 高于摩尔分数 30%，表明经过水合反应过程更多的 CH_4 进入了水合物相，实现了 CH_4 与 N_2/O_2 的分离。另外，由表可见，100%、80%、60%、40%饱和度下的煤炭颗粒体系中水合物的诱导时间分别为 2.6 min、2.1 min、1.1 min 和 0.7 min，表明诱导时间随饱和度降低而减小，这可能与煤炭对 CH_4 的吸附作用有关，在下文对吸附作用进行了更加深入的讨论。

表 5.4 低浓度煤层气在煤炭颗粒体系生成水合物的实验条件

实验序号	THF/%	液体水量/cm^3	饱和度	$x_{CH_4}^{gas}$ /%	$x_{CH_4}^{H}$ /%	t_{ind}/min
1	1.0	90	100%	23.2	44.0	2.5
2				23.7	43.5	2.5
3				23.6	44.3	2.7

续表

实验序号	THF/%	液体水量/cm^3	饱和度	$x_{CH_4}^{gas}$ /%	$x_{CH_4}^{H}$ /%	t_{ind}/min
4	1.0	72	80%	24.6	45.3	2.0
5				25.1	45.2	2.2
6				24.9	44.9	2.0
7	1.0	54	60%	24.2	46.5	1.0
8				24.1	46.6	1.2
9				23.9	45.7	1.0
10	1.0	36	40%	24.0	45.3	0.7
11				23.7	45.0	0.7
12				23.8	45.6	0.8

5.5.1　煤炭颗粒体系的实验结果与讨论

表 5.5 给出了各组实验(表 5.4)的动力学实验数据，包括气体消耗速率、气体消耗量、CH_4 回收率、CH_4 分离因子等。由表 5.5 可知，r_{30min}(水合物成核后 30 min 的气体消耗速率)随着煤炭颗粒饱和度的降低而增加，100%饱和煤炭颗粒体系 r_{30min} 的平均值为 0.0172 mol/h，40%饱和度煤炭颗粒体系 r_{30min} 的平均值为 0.0400 mol/h。气体消耗量随着饱和度降低而增加，100%饱和煤炭颗粒体系单位摩尔水的平均气体消耗量为 0.0164 mol，40%饱和度煤炭颗粒体系单位摩尔水的平均气体消耗量为 0.0313 mol。CH_4 回收率随着饱和度降低而降低，100%饱和状态的煤炭颗粒体系中 CH_4 回收率平均值为 38.1%。CH_4 分离因子随着饱和度降低而增大，40%饱和度的煤炭颗粒体系中 CH_4 分离因子平均值为 6.3。通过实验结果发现，40%饱和度煤炭颗粒体系的 CH_4 回收率最低(100%饱和度平均值为 38.1%，40%饱和度为 33.5%)，但 CH_4 分离因子最大(100%饱和度平均值为 4.4，40%饱和度为 6.3)，其主要原因是 40%饱和度情况下气体消耗量以 CH_4 吸附为主，在相同气体消耗量下 CH_4 吸附于煤炭颗粒中的量更多，故分离因子最大。

表 5.5　低浓度煤层气在煤炭颗粒体系生成水合物的实验结果

实验序号	饱和度	r_{30min}/(mol/h)	单位摩尔水的气体消耗量/mol	气体消耗的不确定度/mol	R/ %	分离因子 S
1	100%	0.0177	0.0167	0.0012	38.9	4.4
2		0.0169	0.0161	0.0011	37.5	4.4
3		0.0170	0.0163	0.0011	37.9	4.5
4	80%	0.0192	0.0193	0.0013	32.4	4.1
5		0.0186	0.0178	0.0012	31.5	3.5
6		0.0188	0.0182	0.0013	32.2	4.0

续表

实验序号	饱和度	r_{30min}/(mol/h)	单位摩尔水的气体消耗量/mol	气体消耗的不确定度/mol	R/ %	分离因子 S
7	60%	0.0272	0.0208	0.0015	32.3	5.1
8		0.0273	0.0228	0.0016	33.5	4.7
9		0.0273	0.0244	0.0017	34.9	4.9
10	40%	0.0303	0.0314	0.0022	32.7	5.8
11		0.0505	0.0313	0.0022	33.9	6.6
12		0.0394	0.0313	0.0022	33.9	6.5

5.5.2 煤炭颗粒体系的吸附-水合反应过程

图 5.8 给出了 40%饱和度条件下吸附-水合过程的气体消耗量和温度随时间的变化趋势。由图可见，固-液混合相温度陡升点即为水合物结晶成核点，水合物快速成核释放大量水合反应热。在整个吸附-水合过程中，40%饱和度对应的温升幅度最大，随着煤炭颗粒饱和度的增大(60%、80%、100%)，其水合物结晶点的温升幅度随之减小，如图 5.9、图 5.10 和图 5.11 所示，其原因可归结为：①煤炭颗粒对 CH_4 气体的吸附性能随着含水量的增加而降低，即饱和度越低(40%)的煤炭颗粒具有更强的气体吸附能力，由于吸附作用是一种放热反应，导致低饱和度的煤炭颗粒的放热量更多；②当煤颗粒饱和度增加，煤炭颗粒间孔隙容积的气相空间随之减小，低饱和度(40%)煤炭颗粒更利于气体分子快速扩散至煤炭颗粒床空隙中并吸附于煤炭颗粒表面，使得煤炭颗粒附近的 CH_4 气体分子浓度增高。与其他饱和度相比(60%、80%、100%)，吸附的 CH_4 与附着在煤炭颗粒表面的水膜快速生成更多的气体水合物，释放大量水合反应热，使其温度上升幅度增大。

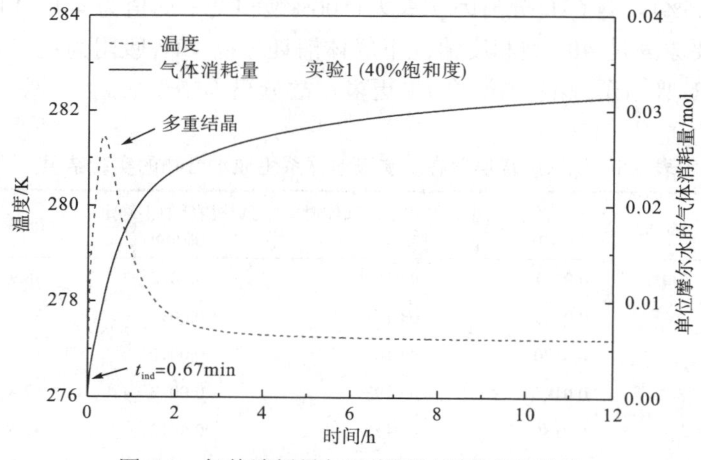

图 5.8 气体消耗量与温度随时间的变化曲线

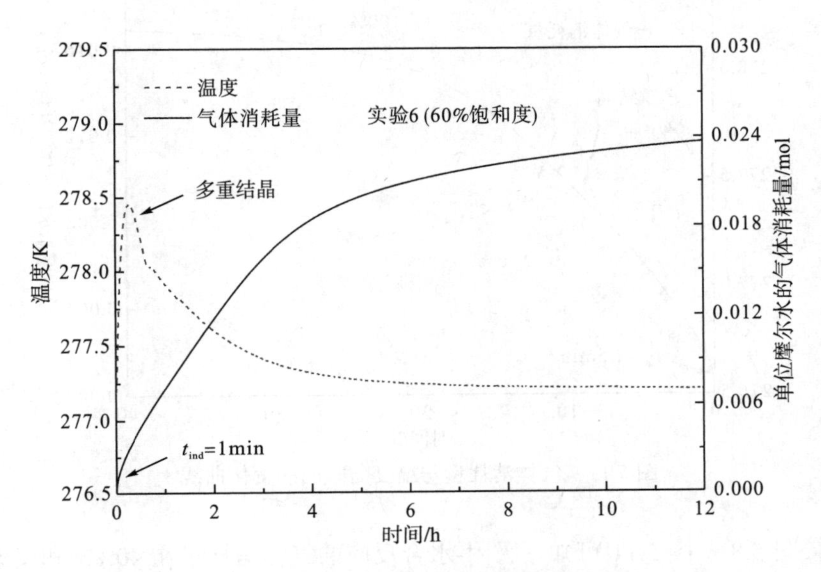

图 5.9　气体消耗量与温度随时间的变化曲线

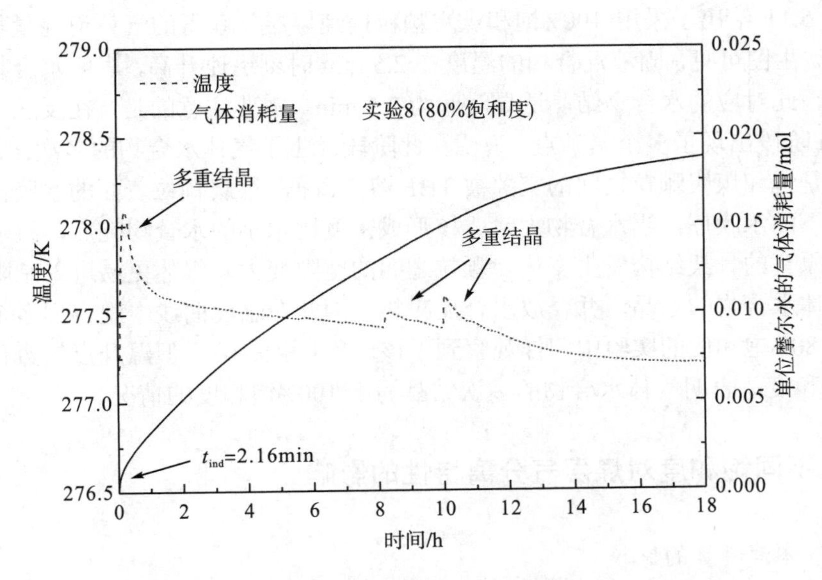

图 5.10　气体消耗量与温度随时间的变化曲线

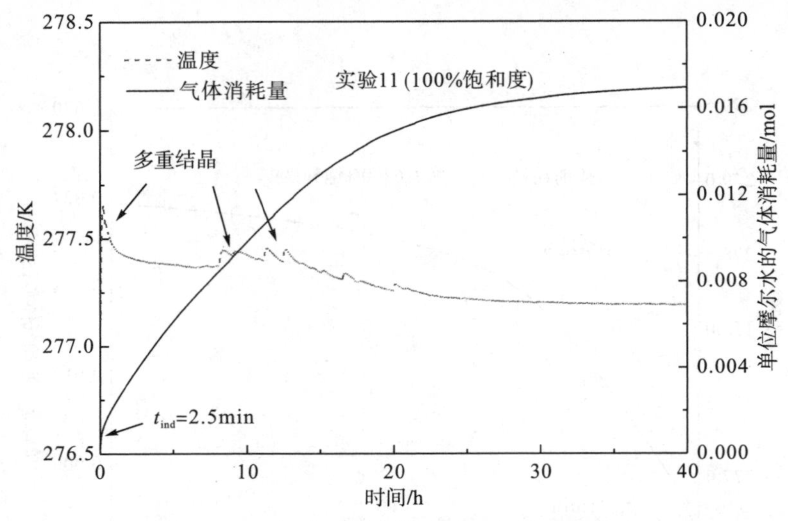

图 5.11 气体消耗量与温度随时间的变化曲线

比较图 5.8 至图 5.11 可知，吸附-水合反应的气体消耗量在 40%饱和度条件下经过 5 h 达到了总气体消耗量的 90%。在相同的温度和压力条件下，60%饱和度达到总气体消耗量的 90%需要 7.5 h，80%饱和度则需要 12.5 h，100%饱和度需要 21 h。该结果表明与其他饱和度相比，40%饱和度对的反应速率最快。

图 5.11 给出了采用 100%饱和煤炭颗粒提纯煤层气获得的气体消耗量与温度曲线图。由图可见，固液混合相的温度在 2.5 min 时刻迅速升高，表明水合物开始结晶，因此对应的水合物结晶诱导时间为 2.5 min。需要注意的是，在反应开始后 7～20 h 阶段出现了多个温升点，说明在此阶段发生了气体水合物的多次结晶，主要原因是饱和煤炭颗粒之间的空隙被 THF 溶液占据，煤炭颗粒表面的水膜比不饱和条件下的水膜厚，当水合物大量成核形成密度比水小的水合物壳后，致使煤炭颗粒间原有的骨架结构发生变化，颗粒之间的空隙变大，气体更易进入空隙，促进了气体水合物的结晶，并释放水合反应热，因此在温度曲线中观察到多个温度峰。在 80%饱和度的实验中同样观察到了该现象(图 5.10)，但温升点的数目少于 100%饱和度，表明气体水合物的多次结晶弱于 100%饱和度的情况。

5.5.3 不同饱和度对煤层气分离特性的影响

1) 气体消耗量的比较

图 5.12 比较了不同煤炭颗粒饱和度条件下的气体消耗量。从图中可明显看出，反应结束时刻的气体消耗量随着饱和度的增加而减小。与 40%、60%、80%、100%饱和度对应单位摩尔水的平均气体消耗量分别为 0.0313 mol、0.0227 mol、

0.0184 mol、0.0164 mol。由于煤炭颗粒对 CH_4 气体较强的吸附作用，因此每组实验获得的气体消耗量由两部分组成，即煤炭颗粒吸附的气体摩尔量与形成气体水合物所消耗的气体摩尔量。

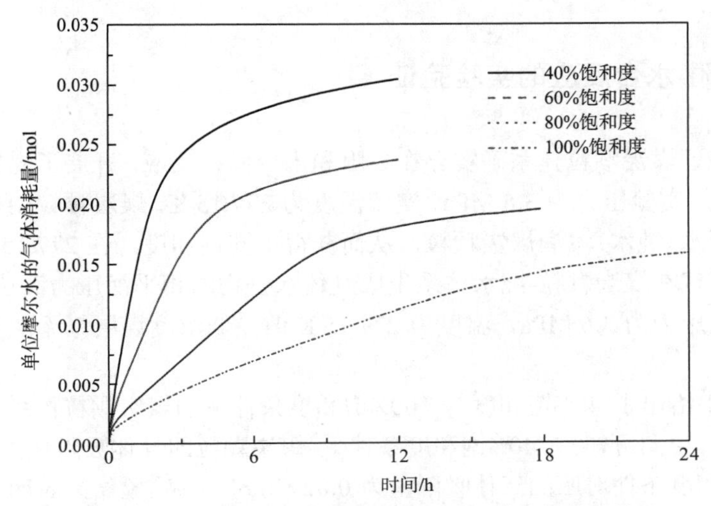

图 5.12　不同饱和度煤炭颗粒体系的气体消耗量比较

2) 气体消耗速率的比较

图 5.13 比较了不同饱和度条件下的气体消耗速率。由图可见，不同饱和度条件下的气体消耗速率随时间的变化情况表现出以下规律：①从实验开始至 30 min

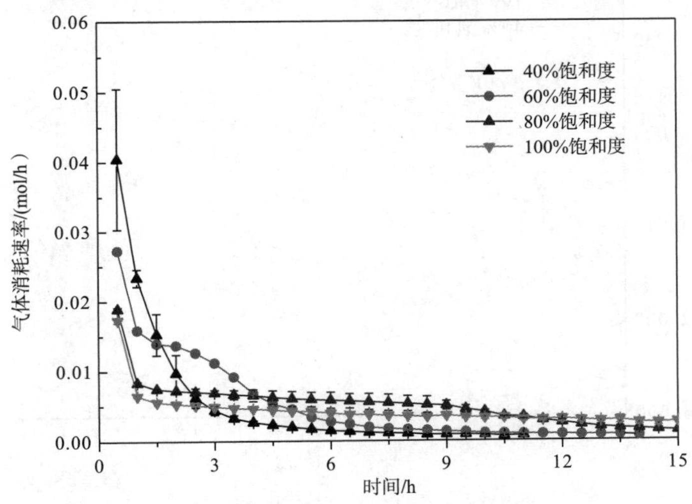

图 5.13　煤炭颗粒不同饱和度对气体消耗速率的影响

时刻，气体消耗速率随着饱和度的增加而减小，40%饱和度的气体消耗速率最大，反应最快；②气体消耗速率的衰减幅度随煤炭颗粒的饱和度增加而减小，即 100%饱和度煤炭颗粒对应的气体消耗速率衰减最慢，表明吸附-水合的反应持续的时间最长。

5.5.4 吸附-水合反应的实验验证

为了验证煤炭颗粒体系确实存在吸附和水合两种反应，开展了煤炭颗粒体系的吸附实验。实验压力为 3.6 MPa，实验温度为 277.15 K，煤炭颗粒用量为 320 g，采用去离子水(纯水)浸润煤炭颗粒，从而获得不同饱和度。在 277.15 K 条件下，低浓度煤层气在煤炭颗粒-纯水体系生成气体水合物的相平衡压力高达 9.6 MPa，所以当实验压力为 3.6 MPa，温度为 277.15 K 时，低浓度煤层气无法生成气体水合物。

图 5.14 给出了 40%饱和度与 100%饱和度条件下的煤炭颗粒体系气体吸附量的变化曲线。由图可知，在 40%饱和度条件下，煤炭颗粒的气体吸附量为 0.034 mol，而 100%饱和度条件对应的气体吸附量为 0.027 mol。该实验结果表明，煤炭颗粒对气体的吸附能力随含水量的增加而降低。从气体消耗量曲线的增长速率可知，40%饱和的煤炭颗粒的气体吸附速率大于 100%饱和的煤炭颗粒，实验结果表明煤炭颗粒对气体的吸附能力随饱和度的增加而减小。

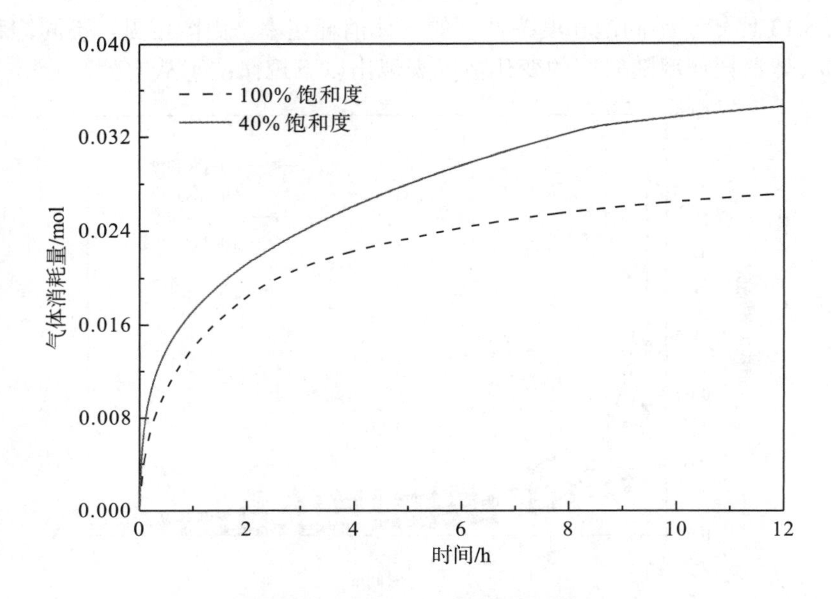

图 5.14 吸附实验中饱和度对气体消耗量的影响

图 5.15 给出了煤炭颗粒对低浓度煤层气的吸附-水合机理示意图。煤炭颗粒对低浓度煤层气的吸附过程属于物理吸附，通过该吸附过程将在煤炭颗粒表面形成单分子层，由于煤层气的储层温度与吸附实验温度远高于 CH_4 临界温度(−84℃)，故不会发生多层吸附[3]。对比吸附过程与吸附-水合反应过程可知，干煤炭颗粒对气体的吸附量更多，而具有一定饱和度的煤炭颗粒(煤炭颗粒+THF 溶液)体系中，由于煤炭颗粒表面覆盖了一层溶液，降低了其对 CH_4 等气体的吸附，气体吸附量减少。另外，煤炭颗粒表面由于吸附了一定量的 CH_4 分子，其浓度相比普通多孔介质更高，而且实验条件处于水合物结晶生长区，从而促进了 CH_4 水合物在煤炭颗粒体系的结晶与生长。

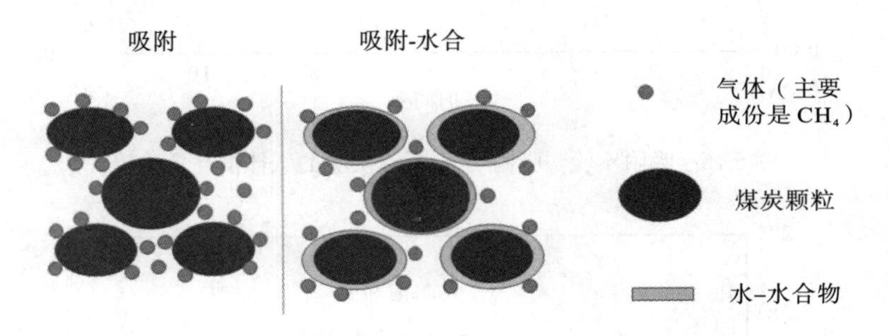

图 5.15　煤炭颗粒体系的吸附-水合反应机理示意图

图 5.16 比较了 40%饱和度条件下的吸附实验与吸附-水合反应的气体消耗量。由图可见，在相同的温度和压力条件下，煤炭颗粒+THF 溶液体系的气体消耗量为 0.063 mol，而煤炭颗粒+纯水体系的气体消耗量为 0.034 mol。该结果表明在煤炭颗粒体系添加了 THF 促进剂后，煤炭颗粒不仅具有吸附作用，而且发生了气体水合反应，使得气体消耗量增加。实验结果表明，煤炭颗粒+THF 溶液体系发生的是吸附-水合反应，而非单一的气体吸附作用。

图 5.17 为吸附实验与吸附-水合反应实验过程的温度变化曲线。从图中可看出，煤炭颗粒+THF 溶液体系的温度在实验开始后迅速升高，最高达到 281.5 K，然后开始下降，2.1 h 后逐渐恢复至实验设定温度；煤炭颗粒+纯水体系温度在实验开始时刻也出现了小幅升高，最高升至 277.5 K，0.5 h 后恢复至实验设定温度。煤炭颗粒对气体的吸附作用为放热反应，水合物的生成过程也是放热反应，因此在煤炭颗粒+THF 溶液体系和煤炭颗粒+纯水体系都观察到了温度升高现象。但是，由于煤炭颗粒+THF 溶液体系同时发生吸附与水合两种反应，故其温度上升幅度大大增加，该结果与 40%饱和度下的煤炭颗粒+THF 溶液体系和煤炭颗粒+纯水体系的气体消耗量(图 5.16)对比结果相吻合。

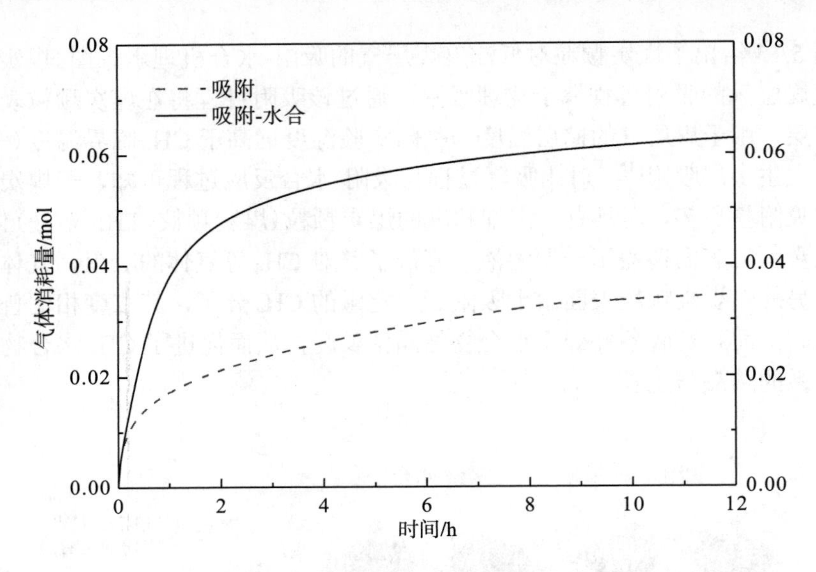

图 5.16 吸附实验与吸附-水合反应实验的气体消耗量比较

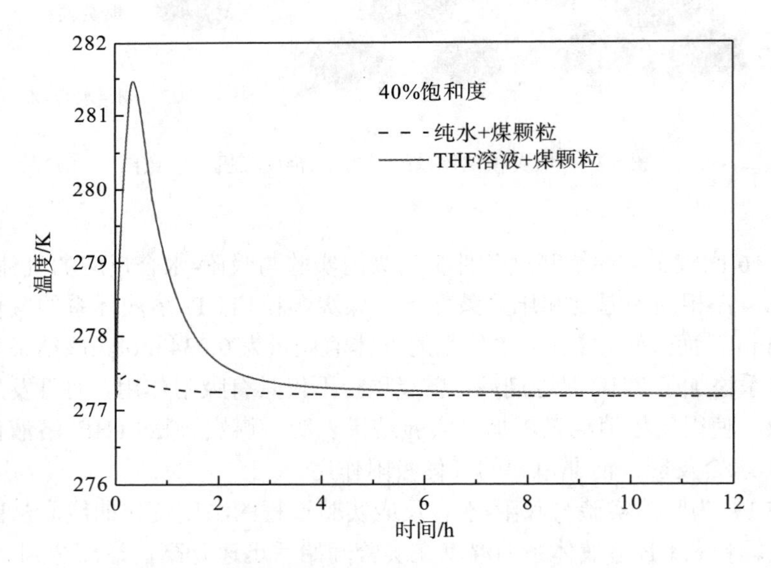

图 5.17 吸附实验与吸附-水合反应实验的温度随时间变化曲线

5.6 不同体系的低浓度煤层气分离结果比较

在相同实验条件下研究了多种体系内(THF 溶液搅拌体系、石英砂体系、煤炭颗粒体系)水合物法分离低浓度煤层气的动力学特性，进一步对 THF 溶液体系、

THF+SDS 溶液体系、石英砂体系、煤炭颗粒体系的低浓度煤层气分离实验结果进行分析。

5.6.1　气体消耗量的比较

由于不同体系使用的水量不同，且反应釜气相空间体积略有差异，因此对不同体系的气体消耗量进行标准化处理，即以单位摩尔水的气体消耗量(mol)作为比较标准。图 5.18 给出了 THF 溶液搅拌体系、THF+SDS 溶液搅拌体系、石英砂+THF 溶液、石英砂+THF+SDS 溶液、饱和度为 40%的煤炭颗粒+THF 溶液 5 种实验体系的气体消耗量变化曲线。由图可知，石英砂+THF+SDS 溶液体系的水合物生成过程最短，其次为 40%饱和煤炭颗粒+THF 溶液体系，水合物生成过程最长的是 THF 溶液搅拌体系(转速 200 r/min)。

比较各个体系单位摩尔水的气体消耗量，发现 40%饱和煤炭颗粒体系的单位摩尔水气体消耗量(0.0313 mol)远远高于其他 4 种实验体系，这主要是因为该体系所用水量较少且煤炭颗粒对 CH_4 具有很强的吸附作用，使得单位摩尔水的气体消耗量较高，而仅次于 40%饱和煤炭颗粒体系的 THF+SDS 溶液搅拌体系(搅拌速率 200 r/min)的气体消耗量只有煤炭颗粒的 1/3。

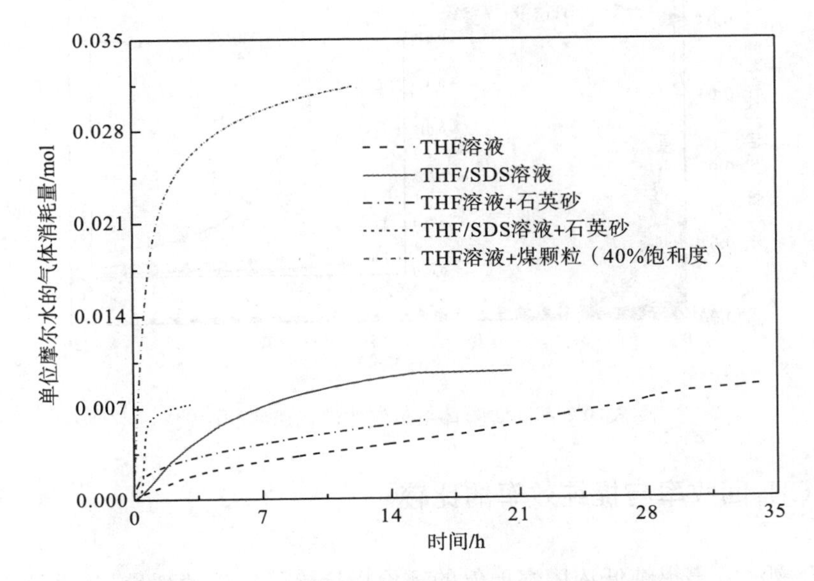

图 5.18　不同实验体系下气体消耗量随时间的变化

5.6.2 气体消耗速率的比较

图5.19给出了上述5种实验体系单位摩尔水的气体消耗速率(mol/h)的变化曲线，图中坐标零点为水合物结晶成核点。由图可知，5 种体系的气体消耗速率均随着反应的推进而逐渐降低，即水合物生成速率逐步减小。在 t=30 min 时刻 40%饱和煤炭颗粒体系中单位摩尔水的气体消耗速率为 0.04 mol/h，高于其他 4 种实验体系的气体消耗速率。石英砂+THF+SDS 体系的气体消耗速率在 t=5 min 时刻为 0.012 mol/h，高于 THF+SDS 溶液搅拌体系的气体消耗速率(0.0015 mol/h)，表明石英砂体系对气体水合物成核与生长具有促进作用。此外，石英砂+THF 体系的最大气体消耗速率也高于 THF 溶液搅拌体系，该结果也说明了石英砂可促进水合物的结晶与生长。综上所述，饱和煤炭颗粒体系的气体消耗速率最高，说明与石英砂体系和溶液搅拌体系内单一的水合反应相比，煤炭颗粒体系的吸附-水合反应能更好地提高气体消耗速率，促进气体水合物的结晶生长。

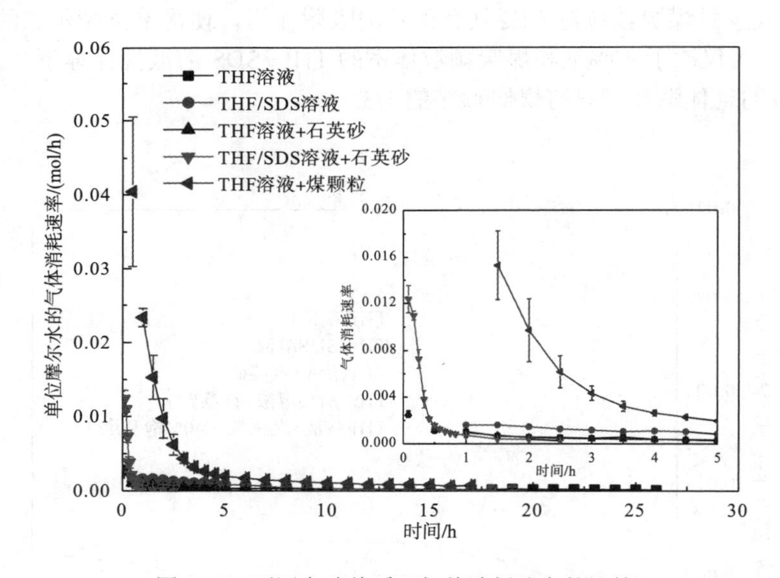

图 5.19 不同实验体系下气体消耗速率的比较

5.6.3 CH_4 回收率与提纯效率的比较

水合物法分离提纯低浓度煤层气的评价指标除了气体消耗量与消耗速率，还需要考虑 CH_4 回收率与分离效率。图 5.20 给出了 5 种实验体系所获得 CH_4 回收率以及水合物分解气的 CH_4 浓度。由图可知，THF+SDS 溶液搅拌体系在一级水合分离实验后所获得的 CH_4 回收率为 40%，THF 溶液搅拌体系和 40%饱和煤炭颗粒

+THF 体系的 CH_4 回收率均为 34% ，石英砂+THF 体系、石英砂+THF+SDS 体系的 CH_4 回收率低于 15%。实验气体中 CH_4 的初始浓度为 30.0%，实验结束后 5 种体系的水合物分解气中 CH_4 浓度均高于 30.0%。THF+SDS 溶液搅拌体系的 CH_4 浓度最高，达到了 50%；其次为 THF 溶液体系和 40%饱和度煤炭颗粒+THF 体系，两者均为 45%；石英砂体系(THF 溶液与 THF+SDS 溶液)中分解气的 CH_4 浓度为 42%。40%饱和煤炭颗粒+THF 体系虽然具有较强的吸附效应，但是由于被吸附的气体(CH_4 为主)未能完全解吸出来，导致分解气中 CH_4 浓度略低于 THF+SDS 溶液搅拌体系。综上所述，在所采用的 5 种实验体系中，THF+SDS 溶液体系获得的 CH_4 回收率与分离效率最高，提纯低浓度煤层气的效果最好，其次是煤炭颗粒+THF 溶液体系。

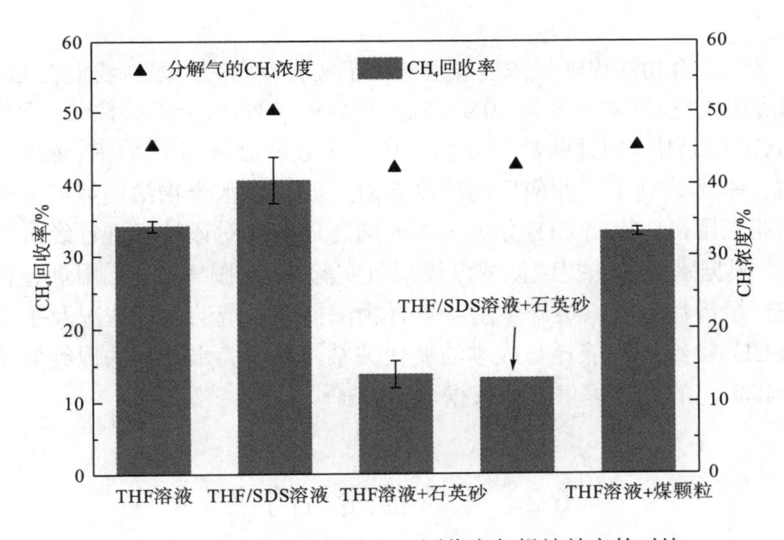

图 5.20　不同实验体系的 CH_4 回收率与提纯效率的对比

主要参考文献

[1] Zhong D L, Lu Y Y, Sun D J, et al. Performance evaluation of methane separation from coal mine gas by gas hydrate formation in a stirred reactor and in a fixed bed of silica sand[J]. Fuel , 2015, 143: 586-594.

[2] Smirnov V G, Manakov A Y, Ukraintseva E A, et al. Formation and decomposition of methane hydrate in coal[J]. Fuel, 2016, 166: 188-195.

[3] Clarkson C R, Bustin R M, Levy J H. Application of the mono/multilayer and adsorption potential theories to coal methane adsorption isotherms at elevated temperature and pressure [J]. Carbon, 1997, 35(12): 1689-1705.

第6章　水合物法提纯低浓度煤层气的㶲经济分析

6.1　引　　言

目前采用水合物法提纯低浓度煤层气处于实验室研究阶段，我们在CP体系研究了低浓度煤层气(摩尔分数为30% CH_4+70% N_2)的水合分离特性[1]，发现在质量分数13% CP溶液中CH_4回收率高达46.1%，经过两级分离后，CH_4浓度从30%提高至72%，基本达到了工业应用的浓度要求。要实现水合物法提纯低浓度煤层气技术的工业应用，在提高CH_4分离效率的同时还需要对该技术进行经济性分析和系统优化。根据水合物法提纯低浓度煤层气实验系统(图4.1)，采用㶲分析方法对该系统进行经济性分析，进一步阐明水合物法提纯系统的能耗情况及主要影响因素，揭示CH_4提纯过程能耗与成本的变化关系，从而为水合物法提纯低浓度煤层气技术及其工艺的发展提供理论依据。

6.2　系统描述与简化

水合物法提纯低浓度煤层气的实验系统主要由可视化高压反应釜、低温恒温槽、气体管路系统、数据采集系统四部分组成，如图4.1所示。为了便于计算系统㶲值，对系统进行合理的简化：①忽略低浓度煤层气进入反应器前的增压降温处理环节，主要对反应器进、出口物流以及循环水浴进行㶲经济分析；②由于气体在管道中的流动路径与流动时间较短，忽略气体在管道中的流动损失与散热损失。简化后的分离系统如图6.1所示。

低浓度煤层气进行两级水合分离如图6.2所示，单级提纯的具体工作流程如图6.3所示(阶段I)。根据文献[1]报道，在压力为2.6 MPa、实验温度为277.15 K、CP质量分数为13%条件下CH_4回收率最高(46.1%)，水合物分解气中CH_4浓度为47.2%。第二级提纯过程的原料气为第一级提纯的分解气(阶段II)，实验条件(气体容积、压力、温度等)与第一级相同，经过两级水合分离后CH_4浓度升高至72%。

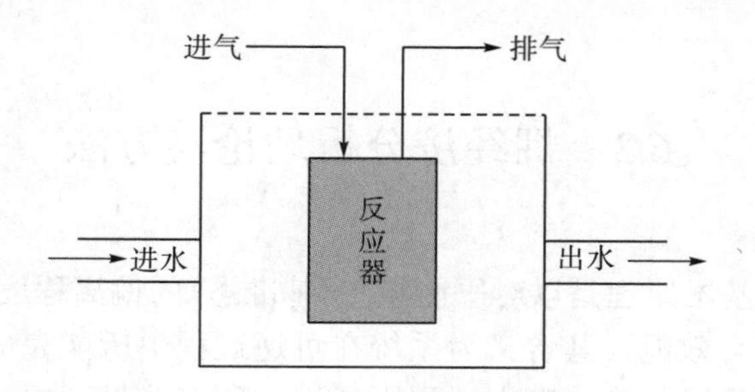

图 6.1　低浓度煤层气提纯装置简化示意图

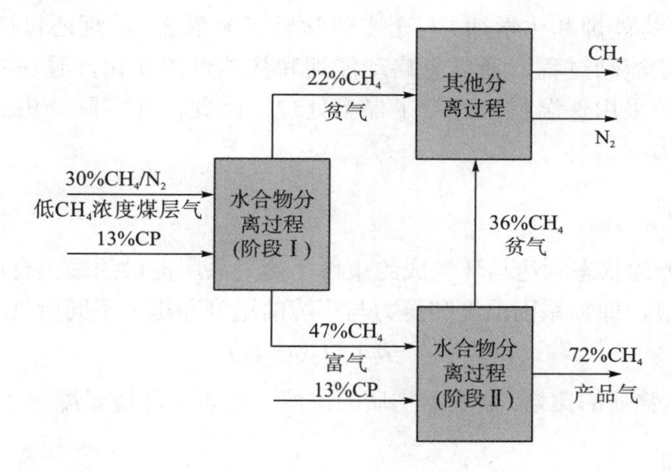

图 6.2　低浓度煤层气两级提纯流程图

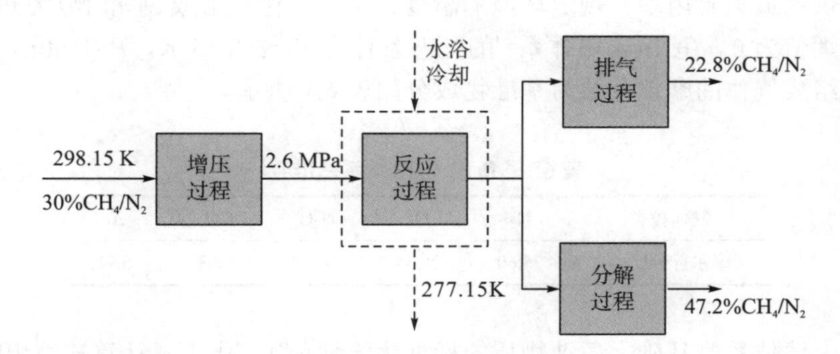

图 6.3　低浓度煤层气的单级提纯流程图(阶段 I)

6.3 㶲经济分析理论与方法

㶲分析法的基本原理是以对平衡状态(基准态)的偏离程度作为㶲(exergy)，又称为有用能或有效能，其含义为系统在可逆过程中所能完成的最大有用功。通常都采用周围环境作为基准态，周围环境是所有能量利用过程的最终冷源。通过㶲平衡方程确定过程的㶲损失和㶲效率，达到对系统能耗分析的目的。对于没有核、磁、电与表面张力效应过程，流动体系中流体的㶲主要包括：物理㶲、动能㶲、势能㶲和化学㶲。对于有化学反应的系统，总㶲还包括反应焓㶲[2]。对于一般稳定流动过程，通常忽略动能㶲和势能㶲的变化，且在实际操作过程中低温水浴箱采用保温材料进行了保温处理。因此，在实际分析过程中也忽略热量㶲的变化。

1) 物理㶲

物系所处的状态到达与环境成约束性平衡关系所提供的最大有用功称为物系的物理㶲(e_{ph})，即物系因温度和压力与环境的温度和压力不同所具有的㶲。

$$e_{ph} = (h - h_0) - T_0(s - s_0) \tag{6.1}$$

式中，h 表示物质的比焓；s 表示物质的比熵；T_0 表示环境温度。

2) 化学㶲

化学㶲(e_{ch})是化学不平衡引起的物系所处的状态到达与环境成约束性平衡关系所提供的最大有用功。规定环境的温度、压力及化学组成(基准物)为热力学死态，及㶲值为 0。龟山-吉田体系[3]的死态条件为 T_0=298.15 K，P=1 atm。空气中相应的组成气体的摩尔分数为基准物成分如表 6.1 所示。

表 6.1 龟山-吉田体系基准物[3]

气体种类	N_2	O_2	H_2O	CO_2	Ar
摩尔百分比/%	75.60	20.34	3.12	0.03	0.91

以上述体系为基础，各纯物质的标准化学㶲(e^0)可由下式计算式得出[4]：

$$e^0 = RT_0 \ln \frac{1}{x_i} \tag{6.2}$$

式中，R 表示摩尔气体常数；T_0 表示环境温度；x_i 表示空气组分的摩尔分数。

除空气组分外，其他物质的标准化学㶲可根据标准生成自由焓来计算。在

1 atm、25℃下，化学反应的最大有用功为

$$W_{\mathrm{u,p,max}} = -\Delta G^0 = -\Delta e^0 \tag{6.3}$$

式中，$W_{\mathrm{u,p,max}}$ 表示定温定压反应的最大有用功；ΔG^0 表示化学反应过程自由焓的变化量；Δe^0 表示化学反应过程化学㶲的变化量。ΔG^0 与 Δe^0 可分别利用反应物和生成物的标准生成自由焓以及标准化学㶲进行计算：

$$\Delta G^0 = \sum_j \left(n_j \Delta G_{f,j}^0 \right)_{\mathrm{pr}} - \sum_i \left(n_i \Delta G_{f,i}^0 \right)_{\mathrm{re}} \tag{6.4}$$

$$\Delta e^0 = \sum_j \left(n_j e_j^0 \right)_{\mathrm{pr}} - \sum_i \left(n_i e_i^0 \right)_{\mathrm{re}} \tag{6.5}$$

式中，i、j 表示第 i 种反应物及第 j 种生成物；n 表示摩尔数；$\Delta G^0{}_{\mathrm{f}}$ 表示化合物的标准生成自由焓；$e^0{}_i$、$e^0{}_j$ 表示各反应物及生成物的标准化学㶲。

涉及煤层气提纯的常见物质的标准化学㶲如表 6.2 所示。

表 6.2　煤层气提纯常见物质 e^0 表

物质	N_2	O_2	CO_2	CH_4
e^0/(J/mol)	615.34	3872.05	4395.3	815 168.2

混合气体的化学㶲为各组分的标准化学㶲值和减去其组分为纯物质时扩散到该组分在混合气体中百分数所消耗的最大有用功。计算式可表示为

$$e_{\mathrm{ch}} = \sum x_i e_i^0 - \mathrm{R}T_0 \sum x_i \ln \frac{1}{x_i} \tag{6.6}$$

式中，x_i 表示混合气体第 i 组分的摩尔分数。

3) 反应焓㶲

在常温常压下(1atm、25℃)，化学反应生成物标准生成焓与反应物的标准生成焓之差作为反应焓㶲，通常通过实验测定，用 ΔH^0 表示。即

$$\Delta H^0 = \sum_j \left(n_j \Delta H_{f,j}^0 \right)_{\mathrm{pr}} - \sum_i \left(n_i \Delta H_{f,i}^0 \right)_{\mathrm{re}} \tag{6.7}$$

CH_4 水合物的反应焓 54.2 kJ/mol。

4) 㶲损失与㶲效率

对于任何实际过程都存在不可逆因素，因此㶲并不守恒，必然存在着㶲损失。对于水合物法提纯系统，在忽略动能与势能的变化时，可建立系统㶲平衡示意图，如图 6.4 所示。系统的㶲平衡方程为

$$E_{x,\mathrm{in}} = E_{x,\mathrm{out}} + W + \Delta H + E_{x,\mathrm{l}} \tag{6.8}$$

式中，$E_{x,\mathrm{in}}$、$E_{x,\mathrm{out}}$ 分别表示进入系统与流出系统的㶲；W 表示系统与环境交换的

功；ΔH 表示化学反应焓烟；$E_{x,l}$ 表示系统烟损失。

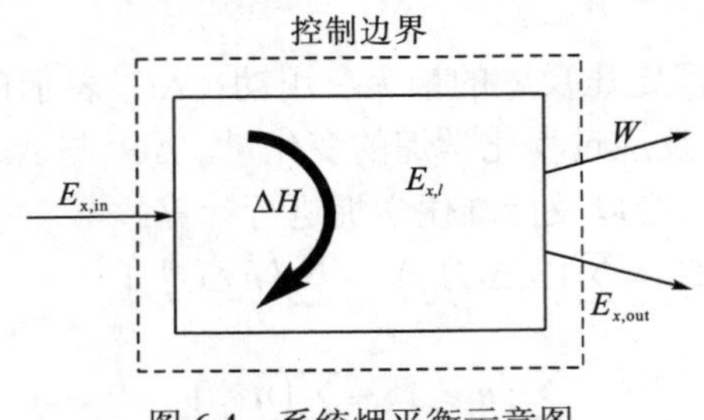

图 6.4　系统烟平衡示意图

为了衡量系统在能量转换过程的完善程度，采用过程烟损率和产品烟效率来反映过程的有效能利用率。

$$l = \frac{E_{x,l}}{E_{x,\text{in}}} \tag{6.9}$$

$$\eta_{\text{p}} = \frac{E_{x,\text{p}}}{E_{x,\text{in}}} \tag{6.10}$$

式中，l 表示过程烟损率；η_{p} 表示产品烟效率；$E_{x,\text{in}}$ 表示表示进入系统的烟；$E_{x,\text{l}}$ 表示系统烟损失；$E_{x,\text{p}}$ 表示产品烟。

5) 烟经济学分析

烟分析可以给出系统用能的完善程度，引入烟经济学分析法对系统经济性能进行评价。在准确计算流体烟的基础上，采用烟费用核算方法确定产品气的成本单价和利润单价。当成本单价低于利润单价时，则可表现出经济效益。

成本单价和利润单价可根据 Tsatsaronis[5]等报道的烟费用核算方法计算得出：

$$c_{\text{p}} E_{x,\text{p}}^{\text{r}} = c_{\text{f}} E_{x,\text{f}} + Z \tag{6.11}$$

$$c_{\text{pr}} = \frac{C_{\text{pr}}}{E_{x,\text{p}}^{\text{r}}} \tag{6.12}$$

式中，c_{p}、c_{f} 分别表示产品烟的成本单价与燃料烟单价，单位为元/kJ；$E_{x,\text{p}}^{\text{r}}$、$E_{x,\text{f}}$ 分别表示产品烟流率与燃料烟流率，单位为 kJ/a；Z 表示非能费用，单位为元/a；c_{pr} 表示产品烟的利润单价，单位为元/kJ；C_{pr} 表示产品烟的利润流率，单位为元/a。

6.4　煤层气提纯过程的烟计算与分析

假设水合物法提纯低浓度煤层气为连续生产过程，根据反应器容积以及压力、温度条件计算出原料气流量为 0.416 mol/s。根据系统简化以及㶲分析法，建立第一级提纯过程的㶲流示意图，如图 6.5 所示。

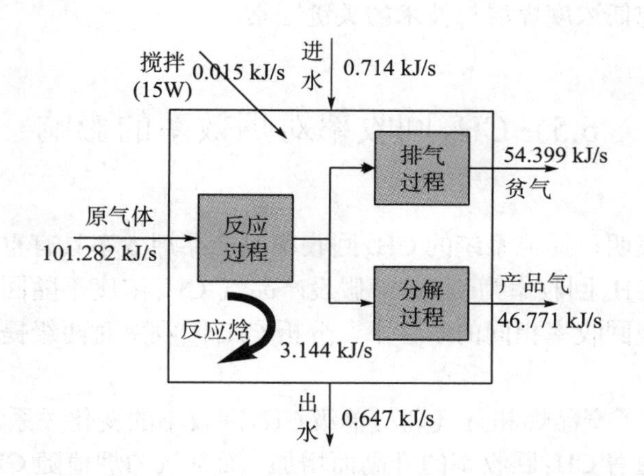

图 6.5　水合物法提纯煤层气的一级提纯过程㶲流示意图

表 6.3 给出了低浓度煤层气两级提纯过程(图 6.2)的㶲分析结果。由表 6.3 可见，经过一级提纯后，产品气单位㶲提高至 383.369 kJ/mol，与原料气相比提高了 57%。经过两级提纯后，产品气的单位㶲提高至 585.624 kJ/mol，比原料气提高了 140%，煤层气的“质”大幅提高。比较原料气㶲与气体出口总㶲，发现在各级提纯中的气体出口㶲高于原料气㶲，表明提纯系统消耗的能量已部分转化为产品气㶲值。但是受 CH_4 回收率的影响，产品气㶲值仅占气体出口总㶲值的 50%，如图 6.5 所示。

表 6.3　水合物法提纯煤层气系统㶲分析结果

参数	第一级提纯	第二级提纯	两级提纯
原料气单位㶲/(kJ/mol)	243.467	383.369	243.467
原料气总㶲/(kJ/s)	101.282	159.482	345.663
产品气单位㶲/(kJ/mol)	383.369	585.624	585.624
产品气总㶲/(kJ/s)	46.730	73.624	73.624
贫气㶲/(kJ/s)	54.582	85.914	272.194
气体出口总㶲/(kJ/s)	101.312	159.538	345.818
总㶲损/(kJ/s)	3.203	4.963	15.894
传递㶲效率	0.969	0.969	0.954
产品㶲效率	0.458	0.459	0.211

假设将贫气直接排放到空气中，各级提纯过程的产品㶲效率仅为 45%。经过

两级提纯后，产品㶲效率降至 21%。如果对贫气再次提纯，其能耗损失将进一步增加，产品㶲效率会进一步降低。因此，提高单级提纯过程中的 CH_4 回收率是优化水合物法提纯低浓度煤层气技术的关键因素。

6.5 CH_4 回收率对㶲效率的影响

上述分析表明，提纯系统的 CH_4 回收率对产品㶲效率具有重要影响。根据文献报道的单级 CH_4 回收率为 0.461，假设产品气 CH_4 浓度不随回收率变化并保持第一级与第二级回收率相同的条件下，分析 CH_4 回收率对两级提纯过程产品㶲效率的影响。

图 6.6 给出了产品㶲和贫气㶲与单级 CH_4 回收率的变化关系。由图 6.6 可见，产品气的㶲值随着 CH_4 回收率的升高而增加，而贫气的㶲值随 CH_4 回收率的升高而减少。由于产品气中 CH_4 摩尔量随着 CH_4 回收率升高而增加，且 CH_4 化学㶲高于混合气体中 N_2 的化学㶲，因此产品气的㶲值随回收率的升高而增加。此外，当 CH_4 回收率较低时，需进行多次一级提纯才能为第二级提纯过程提供等量的原料气，导致贫气量增大、贫气㶲值较高。随着 CH_4 回收率的增加，贫气量减少，贫气㶲随之减少，因此如图 6.6 所示，贫气㶲下降速率随回收率增加而减小。

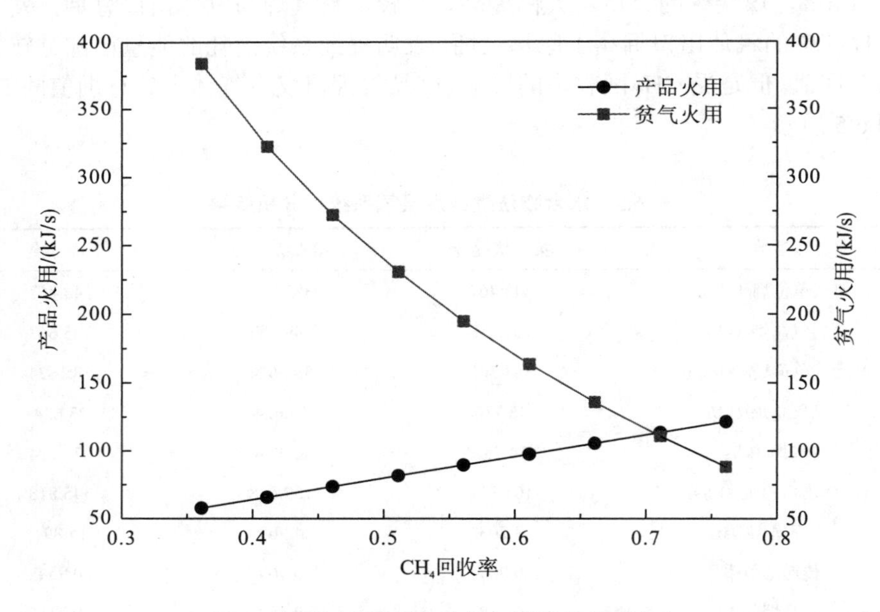

图 6.6 两级产品㶲与贫气㶲随回收率的变化

图 6.7 给出了 CH_4 回收率的变化对㶲损率与产品㶲效率的影响。由图可见，㶲损率与产品㶲效率随着 CH_4 回收率的增加而增加，但产品㶲效率增长幅度较大。CH_4 回收率升高表明更多 CH_4 气体在反应中进入了水合物，因此反应焓㶲增加。由于反应热直接由冷却水带走，增加了散热损失，因此㶲损率随着 CH_4 回收率的增加而增加。另外，CH_4 回收率的提高可减少原料气体的投入，同时产品㶲值也随之提高，因此产品㶲效率随着 CH_4 回收率的提高而快速上升。

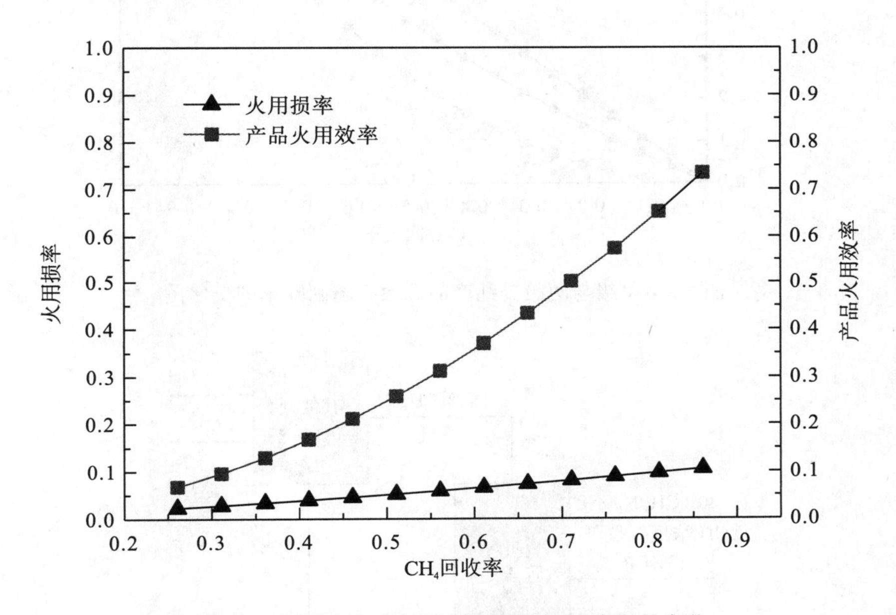

图 6.7　㶲损率和产品㶲效率随单级回收率的变化

图 6.8 显示了不同提纯级数下产品㶲效率随 CH_4 回收率的变化关系。由图可见，当 CH_4 回收率相同时，两级提纯的产品㶲效率低于单级提纯。若通过单级提纯将 CH_4 浓度从 30%提高到 72%，该过程的产品㶲效率与 CH_4 回收率呈正比，因为在产品气 CH_4 浓度不变的条件下，产品气总量与 CH_4 回收率成正比，所以产品㶲与回收率成正比，由于进入系统的㶲值不变，所以产品㶲效率与 CH_4 回收率呈正比(图 6.8 黑色曲线)。图 6.8 中红色与蓝色曲线表示两级提纯时产品㶲效率随 CH_4 回收率的变化，其中红色曲线表示单次进料(图 6.2)，两级提纯时产品㶲效率低于单级提纯，CH_4 回收率在 0.5 附近时差距最大。如果将两级提纯过程进行优化，采用中途进料方式，即在第二阶段补偿加入 CH_4 浓度为 47%的气体，如图 6.9 所示，其计算结果表明该方法可使产品㶲效率明显增加(图 6.8 蓝色曲线)。

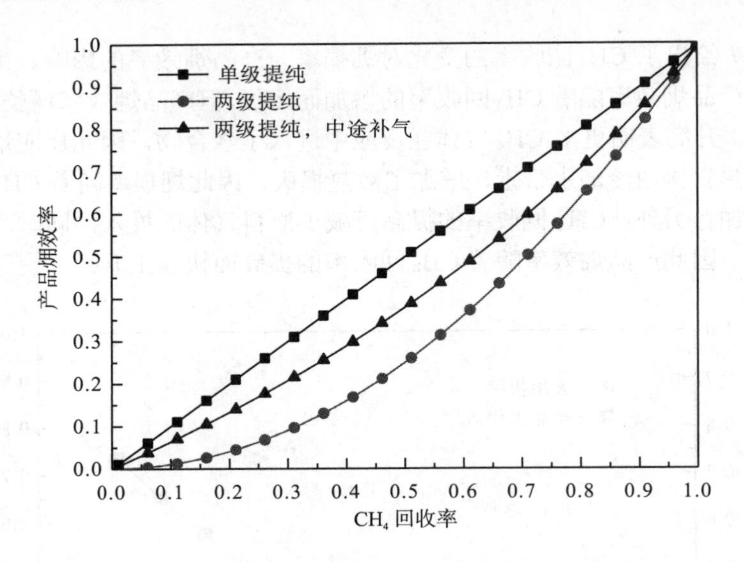

图 6.8 单级与两级提纯产品㶲效率随回收率的变化图

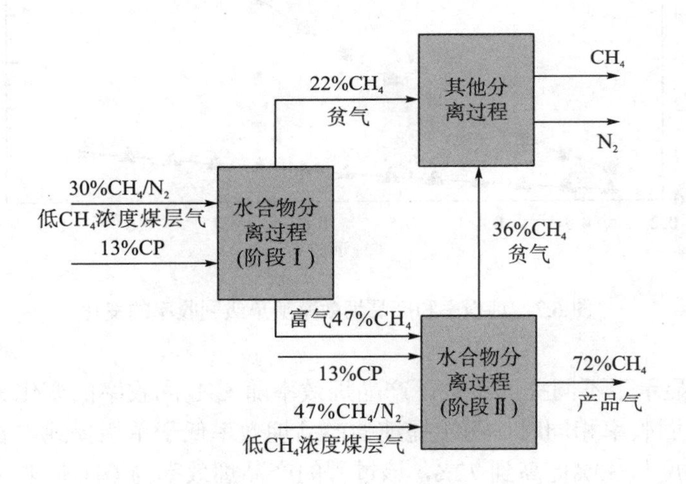

图 6.9 中途进料两级联合提纯流程图

6.6 煤层气提纯过程的㶲经济分析

对于水合物法提纯低浓度煤层气系统，由于冷却过程与搅拌过程需消耗电能，因此提纯过程的㶲损流率被认为是燃料㶲流率，则可将式(6.11)做如下推导，得出㶲费用平衡方程。

$$c_{\mathrm{p}}=\frac{c_{\mathrm{f}}E_{x,\mathrm{f}}+Z}{E_{x,\mathrm{p}}^{\mathrm{r}}}=\frac{c_{\mathrm{f}}}{\eta_{\mathrm{p}}}+\frac{Z}{E_{x,\mathrm{p}}^{\mathrm{r}}} \tag{6.13}$$

由上式可以得出，通过增加产品㶲效率，无论是提高产品㶲还是减少过程㶲损耗，都可直接降低产品的成本。根据㶲费用平衡方程对产品成本进行计算，上式中的燃料㶲单价 c_{f} 可根据燃煤发电厂的发电成本价[6]计算，产品㶲效率为 0.211，产品㶲流率 73.624 kJ/s，如表 6.3 所示。㶲费用参数的计算参数与结果如表 6.4 所示，结果显示产品气的成本单价为 0.361×10^{-3}(元/kJ)。

表 6.4　实验系统的㶲费用参数

燃煤发电成本 /(元/度)	燃料㶲单价 c_{f} /(元/kJ)	非能量投资 /万元	使用寿命 /a	非能费用 Z /(元/a)	产品气成本单价 c_{p} /(元/kJ)
0.2658	7.38×10^{-5}	25	10	2.5×10^{4}	0.361×10^{-3}

产品气 CH_4 浓度为 72%，与天然气相似，可直接用于燃烧发电。参考某天然气发电项目，各参数如表 6.5 所示。由表 6.5 可得，煤层气提纯后的产品气发电收益为 0.074 元/mol。产品气的单位㶲为 585.624 kJ/mol，如表 6.3 所示。根据式(6.12)计算出产品㶲的利润单价 c_{pr} 为 0.126×10^{-3} 元/kJ。对比成本单价 c_{p} 与利润单价 c_{pr}，发现产品气的成本单价约为利润单价的 3 倍。由于成本单价低于利润单价时产品气才具有经济效益，因此对于水合物法提纯低浓度煤层气系统而言，尽管 CH_4 回收率已提升至 46.1%，但仍不具有经济性效益。

表 6.5　某天然气发电项目参数

装机容量 /MW	年发电 /h	燃气消耗量 /(亿 m^3/a)	上网电价 /(元/度)	天然气发电收益 /(元/m^3)	标况换算收益 /(元/mol)
500	6000	5.4	0.6	3.32	0.074

图 6.10 显示了产品气的成本单价随 CH_4 回收率的变化关系。由图 6.10 可见，产品的成本单价随着 CH_4 回收率的增加不断降低。当 CH_4 回收率较低时，成本单价下降速度较快；而当 CH_4 回收率较高时，成本单价下降幅度减小。目前水合物法提纯低浓度煤层气(摩尔分数 30% CH_4 +70% N_2)的 CH_4 回收率最高为 46%，其产品气成本单价处于较高水平。当 CH_4 回收率为 78%时。成本曲线与利润曲线相交，水合物法提纯低浓度煤层气开始具有经济效益。

假设通过单级提纯将 CH_4 浓度从 30%提高至 70%时，成本单价随 CH_4 回收率变化曲线如图 6.10 蓝色曲线所示。由于该过程省去了第二级提纯，提高了产品㶲效率，因此提纯的成本单价明显低于两级提纯，在 CH_4 回收率较低区域更为明显。当 CH_4 回收率为 64%时，成本曲线与利润曲线相交，水合物法提纯煤层气开始体现出经济价值。因此，通过优化反应过程并寻找对 CH_4 具有良好选择性的添加剂，提高 CH_4 回收率，能明显降低提纯过程的成本单价，从而提高水合物法提纯低浓度煤层气的经济效益。

需要注意的是，本书的经济性评价建立在浓度煤层气提纯过程的连续生产基础之上，而对于非连续的提纯过程，水合物生成需消耗一定时间，此过程将消耗更多能量，因此非连续提纯过程的产品㶲效率将低于连续过程的计算值，获取产品气的成本也将随之升高。

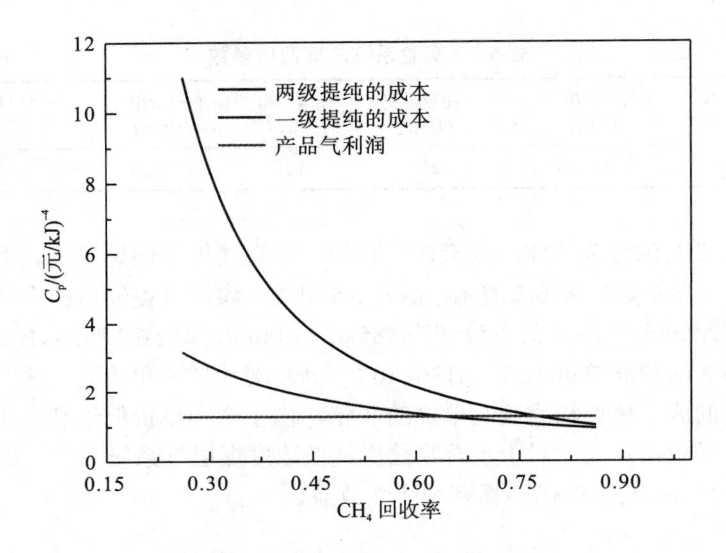

图 6.10 产品气成本随回收率的变化图

主要参考文献

[1] 钟栋梁, 何双毅, 严瑾, 等. 低甲烷浓度煤层气的水合物法提纯实验[J]. 天然气工业, 2014, 34(8): 123-128.

[2] 朱自强, 徐汛. 化工热力学[M]. 北京: 化学工业出版社, 1991.

[3] 张克舫, 刘中良, 王远亚. 基于㶲方法的 CO_2 捕集系统的热经济性评价[J]. 北京工业大学学报, 2013, 39(11): 1716-1721.

[4] Kotas T J. The exergy method of thermal plant analysis[M]. London: Exergon Publishing,2012.

[5] Tsatsaronis G. Thermoeconomic analysis and optimization of energy-systems[J]. Progress in Energy and Combustion Science, 1993, 19(3): 227-257.

[6] 叶发明. 市场经济下的燃煤火电厂的发电成本分析[J]. 广东电力, 2002, (5): 68-72.